Desenvolvimento e distribuição de aplicativos para iPhone, Android e outros smartphones

Desenvolvimento Profissional Multiplataforma para Smartphone

iPhone, Android, Windows Mobile e BlackBerry

Sarah Allen | Vidal Graupera | Lee Lundrigan

Desenvolvimento Profissional Multiplataforma para Smartphone

ISBN: 978-85-7608-661-1

Produção Editorial
Editora Alta Books

Gerência Editorial
Anderson Vieira

Supervisão Editorial
Angel Cabeza
Augusto Coutinho

Controle de Qualidade Editorial
Pedro Sá
Sergio Luiz de Souza

Editoria de Informática
Jaciara Lima
Vinicius Damasceno

Equipe de Design
Adalberto Taconi
Bruna Serrano
Iuri Santos
Marco Aurélio Silva

Equipe Editorial
Brenda Ramalho
Camila Werhahn
Cláudia Braga
Cristiane Santos
Daniel Siqueira
Evellyn Pacheco
Gianna Campolina
Isis Batista
Juliana de Paulo
Lara Gouvêa
Licia Oliveira
Marcelo Vieira
Milena Souza
Patrícia Fadel
Paulo Camerino
Rafael Surgek
Thiê Alves
Vanessa Gomes

Tradução
Frank Coelho de Alcantara

Copidesque
Rodrigo Amorim Ferreira

Revisão Gramatical
Helen Costa Galvão de Brito
Debora Souza da Silva

Revisão Técnica
Mozart Petter
Desenvolvedor Mobile

Diagramação
Ana Lúcia quaresma

Marketing e Promoção
Daniel Schilklaper
marketing@altabooks.com.br

1ª Edição, 2012

Dados Internacionais de Catalogação na Publicação (CIP)

A425d Allen, Sarah.
Desenvolvimento profissional multiplataforma para smartphone : iPhone, Android, Windows Mobile e BlackBerry / Sarah Allen, Vidal Graupera, Lee Lundrigan. – Rio de Janeiro, RJ : Alta Books, 2012.
282 p. : il. ; 17x24 cm.
Inclui índice e apêndice.
Tradução de: Pro Smartphone Cross-Plataform Development
ISBN 978-85-7608-661-1
1. Smartphones - Programação. 2. iPhone - Programação. 3. Software de aplicação - Desenvolvimento. 4. Telefone celular - Programação. 5. Interfaces de usuários (Sistemas de computação). I. Graupera, Vidal. II. Lundrigan, Lee. III. Título.

CDU 004.42:621.395
CDD 006.67

Índice para catálogo sistemático:
1. Programas de computador : Smartphones 004.42:621.395
(Bibliotecária responsável: Sabrina Leal Araujo – CRB 10/1507)

ALTA BOOKS
E D I T O R A
Rua Viúva Cláudio, 291 – Bairro Industrial do Jacaré
CEP: 20970-031 – Rio de Janeiro – Tels.: 21 3278-8069/8419 Fax: 21 3277-1253
www.altabooks.com.br – e-mail: altabooks@altabooks.com.br
www.facebook.com/altabooks – www.twitter.com/alta_books

Para Bruce e Jack Allen, pelo amor e apoio.
— Sarah Allen

Para minha amada esposa Tara e meus filhos Maggie, Grace, James e Kathleen.
— Vidal Graupera

Sumário Resumido

Sumário

Prefácio

O ano de 2010 foi excitante para aqueles que, desde o início do século XXI, têm trabalhado às voltas e com a indústria de dispositivos móveis. Alguns se referem a este ano como "O Ano do Desenvolvedor Móvel". É verdade que, só depois de novos caminhos de comercialização serem criados pela Apple App Store, pelo Google Android Market e por outros pontos de venda de handhelds e sistemas operacionais para dispositivos móveis, desenvolvedores e outras marcas relacionadas estão tentando penetrar neste mercado que anteriormente era de acesso praticamente impossível. Até recentemente, as opções de distribuição de aplicativos móveis incluíam apenas serviços para operadoras, portais para dispositivos, canais de terceiros como o Motricity e, eventualmente, o site particular de alguém.

As operadoras dominavam e controlavam aplicativos que teriam o direito de atingir seus ansiosos usuários via seus portais privativos – selecionando vencedores e perdedores pelo tamanho das suas áreas de desenvolvimento de negócio e testes. A distribuição via operadora era difícil e cara, requerendo um relacionamento direto com as mesmas. Cada uma exigia um esforço de desenvolvimento novo de negócio um conjunto diferente de requisitos para sistemas operacionais e dispositivos suportados, além de um processo de testes único e específico. Portais de dispositivos, além de exigirem um grande esforço em desenvolvimento de negócio, também exigiam a participação em programas de desenvolvimento geralmente dispendiosos. As opções de sites de terceiros para distribuição eram mais simples e fáceis, mas exigiam grandes esforços de marketing individual dos desenvolvedores, além do processo de download e instalação dos aplicativos pelos próprios usuários finais, o que constituía uma barreira à adoção em larga escala. Até recentemente, estes desafios de negócio para desenvolvimento móvel limitavam a experimentação e a inovação, exceto por alguns poucos corajosos ou pelas maiores marcas do mercado, que possuíam orçamento suficiente para enfrentar esta realidade. E aí, eis que surge a Apple App Store.

A Apple App Store não só criou um caminho para comercialização, mas também produziu uma mudança dramática na posição dos desenvolvedores. Estabeleceu um novo padrão de indústria com a campanha "There's an App for That" (Existe um Aplicativo para Isto). De repente, ao invés de escolher um dispositivo de hardware para suas necessidades, os usuários finais passaram a considerar o que poderia ser feito com um telefone, além de fazer chamadas e enviar mensagens de texto. Neste contexto, o valor de um dispositivo virou a sua capacidade de executar vários aplicativos. Inicialmente o negócio do iPhone não incluía uma loja de aplicativos. Como é frequentemente o caso, os usuários finais forçaram esta inovação. Os primeiros usuários do iPhone abriram o sistema operacional e começaram a ampliar suas capacidades com aplicativos extras, mas a Apple foi rápida o suficiente ao usar a relação com o iTunes para distribuir músicas por $0.99 e alavancar a distribuição de aplicativos por $0.99.

A tendência da loja de aplicativos poderia não ter acontecido, não fosse a existência de dispositivos com mais capacidade de processamento. A Nokia destacara a importância de uma nova classe de dispositivos de mão, comumente chamados de smartphones, em 2007, chamando seus dispositivos de mão avançados de "Multimidia Computers". A analogia de smartphone com computadores se tornou mais comum com o crescimento das capacidades de armazenagem e processamento destes dispositivos. O crescimento constante do mercado de smartphones atingiu um ponto de inflexão em 2008, com a superação da taxa mágica de 20%

de penetração de mercado, tanto no Reino Unido quanto nos EUA. Historicamente, como a experiência nos tem mostrado, desde 2008, qualquer tecnologia atinge a corrente dominante no mercado com 20% de penetração. De acordo com Mary Meeker, analista da Morgan Stanley, o resto do mundo (RDM) atingirá os 20% de penetração para os smartphones por volta de 2012.

É neste contexto de crescimento explosivo da fatia de mercado dos smartphones – um novo caminho para a criação de uma nova forma de comercialização com as lojas de aplicativos, com dispositivos potentes aliados a um modelo de negócio viável – que os autores nos levarão ao próximo passo: Desenvolvimento Multiplataforma. Os frameworks multiplataforma ainda estão nos seus estágios iniciais de evolução tecnológica, contudo o momento não poderia ser mais oportuno para os desenvolvedores acrescentarem o desenvolvimento multiplataforma à suas caixas de ferramentas. Isto é especialmente verdade para desenvolvedores web e para marcas de serviço que se beneficiam das vantagens entre a integração profunda e a distribuição ampla.

Na Parte 1, os autores apresentam um levantamento das opções de desenvolvimento e distribuição para os principais handsets e fornecedores de sistemas operacionais, incluindo o iPhone, o Android, o BlackBerry e o Windows Mobile. A Parte 2 segue apresentando soluções emergentes de desenvolvimento multiplataforma, cobrindo tanto as soluções proprietárias como as framework de código aberto com ênfase na construção de aplicativos nativos. Finalmente, na Parte 3, os autores abordam técnicas para o uso de HTML na criação de aplicativos e serviços web com aparência nativa.

A linha-chave ao longo do livro é o reconhecimento de que o desenvolvimento móvel é um negócio de sacrifício e de oportunidade. Existe uma apresentação contínua de tutoriais e exemplos de código que serão úteis para aqueles que estão começando, mas a audiência que se beneficiará mais com a visão pragmática dos autores é composta de desenvolvedores profissionais e agências. Certamente, muitos desenvolvedores web estão buscando o desenvolvimento móvel. Pode ser uma boa decisão de crescimento para seus negócios; e, se os seus clientes ainda não estão solicitando aplicativos móveis, o farão em breve.

O livro não é voltado para desenvolvedores de jogos. Pois está é uma das categorias líderes de venda nas lojas de aplicativos. Entretanto, é uma daquelas categorias que se beneficia da integração profunda com os sistemas operacionais e com o hardware do dispositivo. Frameworks multiplataforma geralmente não são a melhor solução para o desenvolvimento de jogos. As técnicas apresentadas neste livro irão beneficiar, entre outros, o desenvolvimento de aplicativos de produtividade, aplicativos de marcas famosas e alguns aplicativos de comunicação, tais como os usados para redes sociais.

Muitas das ferramentas aqui apresentadas já são líderes em suas próprias categorias emergentes de ferramentas de desenvolvimento. Nós ainda estamos no alvorecer do desenvolvimento multiplataforma para uso em dispositivos móveis. De um total estimado de 17 milhões de desenvolvedores de software em todo o mundo, de acordo com a Motorola e citado pela Forbes, apenas algo perto de quatro milhões estão desenvolvendo para plataformas móveis. Enquanto Rhodes, Appcelerator e PhoneGap estão sendo usadas para a distribuição de aplicativos via Apple App Store, o número total de profissionais usando estes frameworks está abaixo da casa do milhão. Como nos primeiros dias da web, e em certa medida ainda hoje, a experimentação é vital para a evolução deste ecossistema. Este livro é uma contribuição importante para este esforço.

Debi Jones
Editor-Chefe
Telefonica Developer Programs

Sobre os Autores

Sarah Allen lidera a Blazing Cloud, uma empresa de consultoria de São Francisco, especializada no desenvolvimento de aplicativos para dispositivos móveis e web de ponta. Ela também é cofundadora e CTO da Mightyverse, uma startup focada em ajudar pessoas a se comunicarem, apesar de idiomas e culturas diferentes. Tanto na função técnica quanto na de liderança, Sarah tem desenvolvido software comercial desde 1990, quando cofundou a CoSA (The Company, of Science & Art), da qual se originou a After Effects. Ela começou focando em software para internet trabalhando como engenheira na equipe do Macromedia Shockwave em 1995. Liderou o desenvolvimento do Shockwave Multiuser Server e, mais tarde, do Flash Media Server e Flash Video. Uma veterana da indústria que já trabalhou na Adobe, Aldus, Apple e Laszlo Systems, Sarah foi nomeada uma das Top 25 mulheres da web pela SF WoW (São Francisco, Mulheres na Web) em 1998.

Site: `blazingcloud.net`
Blog Pessoal: `www.ultrasaurus.com`
Twitter: `@ultrasaurus`

Vidal Graupera vem desenvolvendo aplicativos mobiles ganhadores de prêmios desde o Apple Newton, em 1993. Ele fundou e dirigiu uma empresa de software bem sucedida que desenvolveu dezenas de aplicativos de consumo para uma variedade de plataformas móveis durante mais de dez anos. Vidal possui títulos de engenharia da Carnegie Melon University e da University of Southern CA, além de um MBA pela Santa Clara University. Atualmente, Vidal trabalha como consultor no desenvolvimento de aplicativos móveis e para web.

Site: `vdggroup.com`
Site Pessoal: `www.vidalgraupera.com`
Twitter: `@vgraupera`

Lee Lundrigan, um dos engenheiros fundadores da Blazing Cloud, desenvolve aplicativos móveis usando frameworks multiplataforma em quatro plataformas diferentes, e usa Objective-C para iPhone e iPad. É um especialista em CSS e HTML, com grande experiência na criação de interfaces com usuário dinâmicas em JavaScript. Desenvolve CSS e HTML multinavegador para uso no iPhone, BlackBerry, Android e Windows Mobile.

Site: `blazingcloud.net`
Blog Pessoal: `www.macboypro.com`

Sobre o Revisor Técnico

Fabio Claudio Ferracchiati é um escritor prolífero em tecnologias de ponta. Fabio contribuiu com dezenas de livros em .NET, C#, Visual Basic, e ASP.NET. Ele possui as Certificações .NET e MSCD (Microsoft Solution Developer) da Microsoft. Atualmente vive em Roma, na Itália.

Agradecimentos

Os autores receberam apoio entusiástico de muitos dos criadores dos softwares discutidos neste documento. Gostaríamos de estender nossos agradecimentos pela revisão técnica e suporte apaixonado à equipe Rhomobile: Adam Blum, Lars Burgess, Brian Moore, Evgeny Vovchenko, Vladimir Tarasov, Brian LeRoux da Nitobi, David Richey, Jeff Haynie do Appcellerator e Ed Spencer da Sencha. Queremos também agradecer a significativa contribuição de Rupa Eichenberger pelas primeiras revisões técnicas; Nola Stowe pelo trabalho inicial com o capítulo Android; e a Sarah Mei pelo seu trabalho sobre geolocalização no Rhodes. E ainda agradecer a Jim Oser, Bruce Allen e David Temkin, pois cada um deles teve impacto substantivo na revisão de capítulos específicos.

Introdução

Desenvolver aplicativos móveis pode ser um negócio difícil. Desenvolvedores móveis precisam utilizar ferramentas e APIs específicas, além de escrever códigos em linguagens diferentes para plataformas diferentes. Frequentemente, é difícil entender tudo que é necessário para desenvolver e distribuir um aplicativo para um dispositivo específico, sem realmente criar o aplicativo. Cada plataforma exige processos e requerimentos diferentes, a participação em programas de desenvolvimento e a documentação de diferentes partes do processo que estão, em geral, dispersas e são difíceis de integrar. Assim sendo, dividimos o livro em três tópicos principais: Desenvolvimento e Distribuição por Plataforma, Frameworks Nativos Multiplataforma e Interfaces HTML.

Parte 1: Plataformas de Desenvolvimento e Distribuição

Nos capítulos de 1 a 5, apresentaremos uma visão geral de quatro plataformas: iOS, com aplicativos para iPhone, iPad e iPad Touch; a plataforma de código aberto Android, criada pelo Google; a BlackBerry, da Research in Motion; e a Windows Mobile, da Microsoft. Cada capítulo segue a mesma estrutura:

- Construir um Hello World simples.
- Rodar no simulador.
- Adicionar os Controles de Navegação.
- Efetuar o Build para o Dispositivo.
- Opções e Requerimentos para Distribuição.

Esta estrutura comum permitirá a comparação entre os diversos sistemas operacionais e fornecerá uma noção dos padrões e processos de desenvolvimento envolvidos. Se você decidir por continuar com o desenvolvimento de aplicativos nativos usando apenas o SDK do fornecedor, precisará de muito mais do que pode ser obtido em um único capítulo. Contudo, a informação fornecida deve ser suficiente para dar o pontapé inicial no processo de desenvolvimento ou para ajudar na decisão de qual plataforma escolher.

É inevitável que os desenvolvedores criem formas de compartilhar código entre plataformas quando as CPUs são rápidas, suficientemente potentes, com memória suficiente para suportar algum tipo de abstração e demanda maior que a velocidade para colocar um aplicativo no mercado. Nós assistimos ao surgimento dos frameworks de desenvolvimento multiplataforma nos anos 1990 e agora vemos o despertar dos frameworks para multiplataformas móveis.

Parte 2: Frameworks Nativos Multiplataforma

Os capítulos de 6 a 9 fornecem uma visão geral com exemplos de aplicativos escritos em três frameworks nativos populares. Na categoria "framework nativo", selecionamos softwares que permitem a construção de aplicativos multiplataforma que sejam indistinguíveis pelo usuário final de um software criado com código nativo (descrito na Parte 1). Observe que, para criar o software usando estes frameworks, você ainda precisará do SDK do fornecedor descrito na Parte 1 e também usar técnicas específicas de cada fornecedor para assinatura de código e distribuição.

Existem dois capítulos para a plataforma Rhomobile, um para o lado cliente do Rhodes e outro para o framework RhoSync Server. O Rhodes será mais explorado que as outras duas plataformas: Titanium Mobile e PhoneGap. O Rhodes está na sua versão 2.0 no momento em que escrevemos este livro. A Titanium na versão 1.2, e a PhoneGap na versão 0.9. Assim como o resto deste livro, estes capítulos foram criados para fornecer uma noção de como é desenvolver para cada plataforma, objetivando estimular alguma experimentação e ajudar na decisão sobre qual plataforma concentrar mais tempo.

Parte 3: Interfaces HTML

Você pode usar a técnica de inclusão de um controle de navegação, em combinação com os padrões e frameworks HTML e CSS apresentados nos capítulos de 10 a 14.

Para desenvolver a interface de usuário (UI) de um aplicativo móvel, um profissional desta tecnologia deve aprender SDK e linguagens de programação específicas de uma plataforma. Isto pode ficar muito árduo e trabalhoso, especialmente se precisar que seu aplicativo rode em mais de uma plataforma. Por sorte, existe uma alternativa. Todos os smartphones de hoje incluem um componente de controle de navegação (também conhecido como Web View ou Browser Control). Trata-se de um componente que o desenvolvedor pode embutir em seu aplicativo, permitindo que ele possa escrever parte ou todo o seu aplicativo em HTML, CSS e JavaScript.

O uso de HTML e CSS para a interface de usuários (UI) em aplicativos móveis fica ainda melhor com a introdução da versão móvel do navegador WebKit, que é um engine de código aberto originalmente criado pela Apple. Ele apresenta uma adequação parcial dos padrões HTML5 e CSS3, suporte integral do HTML4 e adoção parcial do CSS2. Observe que, enquanto escrevemos, HTML5 e CSS3 ainda estão em status "Working Draft", e não tiveram seus padrões finais definidos. Contudo, estes padrões emergentes estão sendo agressivamente adotados por diversos navegadores, e a última versão dos navegadores baseados no WebKit já inclui a maioria das funcionalidades do HTML5 e do CSS3. Atualmente, o navegador móvel WebKit é o navegador nativo do iPhone/iPod Touch/iPad, Android, Palm e da maioria dos telefones Symbian. A BlackBerry planeja desenvolver seu próprio navegador baseado no WebKit, recentemente demonstrado no Mobile World Congress, em fevereiro de 2010. O Windows Mobile é distribuído com um navegador baseado no IE, o qual inclui uma adequação melhor ao CSS1 e CSS2 se comparado com o BlackBerry, mas ainda apresenta limitações. É possível, embora às vezes desafiador, criar uma interface de usuário multiplataforma com HTML e CSS que funcione nos navegadores WebKit, IE e BlackBerry. A parte mais desafiadora está justamente nos diferentes níveis de suporte de cada plataforma aos padrões HTML e CSS correntes.

Capítulo 1

O Smartphone é o Novo PC

O telefone móvel é o novo computador pessoal. O desktop não está deixando a cena, mas o mercado de smartphones está crescendo rapidamente. Telefones estão sendo utilizados por mais pessoas e com mais propósitos. Smartphones, geralmente, são mais baratos que computadores, mais convenientes por causa da portabilidade e mais úteis graças ao contexto fornecido pela geolocalização.

Já existem mais telefones que computadores conectados à internet. Mesmo que a maioria destes não possa ser considerada smartphone, nós estamos em um contexto que se modifica velozmente, em que os aparelhos top de linha de hoje estarão no meio da faixa ou mesmo na base, no ano que vem. Com os lucros originados dos aplicativos crescendo, continuaremos a ver subsídios para o hardware e sistemas operacionais por parte das operadoras e fabricantes, que manterão os novos telefones baratos ou gratuitos.

Assistimos a uma mudança na forma como as pessoas utilizam os computadores. Os aplicativos para desktop que usamos mais frequentemente estão centrados em torno de atividades de comunicação, substituindo as tarefas tradicionais de criação de documentos. No mundo dos negócios, declaramos despesas, criamos relatórios, aprovamos decisões ou comentamos propostas. Como consumidores, lemos comentários, enviamos pequenas mensagens aos amigos e compartilhamos fotos. O e-mail foi a aplicação definitiva do fim do século XX, não o processador de texto ou a planilha eletrônica. Tanto no mundo dos negócios quanto na nossa vida pessoal, estas tarefas centradas em comunicação estão sendo traduzidas efetivamente em aplicativos móveis.

Assim que os smartphones atinjam um status de adoção generalizada, os desktops serão relegados aos especialistas e à elite profissional, como os minicomputadores e supercomputadores o são hoje. Muitas tarefas rotineiras que realizamos atualmente em um desktop ou laptop serão realizadas em um smartphone. Ainda mais importante, novos aplicativos irão satisfazer às necessidades de pessoas que hoje não usam um computador. O desenvolvimento de software irá migrar para o desenvolvimento móvel. Assim que a maioria das pessoas que usa computadores utilizá-los de forma indireta, via telefone móvel, o centro de gravidade da indústria de software será deslocado.

Mercado de Aplicativos

Em setembro de 2009, a Apple anunciou que mais de dois bilhões de aplicativos haviam sido baixados via Apple App Store. Com mais de 100.000 aplicativos disponíveis, a Apple transformou o mercado de telefones móveis com o aumento decisivo de consumidores gastando em aplicativos e com sucesso no deslocamento da atenção de desenvolvedores independentes em direção ao desenvolvimento móvel. No final de 2009, a plataforma de código aberto do Google, Android, foi relatada com mais de 20.000 aplicativos na loja web Android Market.[1]

Aplicativos móveis não são novidade. Mesmo no fim dos anos 1990, o desenvolvimento móvel já era considerado um mercado quente. Embora existissem desenvolvedores de aplicativos independentes, e a maioria dos aparelhos top de linha suportasse a instalação de aplicativos, o processo de instalação era incômodo e a maioria dos usuários finais não adicionava aplicativos aos seus telefones. Exemplos dos primeiros smartphones e dispositivos PDA desta era incluem a Apple Newton Message Pad, o Palm Pilot, o Handspring (e mais tarde, o Palm) Treo, o Windows Pocket PC, entre outros. Praticamente todos os desenvolvedores móveis trabalhavam direta ou indiretamente para operadoras.

O iPhone revitalizou a paisagem do desenvolvimento de aplicativos móveis. A Apple criou uma interface "fácil-de-usar" para compra e instalação de aplicativos de terceiros e, mais importante, divulgou esta funcionalidade para seus usuários e clientes potenciais.

Os sistemas operacionais dos smartphones são continuamente inovados e renovados, para manter a compatibilidade com os avanços do hardware e para facilitar o seu desenvolvimento com a introdução de novas ferramentas e APIs. Como vimos na loja de aplicativos do iPhone, as inovações mais significantes, geralmente, não são puramente técnicas. A App Store reduziu as barreiras para o desenvolvimento de aplicativos, fornecendo acesso fácil à distribuição. Não é nenhuma novidade que as pessoas desenvolvam mais aplicativos quando existe um mercado acessível e um canal de distribuição. O App Market da Google, o BlackBerry App World e o Windows Marketplace for Mobile também são suscetíveis de conduzir ao sucesso os aplicativos existentes para seus sistemas operacionais e criar novos desenvolvedores.

Aumento do Uso e Comércio de Dispositivos Móveis em Direção aos Smartphones

Hoje, seis em cada dez pessoas ao redor do mundo possuem uma assinatura de telefone celular, de acordo com um relatório das Nações Unidas[2]. Isto ultrapassa o total da população mundial com um computador em casa. Os smartphones ainda são a minoria entre os telefones móveis, mas seu crescimento é forte e os números são particularmente interessantes quando comparados com a venda de computadores. O relatório Mobile Handset DesignLine indica que Smartphones representam 14% da venda global de dispositivos, mas projeções do Gartner

---

1 http://www.techworld.com.au/article/330111/android_market_hits_20_000_apps_milestone

2 International Telecommunications Union (a UN agency), "The World in 2009: ICT facts and figures," http://www.itu.int/newsroom/press_releases/2009/39.html, 2009.

indicam que a entrega de smartphones irá superar a venda de notebooks em 2010 e que, por volta de 2012, os smartphones representarão 37% das vendas de dispositivos móveis[3].

Uma olhada em como as pessoas utilizam seus telefones móveis hoje sugere padrões de comportamento que irão alavancar a venda de smartphones no futuro. Cada vez mais, as pessoas estão usando seus telefones para fazer mais do que simplesmente falar. Navegar na internet e o uso de outros aplicativos móveis estão se tornando lugares comuns. A comScore, empresa de pesquisa de mercado, relatou que o uso global de internet móvel mais que dobrou entre janeiro de 2008 e janeiro de 2009[4]. Na África, uma explosão recente no aumento da adoção de telefones móveis foi atribuída ao uso de telefones para operações bancárias e envio de dinheiro para parentes via mensagens de texto.

Mesmo os telefones móveis mais simples são, por padrão, dotados de navegador web, e-mail e mensagens de texto. Todavia, o poder de um smartphone libera uma gama maior de aplicações. Os smartphones não são apenas pequenos computadores que cabem no seu bolso. Para muitas aplicações, eles são de fato, dispositivos mais potentes que um laptop, graças às capacidades inerentes de captação de imagem, conectividade e geolocalização. Os profissionais que podem pagar por um laptop frequentemente preferem a maior durabilidade da bateria e a portabilidade de um dispositivo menor. Em um artigo da *Information Week*, Alexander Wolf coletou casos de uso reais de negócios que estão adotando os smartphones para aplicações que, anteriormente, só eram acessíveis via desktop ou laptop.

> Na Dreyer's Grand Ice Cream, o Palm Treo 750 está sendo utilizado por alguns dos 50 representantes de vendas, em campo, para acessar o banco de dados do CRM da companhia.
>
> Os representantes de vendas testaram os laptops e tablet PCs, mas o tempo de vida das baterias era muito curto, e reiniciar o sistema tomava muito tempo dos atendimentos nas vendas, um número total entre 20 e 25 por dia, segundo Mike Corby, diretor de Estoque. Os representantes da Dreyer também descobriram que laptops são muito volumosos para serem carregados. Isto "sem mencionar o medo de ser roubado com os notebooks visíveis no assento dos carros".
>
> Na Astra Tech, um fabricante de equipamentos médicos, alguns dos 50 representantes de vendas acessam o CRM SalesForce por seus smartphones. Fredrik Widarsson, gerente de tecnologia da Astra Tech, que lidera o desenvolvimento em smartphones Windows Mobile (e está testando o aplicativo no iPhone) nos fala que: "O pessoal de vendas diz que agora eles verificam as vendas de ontem ou os produtos devolvidos, além das receitas globais, cinco minutos antes da reunião com o cliente". "Outro efeito interessante é que uma vez que o pessoal de

[3] Christoph Hammerschmidt, "Smartphone market boom risky for PC vendors, market researchers warn," `http://www.mobilehandsetdesignline.com/news/221300005;jsessionid=1JYPKFPGNOGE1QE1GHPCKH4ATMY32JVN`, October 28, 2009.

[4] Dawn Kawamoto, "Mobile Internet usage more than doubles in January," `http://news.cnet.com/8301-1035_3-10197136-94.html`

vendas volta para casa no fim do dia, a parte relativa aos seus relatórios de trabalho já está pronta. Durante os períodos de espera ao longo do dia, eles colocam notas no sistema de CRM usando smartphones."[5]

Em um artigo recente de Gary Kim, a analista da Forrester, Julie Ask identifica três pontos como vantagens decisivas dos dispositivos móveis: "imediatismo, simplicidade e contexto."[6] Quando estas vantagens estiverem combinadas com utilidade, nós iremos ver o surgimento de um tipo diferente de aplicativo de software que irá transformar a forma como usamos os telefones móveis. O uso de aplicativos de software para "computação" se tornará arcaico. A era do software como meio de comunicação terá chegado.

O que é um Smartphone?

Hoje celulares são divididos entre os da faixa inferior, chamados de "com funcionalidades", e os da faixa superior, os "smartphones". Um smartphone tem um teclado QWERTY (físico ou virtual como o iPhone e o BlackBerry Storm) e é mais potente que um telefone com funcionalidades, com telas maiores em alta resolução e dispositivos com mais funções.

Panorama dos Smartphones

Em relação aos computadores, os smartphones apresentam um conjunto de sistemas operacionais mais diversificados (Tabela 1–1). Além disso, diferente dos sistemas operacionais (SO) de desktops, os SOs da computação móvel determinam, em geral, que linguagem os programadores terão que utilizar.

No desenvolvimento de aplicativos para desktop, tal como o Microsoft Word ou o Adobe PhotoShop, os desenvolvedores criam o núcleo do seu aplicativo em uma linguagem como o C++ e distribuem este código entre diversas plataformas. Exceto quando usam APIs específicas para acessar o sistema de arquivos ou desenvolver a interface com o usuário. Nos anos 1990, surgiu um grande número de frameworks multiplataforma, tornando mais fácil às companhias desenvolverem uma única base de código que podia ser compilada para todas as plataformas desejadas (tipicamente, apenas Mac e Windows). Para o desenvolvimento móvel, este ainda é um grande desafio.

---

[5] Wolfe, Alexander. "Is The Smartphone Your Next Computer?" October 4, 2008. http://www.informationweek.com/news/personal_tech/smartphones/showArticle.jhtml?articleID=210605369, March 16, 2009.

[6] Gary Kim, "Can Mobile Devices Replace PCs?" http://fixed-mobileconvergence.tmcnet.com/topics/mobile-communications/articles/66939-mobile-devices-replace-pcs.htm, October 19, 2009

Tabela 1–1. Sistemas operacionais de smartphones e linguagens

SO	Symbian	RIM BlackBerry	Apple iPhone	Windows Mobile	Google Android	Palm webOS
Linguagem	C++	Java	Objective-C	C#	Java	JavaScript

Mesmo focando apenas em smartphones, existem cinco sistemas operacionais principais que representam mais de 90% do mercado: Symbian, RIM, BlackBerry, Apple iPhone e Windows Mobile, com o resto do mercado dividido entre o Linux e sistemas móveis emergentes: o Google Android e o webOS da Palm. Para a maioria destes SOs existe uma linguagem de programação nativa, que é requerida para otimizar o desenvolvimento da plataforma, como ilustrado na Tabela 1–1. Ainda que seja possível desenvolver usando outras linguagens, em geral, existem limitações ou desvantagens em se fazê-lo. Por exemplo, você pode desenvolver um aplicativo Java para o Symbian; contudo, várias das APIs nativas não estão disponíveis para acessar algumas funcionalidades deste dispositivo. Além das diferenças entre linguagens, os kits de desenvolvimento de software (SDK) e os paradigmas de desenvolvimento de aplicativos são diferentes entre plataformas. Mesmo que a capacidade dos dispositivos - tais como câmera, geolocalização, acesso a contatos e armazenamento online - seja praticamente idêntica, as APIs específicas para cada uma destas funções são diferentes.

Frameworks Multiplataforma

O crescimento acelerado do mercado de aplicativos impulsiona a necessidade de chegar mais rapidamente ao mercado. Da mesma forma que oportunidades de mercado levaram os fornecedores a liberar aplicativos multiplataforma para desktops nos anos 1990, aplicativos móveis estão se tornando mais frequentes. Fornecedores de sistemas operacionais disputam a atenção de desenvolvedores e fornecedores de aplicativos e incrementalmente aprimoram ferramentas. Onde existam desafios tão decisivos ao desenvolvimento para plataformas múltiplas, é natural que apareçam frameworks multiplataforma de terceiros.

A inovação em frameworks multiplataforma para aplicativos de smartphones ultrapassa os padrões de abstração vistos nos frameworks multiplataforma para desktops dos anos 1990. Estes novos frameworks para smartphones são influenciados por técnicas de desenvolvimento rápido de aplicativos que hoje vemos no desenvolvimento web. Existem três técnicas específicas em desenvolvimento web que foram emprestadas por estes frameworks não web: 1) Layout com Markup (HTML/CSS), 2) Uso de URLs para identificar layouts de tela e estados visuais e 3) Incorporação de linguagens de script dinâmicas, tais como JavaScript e Ruby.

Uma geração de designers e desenvolvedores de UI (interface com o usuário) é fluente no uso de HTML e CSS para layout e construção de elementos visuais. Adicionalmente, a capacidade de endereçar cada tela através de um nome único em uma hierarquia consistente (URL), além de uma forma sistemática de definir a ligação entre links e o envio de formulários, criaram uma *língua franca* entendida por designers visuais e de interação, arquitetos da informação e programadores. Esta língua comum e seus padrões de criação direcionaram o desenvolvimento de frameworks e bibliotecas que aceleraram significativamente o desenvolvimento web. Estes padrões são agora aplicados por profissionais independentes, tanto de aplicativos móveis com técnicas nativas, quanto nos frameworks multiplataforma.

Os novos frameworks multiplataforma (e o Palm WebOS nativo) estimulam estas habilidades usando um navegador web embutido como mecanismo de apresentação da interface com o usuário. Isto, combinado com uma aplicação nativa, transforma requisições de URL na montagem das telas do aplicativo, simulando o ambiente web mesmo no contexto de um aplicativo móvel não conectado.

A Experiência de Aplicativos Móveis de Marcas Famosas

Os novos frameworks multiplataforma para smartphone apoiam uma tendência em que os aplicativos móveis de marca, como aplicativos web são uma experiência de marca. A web é um lugar variado e diverso, onde as fronteiras entre funcionalidade, conteúdo e marca não estão definidas. Aplicativos web não se preocupam com o sistema operacional nativo do Mac, do Windows ou qual seja o desktop que porventura hospede o navegador. Aplicativos web são liberais com gráficos e cores, desafiam as convenções das UI para além dos links sublinhados de azul que Jacob Nielson erroneamente identificou como a chave para a usabilidade web.

Como exemplo, podemos citar a NBA que lançou seu aplicativo NBA League Pass Mobile tanto para o iPhone quanto para o Android. "Multiplataforma é a pedra fundamental da nossa filosofia", disse Bryan Perez, GM da NBA Digital. "Nós queremos nosso conteúdo disponível para tantos fãs quanto possível, e com mais e mais operadoras adotando o Android em todo o mundo, é importante já estar preparado"[7]. Muitos negócios simplesmente não podem se dar ao luxo de se focar no nicho de um único sistema operacional ou dispositivo. Para alcançar os consumidores, mais empresas estão desenvolvendo aplicativos móveis. Os consumidores que eles desejam atingir estão divididos em uma grande gama de plataformas móveis. Apesar dos desafios, as empresas estão decididas a manterem aberta uma linha de comunicação com seus consumidores, usando seus telefones celulares, graças à oportunidade representada por esta conectividade.

Dizer que os smartphones são os novos computadores pessoais pode ser apenas uma simplificação eficiente, já que na realidade eles representam um novo meio de comunicação. Este livro cobre frameworks e kits de ferramentas que tornam mais fácil desenvolver aplicativos para plataformas móveis múltiplas, de forma simultânea. Investindo nestas ferramentas, você pode tomar vantagem da imensa adoção dos dispositivos smartphones e ampliar seu negócio.

Para fornecer uma perspectiva de como as interfaces dos aplicativos variam entre as plataformas, as Figuras 1-1 a 1-5 ilustram como dois aplicativos, WorldMate e Facebook, são visualizados nas diversas plataformas. Estas aplicações específicas não foram desenvolvidas com frameworks multiplataforma, mas foram incluídas para fornecer um contexto sobre decisões de design tomadas para implementação multiplataforma. Como você poderá ver, as duas aplicações são muito diferentes entre si, mesmo na mesma plataforma. Tipicamente, os aplicativos móveis escolhem um esquema de cores que seja consistente com sua marca, em vez de aderirem aos padrões fornecidos pelo sistema operacional dos smartphones.

---

7 Todd Wasserman, "So, Do You Need to Develop an Android App Too Now?," `http://www.brandweek.com/bw/content_display/news-and-features/ direct/e3iebae8a5c132016bcab88e37bc3948a44`, October 31, 2009

Figura 1–1. *WorldMate no iPhone.*

Figura 1–2. *WorldMate 2009 no Symbian.*

Figura 1–3. *WorldMate BlackBerry.*

Figura 1–4. *Facebook no BlackBerry.*

Figura 1–5. *Facebook no iPhone.*

Desenvolvimento Multiplataforma

Não é raro que a indústria produza múltiplas plataformas que, essencialmente, fornecem as mesmas soluções para diferentes segmentos do mercado. Nos anos 1990, a Microsoft Windows e a Apple Macintosh disponibilizavam plataformas GUI com janelas, mouse, menus e etc. Fornecedores de software precisavam criar aplicativos para ambas as plataformas e, inevitavelmente, os desenvolvedores criaram bibliotecas e frameworks que abstraíam as diferenças, tornando possível o desenvolvimento de um aplicativo que fosse executado em várias plataformas. Nos anos 2000, com mais aplicações convergindo para a web e a sintaxe dos navegadores divergindo, os desenvolvedores de software criaram bibliotecas e frameworks multiplataforma, como jQuery, Dojo e OpenLaszlo. Quando existe tanto um mercado para aplicativos como velocidade de processamento e memória suficiente para suportar uma camada de abstração, os desenvolvedores criam, naturalmente, ferramentas multiplataforma para reduzir o tempo de comercialização e os custos de manutenção.

Com o crescimento fenomenal do mercado de mobilidade, que apresenta uma grande adoção distribuída em uma variedade de plataformas diferentes, é inevitável que desenvolvedores de software criem soluções móveis multiplataforma. O desafio dos sistemas operacionais móveis de hoje está na diversidade de linguagens e na sintaxe das APIs específicas de cada plataforma. Os frameworks multiplataforma para desenvolvimento móvel estão enfrentando este desafio com o uso ubíquo de JavaScript e outras linguagens de script como Ruby e Lua.

Técnicas Web

Assistimos a influência do desenvolvimento web em técnicas multiplataforma emergentes para dispositivos móveis. Antes que qualquer framework multiplataforma existisse, muitos desenvolvedores descobriram que embutir uma interface web em um aplicativo era um caminho prático para desenvolver aplicativos móveis rapidamente e fazer aplicativos multiplataforma fáceis de manter. A interface do usuário para aplicativos móveis tende a ser apresentada na forma de uma série de telas. Em alto nível, um aplicativo móvel pode ser pensado como tendo o mesmo fluxo de controle de um site ou de um aplicativo web tradicionais.

É comum em um aplicativo móvel que cada clique apresente uma nova tela, exatamente como um clique em um aplicativo web tradicional abre uma nova página. Estruturando a UI do aplicativo móvel da mesma forma que um aplicativo web, simplificamos o código. Se, além disso, usarmos os controles da interface web, a interface com o usuário poderá ser criada com um único código que renderiza e se comporta aproximadamente do mesmo jeito em várias plataformas. Acrescente a este cenário, que é muito mais simples, contratar designers e desenvolvedores de interface que estão mais familiarizados com HTML e CSS, do que para alguma plataforma móvel específica. E que seria ainda mais difícil contratar desenvolvedores de interfaces capazes de trabalhar com várias plataformas usando os kits de ferramenta nativos.

O que significa ter uma arquitetura web para um aplicativo que sequer necessita acessar uma rede? Cada plataforma smartphone tem um controle de interface web que pode ser embutido em um aplicativo, como se fosse um botão ou uma caixa de seleção (Check Box). Se colocarmos um controle web que ocupe toda a área da tela de um aplicativo, toda a interface do aplicativo pode ser criada em HTML. Na realidade, isto não se relaciona com a web em si, mas sim com a sofisticação de layout e flexibilidade no design visual, que mesmo um navegador básico é capaz de fornecer.

Frameworks Multiplataforma

Nós últimos anos surgiram vários frameworks multiplataforma. Aconteceu uma explosão nesta área assim que os dispositivos móveis se tornaram mais rápidos e foram amplamente adotados, e particularmente com o crescimento acelerado do mercado de aplicativos. Este livro cobre muitos dos frameworks populares que estão focados no desenvolvimento de aplicativos. Os frameworks se dividem em duas categorias: aqueles que permitem a criação de aplicativos móveis nativos usando uma API multiplataforma e aqueles que, usando HTML/CSS/Javascript, permitem que você desenvolva interfaces multiplataforma que rodam em um navegador web. É prática comum a combinação das duas categorias para criar aplicativos nativos multiplataforma. Este livro trata dos frameworks nativos multiplataforma Rhodes, PhoneGap e Titanium, os quais estão listados a seguir junto com outros frameworks que não serão abordados neste livro.

- **Rhodes e RhoSync** *da Rhomobile. Usa Ruby para lógica de negócios multiplataforma em seu framework MVC e estimula o uso de HTML, CSS e JavaScript para a interface. O servidor opcional RhoSync suporta sincronização de dados cliente-servidor. Com o Rhodes, você pode construir aplicativos para iPhone/iPad, Android, BlackBerry e Windows Mobile. O framework cliente está sob a licença MIT, já o servidor RhoSync é GPL com uma opção comercial.* `http://rhomobile.com/`
- **PhoneGap** da Nitobi. Usa HTML, CSS e JavaScript junto com projetos e bibliotecas que suportam desenvolvimento de aplicativos nativos para criar aplicações que rodam no iPhone/iPad, Android, BlackBerry, Palm e Symbian. Código aberto com licença MIT. http://www.phonegap.com/
- **Titanium Mobile** *da Appcelerator. Usa JavaScript com APIs personalizadas para criar aplicativos nativos para iPhone e Android. O Titanium é um framework de código aberto, distribuído sob a licença Apache 2.* `http://www.appcelerator.com`
- **QuickConnectFamily.** Usa HTML, CSS e JavaScript para construir um aplicativo que roda em iPhone/iPad, Android, BlackBerry e WebOs. Os templates QuickConnectFamily permitem que você acesse algumas funções normalmente restritas aos aplicativos "nativos". Você consegue, por exemplo, ter acesso total a banco de dados em todas as plataformas suportadas. http://www.quickconnectfamily.org/
- **Bedrock** *da Metismo. Um compilador multiplataforma que converte seu código J2ME para C++ nativo, simultaneamente distribuindo seu aplicativo para iPhone, Android, BREW, Windows Mobile e outras plataformas. O Bedrock é um conjunto de bibliotecas e ferramentas proprietárias.* `http://www.metismo.com`
- **Corona.** Desenvolvido usando a linguagem de script Lua para aplicativos nativos do iPhone/iPad e Android. O Corona é um framework proprietário. http://anscamobile.com/corona/
- **MoSync SDK**. *Usa C ou C++ para desenvolvimento. Usando as bibliotecas MoSync para criar aplicativos para Symbian, Windows Mobile, J2ME, Moblin e Android. O MoSync é um framework proprietário.* `http://www.mosync.com/`
- **Qt Mobility.** Usa C++ e as APIs Qt para S60, Windows CE e Maemo. Qt (pronunciado "quilti") é um framework de desenvolvimento multiplataforma amplamente utilizado por programadores de aplicativos para GUI (interface gráfica para o usuário). O projeto de mobilidade Qt levou este framework para as plataformas móveis. Ele é distribuído como código aberto sob a licença LGPL.
  `http://qt.nokia.com/products/qt-addons/mobility/`

- **Adobe Flash Lite**. Usa ActionScript, uma linguagem de script proprietária parecida com o JavaScript, para construir arquivos (SWF) de aplicativo multiplataforma que irão rodar aplicações em uma grande variedade de dispositivos que suportam o Flash Lite. A Adobe Flash Lite é uma plataforma proprietária.
`http://www.adobe.com/products/flashlite/`
- **Adobe Air**. A Adobe está trabalhando para conseguir que todas as funcionalidades do Flash Player 10 estejam disponíveis em um grande conjunto de dispositivos móveis. Contudo, estes esforços parecem estar focados em aplicativos baseados na web e não em aplicativos nativos. O Adobe AIR (que, no momento em que escrevemos, está em beta para o Android) permite que os desenvolvedores rodem aplicativos Flash fora do navegador móvel como aplicativos autônomos.
`http://www.adobe.com/products/air/`
- **Unity**. Uma plataforma popular para o desenvolvimento de jogos que pode ser implementada para Mac, Windows ou iPhone. A plataforma Unity suporta três linguagens de script: JavasSript, C# e um dialeto do Python chamado Boo. Eles anunciaram suporte para Android, iPad e PS3 para o verão de 2010. `http://unity3d.com/`

Além destes frameworks para o desenvolvimento de aplicativos nativos, existem também vários para criação de HTML, CSS e JavaScript para aplicações web móveis. Muitos destes são pouco mais que uma coleção de estilos e elementos gráficos frequentemente usados. Contudo, quando desenvolvemos aplicativos multiplataforma usando as técnicas discutidas neste livro, estes frameworks são poupadores de tempo essenciais. A última seção irá apresentar o Sencha, jQTouch e iWebKit. Estes e outros, não discutidos neste livro, estão listados a seguir:

- **Sencha Touch**. Um framework JavaScript que permite que você construa aplicativos web com visual nativo em HTML5 e CSS3 para iOs e Android. Sencha Touch é um framework de código aberto disponível sob a licença GNU GPL v3, com uma opção comercial. `http://sencha.com`
- **jQTouch**. É um plugin do jQuery para criar aplicativos com a cara do iPhone que são otimizados para os navegadores Safari, em desktops ou em dispositivos móveis. Distribuído sob a licença MIT. `http://jqtouch.com`
- **iWebKit**. Um framework HTML5 e CSS3 que visa o iOS nativo e aplicações web. IWebKit é distribuído sob a GNU Lesser General Public License.
`http://snippetspace.com/projects/iwebkit/`
- **iUL**. Um framework JavaScript e CSS para construção de aplicações web que rodam no iOS. O iUL é distribuído sob a licença New BSD. `http://code.google.com/p/iui/`
- **xUL**. Um framework JavaScript leve, atualmente usado pelo PhoneGap. No momento, roda aplicativos iOS com intenções futuras de suportar o IE mobile e o BlackBerry. Hoje é distribuído sob a licença GNU GPL. `http://xuijs.com`

- **Magic Framework**. Um framework HTML, CSS e JavaScript. Usado para desenvolver aplicativos rápidos e simples com a cara do iPhone usando widgets, listas e outros componentes nativos. Também provê uma interface fácil para a interface de armazenamento DB do HTML5. Atualmente é distribuído sob a licença Creative Commons Attribution 3.0 United States.
`https://github.com/jeffmcfadden/magicframework`
- **Dashcode**. Um framework desenvolvido pela Apple para criar widgets do dashboard OSX que sejam simples e leves, além de aplicativos moveis do Safari para iOS que usam HTML, CSS e JavaScript . Atualmente, é distribuído sob a licença Creative Commons Attribution-ShareAlike.
`http://developer.apple.com/leopard/overview/dashcode.html`
- **CiUL**. Desenvolvido pelo site de notícias tecnológicas CNET.com para fazer uma versão amigável para iPhone do seu próprio site. Liberado sob a licença MIT.
`http://code.google.com/p/ciui-dev/`
- **Safire**. Um framework para aplicativos web em código aberto, escrito em HTML, JavaScript e CSS voltado para o iOS. Liberado sob a licença MIT.
`http://code.google.com/p/safire/`
- **iPhone-universal (UiUIKit)**. Um framework HTML/CSS para o desenvolvimento web no IPhone. Contém os Chat Balloons (balões de conversação) semelhantes aos usados no SMS do iPhone. Liberado sob a licença GNU General public licence v3.
`http://code.google.com/p/iphone-universal/`
- **WebApp.Net.** Um framework leve em JavaScript para construir aplicativos que podem tomar vantagem do controle de navegação do WebKit; nominalmente, iOS, Android e WebOs. Liberado sob a licença Creative Commons Attribution-ShareAlike.
`http://webapp-net.com/`
- **The Dojo ToolKit**. Um framework JavaScript flexível e extensível primariamente usado para construir aplicativos web. `http://www.dojotoolkit.org`
- **Jo**. Um framework JavaScript leve para aplicativos HTML5, construído com o PhoneGap em vista. Copyright 2010 para Dave Balmer, Jr. Este framework tem uma licença personalizada (do tipo "as is" com atribuições) `http://grrok.com/jo/`

Existem outros frameworks para aplicativos móveis multiplataforma que não estão enumerados aqui. Esta listagem foi apresentada apenas para lhe dar uma amostra do que existe no mercado.

Sobre este Livro

A Parte 1 deste livro e os próximos quatro capítulos (2 a 5) o guiarão através da criação de aplicativos móveis nativos. Você aprenderá como escrever código para aplicativos simples e como embutir um controle de navegação em um aplicativo nativo. Estes capítulos foram escritos para lhe dar a noção de como é desenvolver usando metodologias nativas.

Se você decidir por desenvolver usando técnicas específicas de cada plataforma, então precisará aprender muito além do que está no escopo deste livro. Contudo, para poupar trabalho de desenvolvimento e manutenção entre as várias plataformas, você pode considerar a inclusão de alguma UI multiplataforma através do uso de um controle de navegação e da apresentação de parte da sua UI em HTML. Na Parte 1 de cada capítulo, é feita uma revisão de como construir um dispositivo específico, tanto versões de desenvolvimento quanto de distribuição. Esta informação é importante mesmo que você acabe usando um dos frameworks multiplataforma, já que, no fim das contas, você estará construindo um aplicativo nativo, o qual será um executável nativo construído com as ferramentas do fornecedor. Finalmente, cada capítulo revisa as opções de distribuição para aplicativos na plataforma específica.

Na Parte 2, nos capítulos de 6 a 9, você irá aprender sobre três frameworks multiplataforma populares: Rhodes e RhoSync da Rhomobile, PhoneGap da Nitobi e Titanium Mobile da Appcelerator. Por fim, a Parte 3 irá aprofundar as técnicas para a criação de um look-and-feel nativo usando técnicas HTML, assim como detalhar algumas limitações e capacidades de várias plataformas.

Parte I

Plataformas de Desenvolvimento e Distribuição

Os capítulos de 2 ao 5 incluem tutoriais sobre como adicionar um componente de navegação a um aplicativo nativo para cada uma das quatro plataformas. Esta aproximação ajuda o desenvolvedor, permitindo que o mesmo escreva a estrutura do seu aplicativo em HTML e tenha o suporte CSS específico de cada plataforma, para o layout visual e para as funcionalidades de cada uma delas.

Capítulo 2

iPhone

Para desenvolver para o iPhone, ou iPod Touch, você precisará de um computador Macintosh baseado em processador Intel rodando OSX V10.5.7 ou mais recente. Você também deverá instalar a última versão do SDK do iPhone e garantir que o sistema operacional do seu dispositivo esteja atualizado. Baixe o SDK do iPhone no site de desenvolvedores da Apple (`http://developer.apple.com/iphone`). Este SDK inclui o IDE Xcode, o simulador do iPhone e um conjunto de ferramentas adicionais para o desenvolvimento de aplicativos, para o iPhone e iPod Touch. Estas ferramentas irão lhe ajudar a criar seu aplicativo e permitir que você rode o mesmo no simulador. Deste ponto em diante no texto, sempre que nos referirmos a criar ou construir aplicativos para o iPhone, estaremos nos referindo, de forma livre, também ao iPod Touch. O iPod Touch e o iPad são compatíveis com o iPhone exceto que estes dispositivos não possuem câmera nem telefone.

Este capítulo inclui um exemplo de "Hello Word" (Alô Mundo), além de um exemplo de como embutir uma UI Web View, que você poderá usar junto com as técnicas e os kits de ferramentas da Parte 3 para incluir uma UI multiplataforma em um aplicativo nativo. Contudo, o objetivo destes exemplos é fornecer uma amostra do desenvolvimento nativo do iPhone, de forma que você possa contrastá-lo com o desenvolvimento de outros aplicativos nativos. A última parte do capítulo, "Instalando o Aplicativo no Dispositivo", detalha a assinatura do código e o processo de build para o dispositivo, os quais serão necessários esteja você escrevendo o código a partir do zero ou usando um dos kits de ferramenta multiplataforma, mostrados na Parte 2.

Apresentado o Xcode

O Xcode é o ambiente integrado de desenvolvimento (IDE) da Apple para o desenvolvimento de aplicativos para Mac OSX e iPhone. A linguagem preferencial do Xcode é o Objective-C, requerida para aplicativos do iPhone. Entretanto, o Xcode também suporta uma variedade de outras linguagens (C, C++, Fortran, Java, Objective-C++, AppleScript, Python, e Ruby). O IDE Xcode tem um compilador e um debugger GNU modificados como seu backend.

O conjunto de aplicativos Xcode inclui o Interface Builder e o Instruments. O Interface Builder ajuda na criação de interfaces para seus aplicativos Mac e iPhone. Quando usamos o processo de desenvolvimento típico, o Interface Builder é essencial. O Instruments fornece uma análise minuciosa da eficiência do seu aplicativo durante o tempo de execução, permitindo que você possa encontrar falhas na memória e gargalos de execução, além de melhorar a experiência do usuário.

Práticas Padrão de Desenvolvimento para o iPhone

Quando estiver construindo aplicativos iPhone, você precisará estar atento a alguns padrões. O primeiro, o padrão Model-View-Controller (MVC), trata-se de uma forma de separar seu código em três áreas funcionalmente diferentes. O model, ou modelo, é definido, em geral, por uma classe Objective-C que estende como subclasses para o NSObject. O controller, ou controlador, é referido com sendo um controle de view e pode estender como subclasses para UIViewController ou UITableViewController. A porção view, ou visual, do seu aplicativo é definida, geralmente, por um arquivo do Interface Builder chamado *nib*. Este é o método preferido para criar suas views já que o Interface Builder controlará o gerenciamento de memória destas views para você. A alternativa é definir sua view programaticamente, o que é considerado uma prática não-padrão.

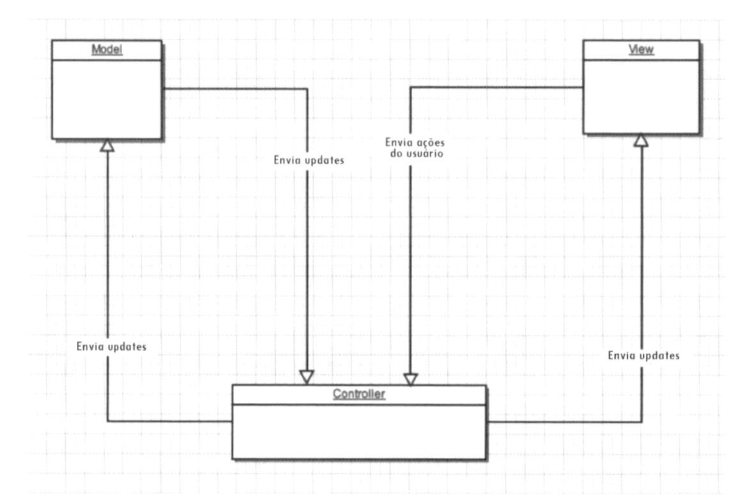

Figura 2–1. *O Padrão MVC.*

Outro padrão a que você deve estar atento é o de delegação (delegation). Ele permite que um objeto complexo entregue algumas de suas funções a um objeto de ajuda. De fora, pode parecer que você está chamando o objeto complexo para executar a tarefa, mas na realidade você usa o objeto de ajuda para terceirizar algumas das funções complexas. Veremos muito este padrão ao longo do desenvolvimento para iPhone. Todas as vezes que você se encontrar declarando o delegado de um objeto (o que acontece muito em ambientes assíncronos), este padrão está sendo utilizado.

Construindo um Aplicativo iPhone Simples

A título de introdução à construção de aplicativos iPhone, você construirá um "Hello World" simples, desenhado para ensiná-lo a escrever o código Objective-C no Xcode e a usar o Interface Builder para criar a UI do seu aplicativo.

O objetivo deste aplicativo é fazer com que o usuário digite seu nome em um objeto Text Box (caixa de texto), pressione um botão e veja o iPhone saudá-lo usando o nome digitado.

Criando o Projeto Xcode

Comece abrindo o Xcode e criando um projeto novo (selecione New Project no menu File ou [Command+Shift+N no teclado]). Então selecione iPhone OS **Application**, no painel à esquerda e **View-based Application** nos templates do painel à direita. Selecione **Choose**, nomeie seu projeto "HelloiPhone" e salve.

Neste ponto, o Xcode deve lhe presentear com uma janela de projeto (Project Window), como mostrado na Figura 2-2, apresentando a lista dos arquivos que foram gerados para você.

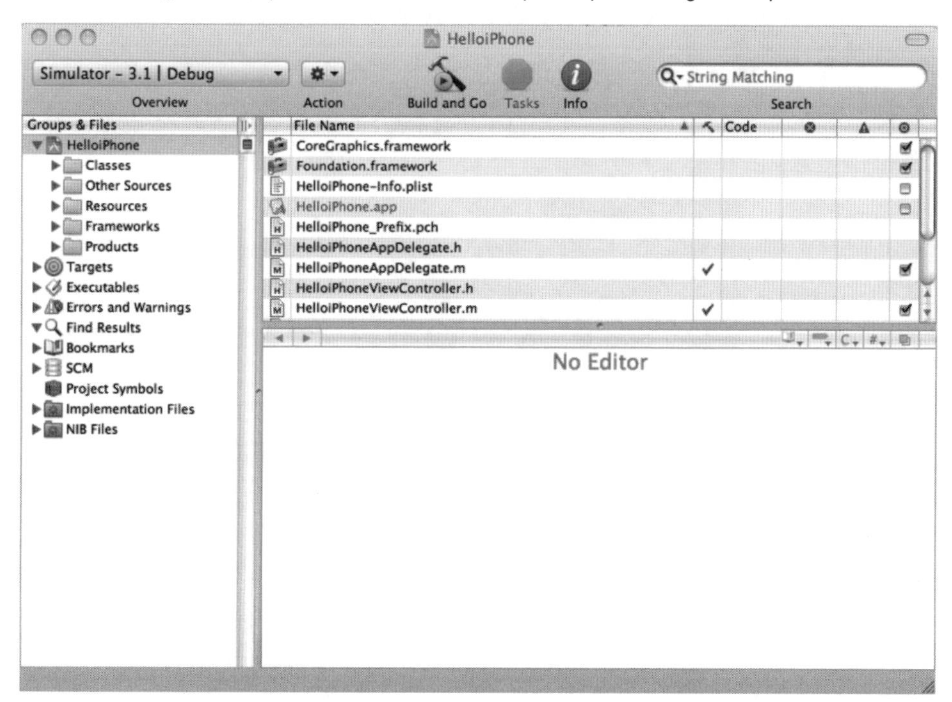

Figura 2–2. *A Janela de projeto do Xcode.*

Tabela 2–1. *Tipos de arquivos*

Extensão de Arquivo	Descrição
.m	Arquivos de implementação do Objective-C.
.h	Arquivos de cabeçalho do Objective-C.
.plist	Arquivo de listas de propriedade que podem conter opções ou configurações do usuário para seu aplicativo.
.app	O aplicativo distribuído que você está construindo.
.xib	Views criadas pela Interface Builder são salvas como arquivos *.nib*. O arquivo *.xib* é a versão XML de um arquivo *.nib*. Estes arquivos ainda são chamados "nibs" mesmo tendo uma extensão diferente.

Criando a Interface

Neste exemplo, você vai começar com a interface do aplicativo como base para o design geral. Depois irá criar o código correspondente para interagir com as views e, finalmente, amarrar o código com as views usando o Interface Builder.

Dê um clique duplo no *HelloiPhoneViewController.xib* para abrir a view do nosso aplicativo no Interface Builder. O Interface Builder irá iniciar com quatro janelas abertas (veja a Figura 2–3). Uma delas abertas será a view do aplicativo. Inicialmente é apenas um caixa cinza que representa a tela do aplicativo onde você poderá adicionar componentes de interface.

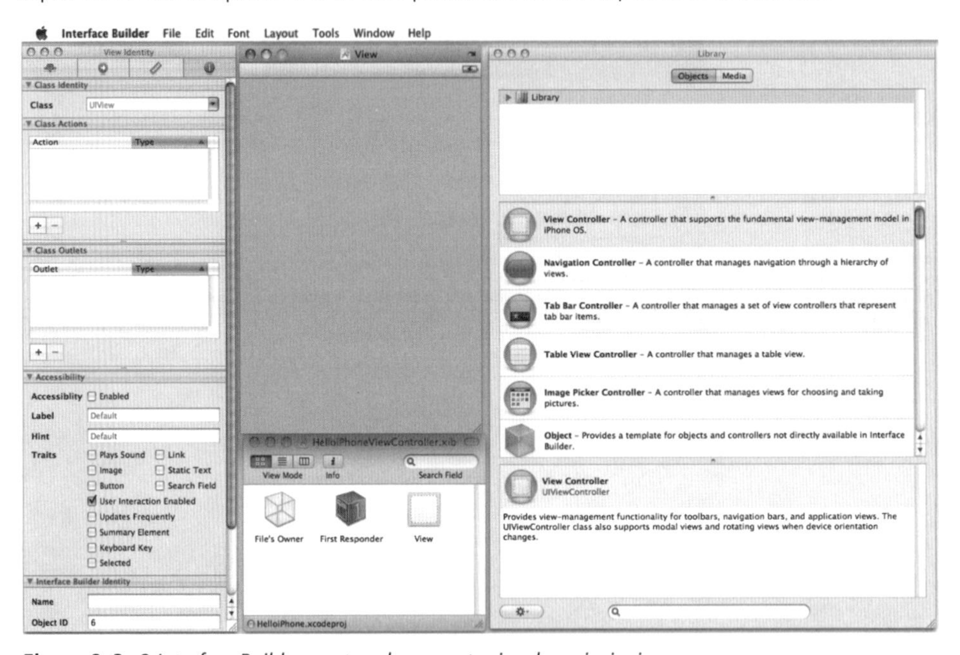

Figura 2–3. *O Interface Builder mostrando as quatro janelas principais.*

Se a Library Window (janela de biblioteca) não estiver visível (lado direito da Figura 2–3), escolha **Library** no menu Tools (ou pressione Command+Shift+L) para abrir a Library Window. No canto inferior esquerdo da janela, existe um menu drop-down de configuração que permite você decidir como gostaria de ver a biblioteca. Costuma ser útil, pelo menos no começo, selecionar **View Icons and Descriptions,** permitindo assim que você entenda para que servem todos os objetos.

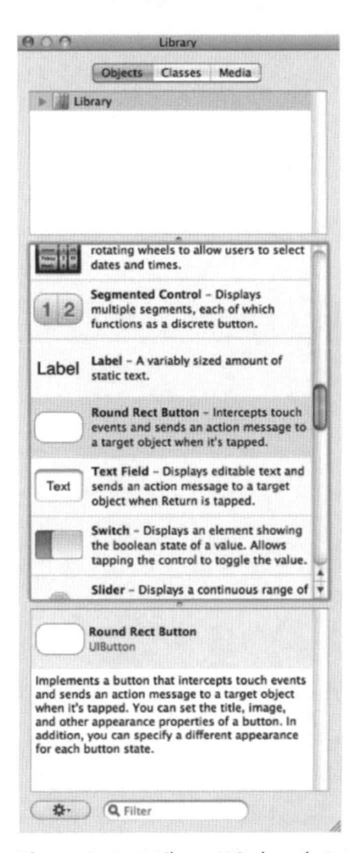

Figura 2–4. *A Library Window da Interface Builder.*

Adicionando Elementos de Interface

Selecione **Round Rect Button,** arraste e solte sobre sua janela view (você pode procurar na biblioteca ou digitar na caixa *search* (busca) na base da janela, para filtrar a lista). Você vai precisar também de um *Label*, que será usado para mostrar o texto de saudação e um objeto *Text Field* (campo de texto) onde o usuário digitará seu nome. Procure-os na biblioteca e arraste uma a uma para a view.

Uma vez que todos os componentes para o aplicativo estejam colocados na view, você pode alinhá-los corretamente na tela.

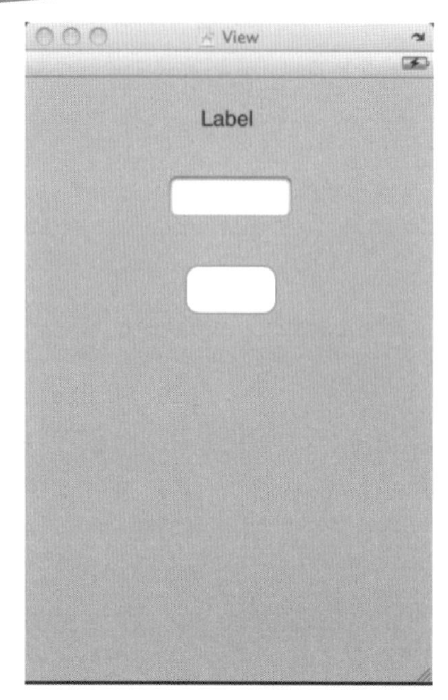

Figura 2–5. *A View com elementos de interface no Interface Builder.*

Alinhando o Texto de Saudação

O elemento Label irá apresentar o texto de saudação. Neste exemplo, ele será apresentado no topo da tela, centralizado. Comece por selecionar o label e arrastá-lo para cima, no canto superior esquerdo da view, até que ele alinhe com as linhas azuis de guia fornecidas pelo Interface Builder. Ajuste o tamanho horizontal até que o Label alinhe novamente com as linhas de guia.

Para centralizar o texto, selecione o Label e abra o Attributes Inspector (no menu **Tools** ou com Command+1 no teclado), então encontre a seção Layout. Esta irá se parecer com uma seção de alinhamento de texto em um processador de textos, com imagens para alinhamentos à esquerda, centralizado e à direita. Selecione a opção de alinhamento centralizado ou, alternativamente, você pode ir ao menu **Layout**, selecionar **alignment** e depois escolher **Center Alignment** ,no menu que aparecer.

Como você estará gerando este texto de saudação dinamicamente, o texto inicial deve ficar vazio. Dê um clique duplo na label, apague o texto e tecle Enter para salvar.

Layout do Botão e Campo de Texto

Você deve fazer mais ou menos a mesma coisa com o botão (Button) e com o campo de texto (Text Field). Selecione o Text Field e posicione-o abaixo do label no lado esquerdo, alinhado com as linhas de guia azuis. Então arraste o lado direito horizontalmente até alinhar com as linhas de guia do lado direito.

Alinhe o botão retangular da mesma forma. A seguir, adicione texto ao botão com um clique duplo sobre ele, depois mude o título para "Hello iPhone!". Você também deve adicionar um texto ao Text Field para dar ao usuário uma informação sobre o tipo de texto que deseja que ele digite. Esta é uma convenção das interfaces com o usuário e é diretamente suportada pelo Interface Builder, que se refere a ela como *Placeholder* Attribute. Este atributo provoca a aparição de um texto cinza no campo texto com objetivo de fornecer uma dica de ajuda contextual. Selecione o Text Box e abra o Attribute Inspector (Command+1), se ele já não estiver aberto. Encontre o atributo Placeholder e digite "Name". Isto irá criar o campo texto cinza inicial que indica ao usuário que um nome deve ser colocado ali. Quando o usuário selecionar o campo texto, dando foco a ele, o texto do placeholder será apagado.

Neste momento, você deve ter alguma coisa bem parecida com o que está na Figura 2–6.

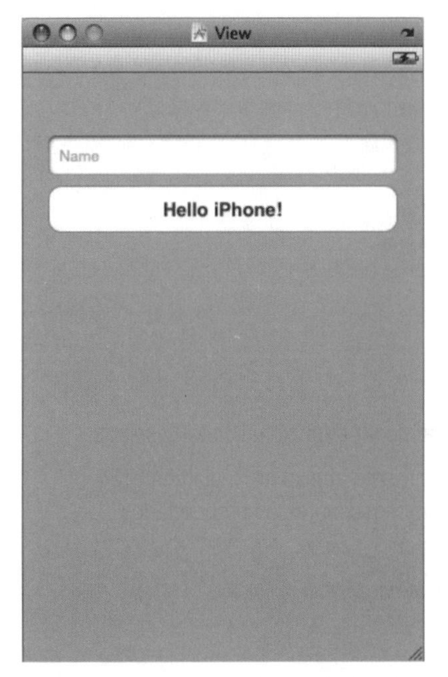

Figura 2–6. *A View com layout da interface e textos no Interface Builder.*

Certifique-se de salvar seu arquivo no Interface Builder e, por enquanto, saia do programa.

Escrevendo o Código do Controller

Agora que já criou as views do seu aplicativo, você irá escrever o código para interagir com elas. Volte ao Xcode e abra o *HelloiPhoneViewController.h*. Este arquivo contém o esqueleto do controller.

A seguir, você irá criar o código das actions (ações) que correspondem as views. Você fará isso usando as palavras-chave especiais IBAction e IBOutlet. Elas estabelecem um relacionamento entre os objetos da view, e o código. Declare um IBOutlet para cada componente de interface da sua view, com o qual pretenda interagir programaticamente. Como você pode ver na Listagem 2-1, precisará declarar um IBOutlet UILabel e UITextField quando definir as variáveis correspondentes. Os IBAction são métodos de callback definidos no controller da sua view. Eles são chamados pelas actions que ocorrem na sua view. Você pode determinar estas actions no Interface Builder ou programaticamente de forma direta no controller.

A palavra-chave @property irá gerar automaticamente os assessores (ou seja, ações de leitura e escrita – setters e getters). Estes correspondem, a uma declaração @synthesize que você acrescentará no arquivo de implementação. Declarar os componentes de interface como propriedades permite que você os acesse e os modifique facilmente, sem precisar escrever código extra.

Por fim, no arquivo header (cabeçalho) declare uma IBAction *sayHelloToUser*, que realizará a funcionalidade primária deste aplicativo-exemplo e, mais tarde, será executada quando o usuário clicar no botão.

Listagem 2–1. *O HelloiPhoneViewController.h.*

```
#import <UIKit/UIKit.h>
@interface HelloiPhoneViewController : UIViewController {
    IBOutlet UILabel *greetingLabel;
    IBOutlet UITextField *userNameField;
}

@property (nonatomic, retain) UILabel *greetingLabel;
@property (nonatomic, retain) UITextField *userNameField;

 -(IBAction) sayHelloToUser: (id) sender;

@end
```

A seguir, você editará o *HelloiPhoneViewController.m* para criar a funcionalidade desejada.

Primeiro, acrescente uma declaração @synthesize diretamente abaixo da implementação HelloiPhoneViewController. Isto automaticamente irá gerar assessores às propriedades greetingLabel e userNameField.

Listagem 2–2. *Propriedades assessoras no HelloiPhoneViewController.m*

```
@implementation HelloiPhoneViewController
@synthesize greetingLabel, userNameField;
```

Em seguida, você deve adicionar o código do método *sayHelloToUser*. Ele criará uma string (conjunto de caracteres) formatada concatenando "Hello" com o nome que o usuário digitar na caixa de texto e apresentará esta string na greetingLabel.

Abaixo da declaração da @implementation, será preciso acrescentar o método da Listagem 2–3.

Listagem 2–3. *A implementação do sayHelloToUser.*

```
- (void) sayHelloToUser:(id)sender {
    greetingLabel.text = [NSString stringWithFormat:@"Hello %@",
    userNameField.text];;
     [userNameField resignFirstResponder];
}
```

O método *sayHelloToUser* pega o nome do usuário no campo de texto e cria uma string helloMessage. Como a greetingLabel é um IBOutlet, você pode, simplesmente, atribuir esta string ao label para apresentá-lo na tela. Note que determinar o userNameField como null irá limpá-lo. Finalmente, chamando *resignFirstResponder*, liberaremos o teclado do campo de texto e ocultaremos o teclado virtual.

Para terminar, você precisa implementar um método *dealloc* para liberar a memória tanto para o elemento Label quanto para o elemento de campo de texto (text field). Modifique o método *dealloc* do arquivo de implementação para que fique igual ao da Listagem 2–4.

Listagem 2–4. *A implementação do sayHelloToUser.*

```
- (void)dealloc {
      [greetingLabel release];
      [userNameField release];
    [super dealloc];
}
```

Conectando o Código às Views

No passo final do desenvolvimento deste aplicativo, você irá conectar o código do controller às views. Dê um clique duplo em *HelloiPhoneViewController.xib* para abri-lo no Interface Builder.

O Interface Builder irá mostrar tanto os IBOutlets quanto os IBActions que você declarou no código do controller, permitindo que os conecte diretamente aos elementos da interface com o usuário.

Na janela do *HelloiPhoneViewController.xib*, selecione **File's Owner** e abra o **Connections Inspector** no menu **Tools** (Command+2). Em Outlets, você deve ver *greetingLabel* e *userNameField*. Você precisará arrastar os pontos adjacentes para o objeto correspondente na view, para conectar os elementos da interface ao código.

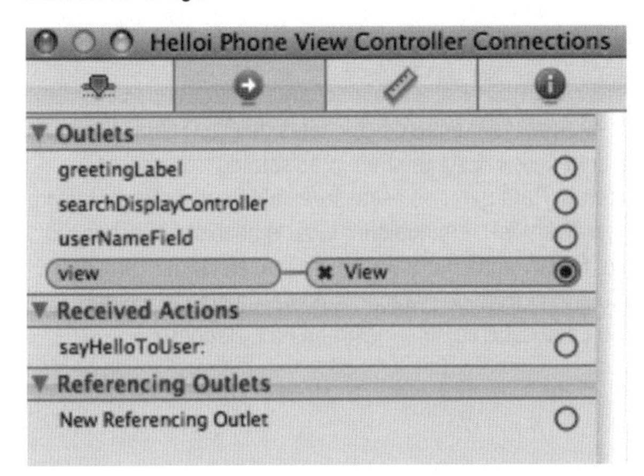

Figura 2–7. *O Connetions Inspector da Interface Builder.*

Você também deve ver o *Received Actions*, que lista o método *sayHelloToUser*. Arrastando seu ponto lateral para o botão **Hello iPhone!**, você determinará qual método será disparado pela ação do usuário. Assim que você terminar de arrastar, um menu irá aparecer sobre o botão. Selecione **Touch Up Inside**. Isto criará um evento quando o botão for liberado, disparando o método *sayHelloUser*.

Finalmente, arraste o ponto próximo a *New Referencing Outlet* e conecte-o ao campo texto. Um menu de opções irá aparecer; selecione **delegate** (a única opção). Isto permitirá que o código possa ler o campo de texto.

Isto é tudo! Todo o código está conectado às views. Agora você deve clicar em **Buid and Go** (ou pressionar Command+R) no Xcode, para rodar seu aplicativo no simulador.

Montando uma Web View no iPhone

Este exemplo irá mostrar como você pode usar uma Web View para carregar uma página web padrão em um aplicativo nativo do iPhone.

Começamos abrindo o Xcode e criando um projeto novo (selecione **New Project** no menu **File** ou [Command+shift+N] no teclado). Selecione **iPhone OS Application** no painel da esquerda e **View-based Application** nos templates no painel à direita. Selecione **Choose** e então nomeie seu projeto "iWebDemo" e salve-o. Isto criará a estrutura básica do projeto iPhone no Xcode.

Seu próximo passo será adicionar o UIWebView ao seu aplicativo usando o Interface Builder. Dê um clique duplo no arquivo *iWebDemoViewController.xib* no Xcode para iniciar o Interface Builder. Verifique se a Library Window está aberta (se não, selecione **Library** no menu **Tools** [ou Command+Shift+L] no teclado) e busque "Web View", pode também descer pela lista de componentes ou digitar um argumento de busca no campo texto de filtro da Library Window.

Quando você encontrá-lo, arraste e solte o Web View na sua janela View, permitindo que o Interface Builder o centralize. No momento, o Interface Builder deve se parecer com a da Figura 2–8.

Salve o Interface Builder e saia. Você irá voltar mais tarde para ativar a saída desta view.

Voltando ao Xcode, é hora de adicionar à implementação o código que permitirá a manipulação do Web View. Abra o *iWebKitDemoViewController.h* para acrescentar as declarações do seu objeto view; este arquivo será bem simples.

Comece adicionando *IBOutlet UIWebView *webView;* entre os colchetes de @interface; um IBOutlet permitirá que o código interaja com a view. Esta também precisará de assessores que permitirão a manipulação de endereços web. Para gerar os assessores automaticamente declare *@property(nonatomic, retain) UIWebView *webView;* em qualquer lugar embaixo da declaração @interface e antes da declaração @end. Existe ainda outra peça para completar este processo. A palavra-chave *@synthesize* irá completar o circuito de geração automática no arquivo de implementação. Neste ponto, seu código deve estar como o mostrado na Listagem 2–5.

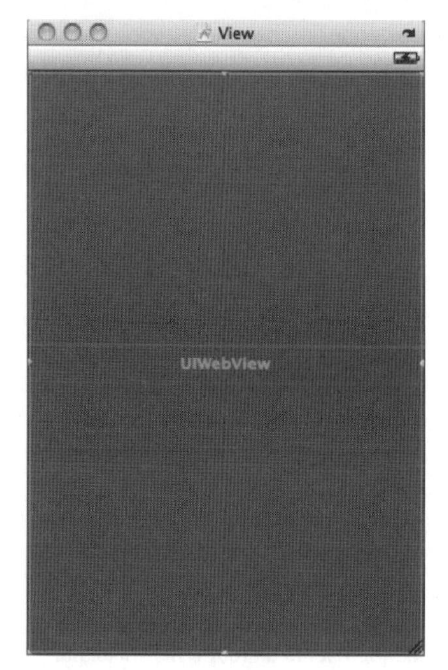

Figura 2–8. *UIWebView no Interface Builder.*

Listagem 2–5. *iWebkitDemoViewController.h*

```
#import <UIKit/UIKit.h>
@interface iWebkitDemoViewController : UIViewController {
    IBOutlet UIWebView *webView;
}
@property (nonatomic, retain) UIWebView *webView;
@end
```

Você acaba de criar a representação em código do Web View. Isto permitirá que você interaja com o Web View e use os assessores de leitura e escrita (getters e setters) para manipulá-lo.

Salve este arquivo e volte para o *iWebkitDemoViewController.m*. É hora de acrescentar o código que transformará sua view em um navegador web semifuncional.

A primeira coisa que é preciso ser feito neste arquivo é finalizar o circuito que irá gerar automaticamente a view dos assessores. Imediatamente abaixo de @implementation iWebkitViewController acrescente *@synthesize webView* finalizando o circuito de geração automática, como mostrado na Listagem 2–6. Agora que podemos alterar a view, está na hora de escrevermos o código que nos permitirá navegar na web.

Listagem 2–6. *iWebkitDemoViewController.m.*

```
@implementation iWebkitDemoViewController
@synthesize webView;
```

Mais ou menos no meio do arquivo de implementação retire o comentário de *– (void) viewDidLoad*. Esta função é chamada depois que a view é corretamente carregada, tornando este o local perfeito para colocar o código que carregará uma página web.

Primeiro, crie uma string contendo a URL (como: `http://www.google.com`). Depois, você precisará pegar esta string e criar um objeto *NSURL*, e embuti-lo em um *NSURLRequest*. Finalmente, irá chamar a Web View para carregar o objeto de requisição. Isto está apresentado na Listagem 2–7.

Listagem 2–7. *iWebkitDemoViewController.m.*

```
// Implement viewDidLoad to do additional setup after loading the view, typically↵
 from a nib.
- (void)viewDidLoad {
    [super viewDidLoad];
    // Create the URL string of the address
    NSString *urlAddress = @"http://www.google.com";
    // Bind that address to an NSURL object
    NSURL *url = [NSURL URLWithString:urlAddress];

    // Embed the NSURL into the request object
    NSURLRequest *requestObj = [NSURLRequest requestWithURL:url];

    // Tell the Web View to load the request
    [webView loadRequest:requestObj];
}
```

A seguir, termine de conectar a view no Interface Builder. (Dê um clique duplo no *iWebkitDemoViewController.xib* para abri-lo no Interface Builder.) Você deve, uma vez mais, ter quatro janelas na sua frente. Comece procurando a que representa o arquivo *nib*, intitulada *iWebkitDemoViewController.xib*. Nesta janela, você deverá ver três objetos: File's Owner, First Responder e View. Clique no objeto **File's Owner** e abra o connection inspector digitando Command+1 no seu teclado. Ele deve se parecer com a Figura 2–9.

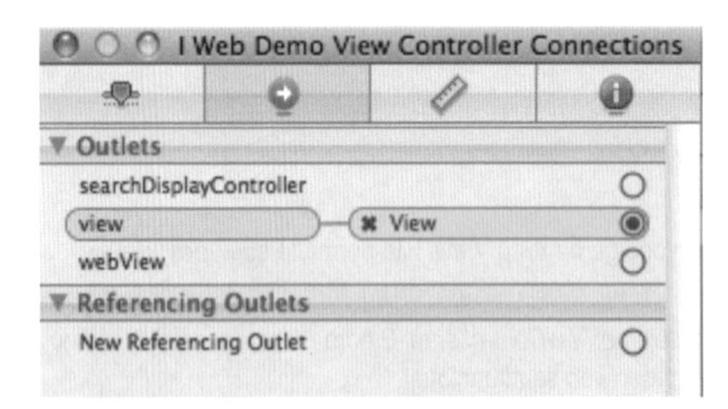

Figura 2–9. *O Connection Inspector do Interface Builder.*

Você deverá ver o seu objeto webView listado em Outlets. Você precisa clicar e arrastar o círculo do objeto para sua janela de view. A Web View se iluminará quando você passar o mouse sobre ela, este é o momento de soltar o botão do mouse. A janela Attributes Inspector deve mostrar seu objeto webView conectado a sua Web View. Isto é tudo para sua view no Interface Builder, você pode salvar e sair.

É agora que rodamos o simulador do iPhone para verificar o status do seu aplicativo. Verifique se consegue carregar o Google.com na view, que deve se parecer com a Figura 2–10.

Figura 2–10 O *Navegador Web View no iPhone carregando o Google.com.*

Instalando o Aplicativo no Dispositivo

Ao contrário de rodar aplicativos no simulador, instalá-los no iPhone requer o registro de suas credenciais (assinatura), como, aliás, é típico do desenvolvimento móvel. Antes mesmo que pense sobre fazer o build do seu aplicativo para o dispositivo, você precisará visitar developer. apple.com/ e se inscrever no programa de desenvolvedores do iPhone. Isto custará $99 pelo Standard ou $299 pelo Enterprise. O maior benefício de participar deles é a capacidade de distribuir aplicativos. Estando no programa Standard ou no Enterprise, você poderá provisionar um aplicativo para distribuição ad-hoc, forma típica que usará para distribuir seu aplicativo para testes ou demonstrações iniciais. No programa Standard, você poderá submeter seu aplicativo para a Apple App Store. No programa Enterprise, poderá provisionar seu aplicativo para distribuição in-house.

Uma vez que esteja inscrito no programa, você terá que criar um perfil de provisionamento e um certificado. Isto pode ser muito simples usando o Development Provisioning Assistant na Home Page do portal ou, se preferir, pode criar os certificados e perfis manualmente.

Usando o Development Provisioning Assistant

Use o "development provisioning" para instalar um aplicativo no seu dispositivo diretamente a partir do Xcode. Isto será útil para seus testes particulares. Quando estiver pronto para distribuir para outros dispositivos, para que outras pessoas testem, você precisará utilizar o "ad-hoc provisioning". O Apple iPhone Dev Center possui um assistente do tipo wizard, simples de usar, que o conduzirá através do vários passos requeridos para configurar e instalar o provisioning profile. Escolha **Lunch Assistant** na sua Home no iPhone Developer Portal. O assistente irá lhe fazer algumas perguntas enquanto o conduz pelo processo de instalação. Sua documentação é muito boa, então não nos estenderemos aqui.

Criando o iPhone Provisioning Manualmente

Para a criação do seu provisioning profile manualmente, há vários passos. A primeira coisa a ser entendida é a diferença, no site, entre desenvolvimento e distribuição. Você precisará de um perfil de desenvolvimento, chamado de development provisioning profile, para poder fazer o build do seu aplicativo diretamente no seu dispositivo e não no simulador. Este perfil não lhe dará a habilidade de compartilhar o aplicativo com mais ninguém. Para isto, você precisará de um perfil de distribuição (o Distribution provisioning profile). Também precisará de certificados e perfis para cada tipo de provisionamento. Além disso, deverá associar seus perfis com os dispositivos através dos identificadores únicos de cada um (UDID). Já que o processo é idêntico tanto para desenvolvimento quanto para distribuição, nós viajaremos através da criação do perfil de desenvolvimento, assumindo que você conseguirá explorar o perfil de distribuição por conta própria.

O primeiro passo na criação do seu perfil de provisionamento é a criação dos seus certificados. No portal do programa iPhone Developers, clique em **Certificates** na barra lateral esquerda. Você deve ver uma bolha destacando que ainda não possui nenhum certificado válido, mostrada na Figura 2–12. Para começar, clique no botão **Request Certificate.** Você terá que criar o certificado acessando o chaveiro do seu Mac via Keychain Access e as instruções devem estar detalhadas na página web.

Depois que fizer o upload do Signing Request, um certificado será gerado. Uma vez que ele tenha sido “aprovado”, você precisará baixá-lo para o seu computador. Para tanto, clique no botão Download, próximo ao certificado. Quando terminar, clique no arquivo baixado para rodar o Keychain Access. O certificado será carregado e instalado no seu chaveiro.

O último passo, na página Certificates, é conseguir um certificado Apple WWDR. Existe um link para o download, logo abaixo do certificado que você acabou de criar. Este é o certificado do Apple Worldwide Developers Relation (WWDR). Você precisa baixá-lo e adicioná-lo ao seu chaveiro. Desta vez, tudo que precisa fazer é clicar no certificado WWDR, depois que ele tenha sido baixado, para rodar o Keychain Access e instalar este certificado no seu chaveiro.

Tendo conseguido instalar os certificados, você estará pronto para registrar os dispositivos no seu perfil de provisionamento. Selecione **Devices** no lado esquerdo do portal, na aba **Manage** deve existir um botão **Add Devices**. Clique neste botão para adicionar um dispositivo ao seu perfil.

Encontrando seu Device ID

Seu dispositivo é identificado por um número único: o Unique Device Identifier (UDID). Para incluir um dispositivo em um perfil, você precisará do device id específico do dispositivo, que pode ser encontrado em dois lugares: iTunes e Xcode. Certifique-se de que o dispositivo está conectado ao computador e abra o iTunes. Selecione o dispositivo na seção Devices, à esquerda. Isto deve revelar uma página de resumo, com algumas informações específicas do dispositivo na parte superior (nome, capacidade etc.). Se você clicar no número de série, o device id será revelado (veja a Figura 2–11). A outra forma para encontrar seu device id é abrir o Xcode e ir à Organizer Window. Você pode chegar a esta janela usando a barra de menus superior [**Window ➤ Organizer**] ou usando o teclado (Shift+Command+O). Clique no seu dispositivo no lado esquerdo do painel, isto deve revelar a página de resumo com o seu device id. Existe ainda, um aplicativo gratuito, AdHoc, muito útil, que irá automaticamente enviar-lhe um e-mail com o UDID do dispositivo.

Figura 2–11. *O UDID do dispositivo no iTunes.*

Independentemente da forma que você escolher para descobrir seu device id (UDID), copie-o e cole-o no campo de texto Device ID, na página Device Registration do portal de desenvolvedores, e nomeie seu dispositivo. Pode ser um nome comum, como "Joe" ou uma descrição do dispositivo como "Telefone de trabalho do Joe".

No portal de programas, Program Portal, clique em **App IDs** no lado esquerdo. Os identificadores de aplicativos (App ID) são formados por uma combinação única de caracteres usados para diferenciar cada aplicativo. Comece clicando no botão **New App ID**. O site irá solicitar um descritivo ou nome para seu App ID e este nome pode ser simples como "MyiPhoneID" ou "MyProjectID". Tente criar um nome relacionado com o seu aplicativo, porque ele será usado em todo o portal como identificador do seu aplicativo. Depois, deve escolher entre gerar um novo identificador de semente (bundle seed id), ou usar um que já exista, se este aplicativo for parte de uma suíte. Por último, precisará escolher um identificador de pacote (Bundle Identifier) para seu aplicativo. Para que seu App ID possa ser usado em qualquer aplicativo que esteja desenvolvendo, simplesmente coloque um asterisco (*) neste campo. O asterisco permite que você faça o build de qualquer aplicativo, independentemente do seu nome. Para criar um App ID mais específico, convencionalmente usamos strings em estilo domínio reverso, exatamente como o exemplo fornecido pelo portal "com.domainname.appname."

Criando o Perfil de Provisionamento

Chegou a hora de criarmos o seu primeiro perfil de provisionamento. No portal, clique em **Provisioning**. Esta é a área onde você vai gerenciar todos os seus perfis de desenvolvimento e distribuição. Para começar, clique em **New Profile**. Dê um nome ao seu perfil, tal como "iPhoneAppDevPP" ou "iPhoneAppDistPP". Selecione o certificado que você criou anteriormente, selecione o App ID que deseja registrar e, finalmente, selecione os dispositivos que deseja associar com este perfil. Isto criará seu perfil de provisionamento; tudo que resta a fazer é o download dele e a sua instalação no Xcode.

Instalando o Perfil de Provisionamento

Abra o Xcode e vá à Organizer Window, localizada na barra de menu superior em **Window ➤ Organizer**, ou use o teclado (Shift+Command+O). Certifique-se de que o dispositivo esteja conectado e selecione-o na caixa drop-down, localizada à esquerda. Encontre o perfil de provisionamento que você baixou e arraste e solte este arquivo na seção Provisioning desta janela. Sua Organizer Window deve se parecer com a Figura 2–12. E também deve ter um ponto verde (substituindo o ponto âmbar) a esquerda do nome do seu dispositivo. O ponto verde significa que seu dispositivo está corretamente configurado.

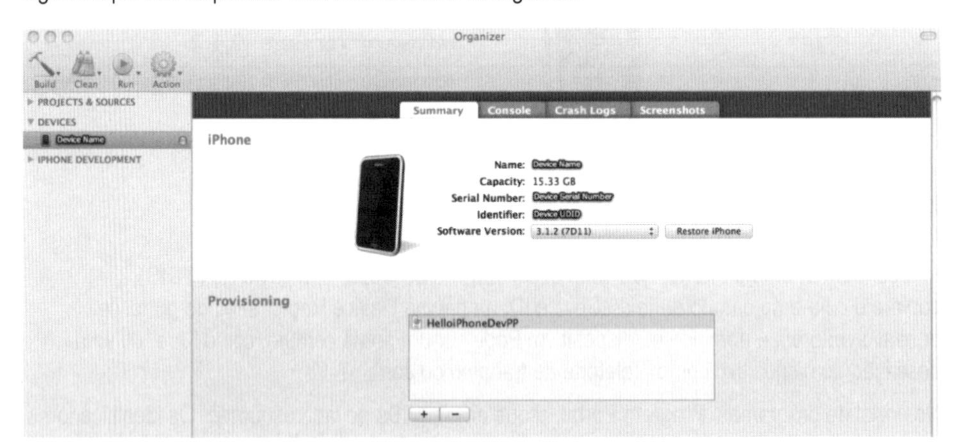

Figura 2–12. *A Organizer do Xcode.*

Instalando e Rodando no Dispositivo

Agora que você tem um perfil de provisionamento, precisa configurar o Xcode para usar o perfil correto quando fizer o build dos seus aplicativos. Para isto, você precisará modificar as informações das janelas Project e Target.

Comece com um clique duplo no arquivo de projeto localizado sob **Groups & Files** no Xcode. O arquivo foi nomeado como "HelloiPhone". Seu clique irá abrir a janela de informações do projeto "HeloiPhone". Clique na aba Build e localize a seção chamada Code Signing. Em Code Signing deve existir a opção **Any iPhone OS Device**. Um clique na caixa ao lado desta opção deverá abrir um menu drop-down. Selecione o iPhone Developer criado anteriormente no portal iPhone Developer. Agora, você precisa fazer exatamente a mesma coisa na página Target Info. Feche a janela e encontre a caixa drop-down **Targets** sob **Groups & Files** no Xcode. Um clique duplo sobre o aplicativo "HelloiPhone" deve revelar a janela de informações do target "HelloiPhone". Uma vez mais, vá à aba Build e localize **Code Signing**. Clique sobre **Code Signing Identity** e selecione o iPhone Developer correto para a opção **Any iPhone OS Device**. Feche a janela.

Existe ainda uma última opção que você pode ter configurado: o nome do aplicativo. Se você decidiu não usar o asterisco (*) na seção App ID e deu um nome formal ao seu aplicativo, você precisará editar o arquivo *info.plist*. Poderá localizar este arquivo sob resources na caixa drop-down do aplicativo "HelloiPhone" em **Groups & Files**. Procure o identificador do pacote (bundle identifier) e nomeie-o exatamente como fez no portal. Salve o arquivo *info.plist*. Deve estar tudo certo para continuarmos o build.

No canto superior esquerdo do Xcode, existe uma caixa drop-down que permite escolher se irá fazer o build (construir) para o simulador ou para um dispositivo. Você quer que o SDK ativo esteja configurado para a última versão do dispositivo e que a configuração ativa esteja em debug (a menos que esteja fazendo um build para distribuição). Selecione **Build and Go** e o aplicativo será compilado e instalado no dispositivo.

Uma última observação: Você pode gerenciar os aplicativos que está construindo na Organizer Window do Xcode. Poderá, por exemplo, apagar o aplicativo instalado no dispositivo antes de fazer cada novo build.

Capítulo 3

Android

O sistema operacional Android é distribuído sob a licença de código aberto Apache, e é construído sobre a versão 2.6 do Kernel Linux. O Android é um projeto da Open Handset Alliance (OHA) fundada pelo Google. A OHA é uma associação que inclui 65 empresas de hardware/software, além de diversas operadoras, tais como a KDDI, NTT DoCoMo, Sprint Nextel, Telefónica, Dell, HTC, Intel, Motorola, Qualcomm, Texas Instruments, Samsung, LG, T-Mobile e Nvidia.

O primeiro telefone Android, o T-Mobile G1 (também comercializado como HTC Dream), foi lançado em outubro de 2008, seguido por de 12 outros aparelhos Android já em 2009. Atualmente, existem dezenas de dispositivos móveis Android, incluindo tanto telefones quanto tablets. Em adição à fragmentação natural devida ao tamanho da tela, funcionalidades e versões do sistema operacional, os desenvolvedores descobriram incompatibilidades entre dispositivos que requerem alternativas de desenvolvimento específicas tanto para os aplicativos nativos quanto para os baseados em navegadores.

O sistema operacional móvel Android dispõe de um conjunto diversificado de funcionalidades. Os gráficos 2D e 3D são suportados, com base nas especificações OpenGL ES 2.0. Existe um bom suporte para mídia nos formatos comuns de áudio, vídeo e imagem. As transições animadas e gráficos coloridos de alta resolução estão integrados no sistema operacional e são comuns nos aplicativos. O sistema operacional Android suporta dispositivos de entrada multi-touch (mesmo que estes não sejam suportados em todos os dispositivos). O navegador web é baseado no poderoso WebKit, incluindo o interpretador JavaScript V8 do Chrome.

No Android existe suporte para aplicativos multitasking. O multitasking é gerenciado pela estruturação dos aplicativos em "activities" (atividades). As activities possuem uma apresentação visual distinta e devem ter uma função única como tirar foto, fazer buscas e mostrar resultados ou editar dados de um contato. As activities também podem ser acessadas por outros aplicativos. Um aplicativo simples implementa uma única activity, mas soluções complexas podem ser implementadas por uma grande quantidade de activities, apresentadas de forma coesa como um único aplicativo.

O Android carece de um guia de interface humana oficial, exceto por um guia limitado de desenho de ícones, widgets e menus e conselhos gerais sobre como estruturar as activities.[1] Esta falta de padrões pode tornar o design e o desenvolvimento para o Android mais desafiante.

[1] http://developer.android.com/guide/practices/ui_guidelines/index.html

De qualquer forma, o Android inclui um conjunto de componentes padrões para a interface com o usuário, comparável aos disponíveis para o iPhone.

Desenvolvimento Android

Para desenvolver no Android, você pode usar Windows, Linux ou Mac. Aplicativos Android são, geralmente, escritos em Java. Entretanto, não existe uma máquina virtual Java para esta plataforma. Em vez disso, as classes Java são recompiladas para bytecode Dalvik e rodam em uma máquina virtual Dalvik. A Dalvik foi especialmente projetada para o Android, visando reduzir o consumo de bateria e trabalhar melhor com memória e capacidade de processamento limitadas de um telefone móvel (observe que o Android não suporta J2ME). Desde que foi lançado em junho de 2009, o Android NDK (kit de desenvolvimento nativo), os desenvolvedores também podem criar bibliotecas nativas em C e C++ para reutilizar código existente ou melhorar o desempenho.

O editor mais usado e recomendado é o Eclipse, acrescido do plugin Android Development Tools. Ele fornece um ambiente de desenvolvimento rico em funcionalidades, integrado com o emulador. O mesmo provê a capacidade de efetuar debug, além de permitir a instalação de forma facilitada de múltiplas versões da plataforma Android. Como verá neste capítulo, o plug in torna simples criar e rodar um aplicativo. Se você não quiser usar o Eclipse, existem ferramentas de linha de comando capazes de criar a estrutura de um aplicativo, emular, efetuar o debug e instalá-lo em um dispositivo real.

Neste capítulo, você aprenderá como configurar seu ambiente de desenvolvimento Eclipse, criar um aplicativo "Hello World", rodar o aplicativo no emulador e, finalmente, fazer o build e instalar o aplicativo em um dispositivo Android. Veremos também as opções de distribuição do Android no fim do capítulo.

Preparando o Ambiente de Desenvolvimento com Eclipse

Você precisa instalar/configurar os componentes listados a seguir, no seu ambiente de desenvolvimento, para acompanhar os tutoriais deste capítulo. Observe que o Android não exige que você use o Eclipse, mas esta é uma forma simples de iniciar no desenvolvimento nativo do Android.

- O IDE Eclipse. Qualquer um dos pacotes disponíveis para download deve servir.
  `http://www.eclipse.org/downloads/`
- Android Development Tools (ADT) Eclipse plug-in.
  `http://developer.android.com/sdk/eclipseadt.html#installing`
- O Android SDK.

  Instale o SDK do Android seguindo as instruções do site de desenvolvedores Android. `http://developer.android.com/sdk/installing.html`.

  No tutorial deste capítulo, assumiremos que as ferramentas estão disponíveis no caminho (path) do seu sistema, como segue:

  - No Mac ou Linux (em ~/.profile ou ~/.bashrc): exporte PATH=${PATH}:your_sdk_dir > /tools

- No Windows, adicione o path das ferramentas nas variáveis de ambiente.

- Uma ou mais versões da plataforma Android (para simular dispositivos diferentes). A não ser que tenha certeza de estar usando as novas APIs, introduzidas no último SDK, você deve selecionar um target com a menor versão de plataforma possível. Para compatibilidade com todos os dispositivos, nós recomendamos SDK 1.5, API 3.

1. No Mac e no Linux, se você tiver configurado seu $PATH como anteriormente descrito, poderá simplesmente digitar na linha de comando: android (nota: se usar as ferramentas de linha de comando, terá que reiniciar o Eclipse para ver os targets instalados).

   No Windows, dê um clique duplo sobre SDK Setup.exe no diretório raiz do seu SDK

   Ou, no Eclipse, selecione **Window ➤ Android SDK and AVD Manager**.

2. Em Settings, selecione "Force http://..." (veja a Figura 3–1).

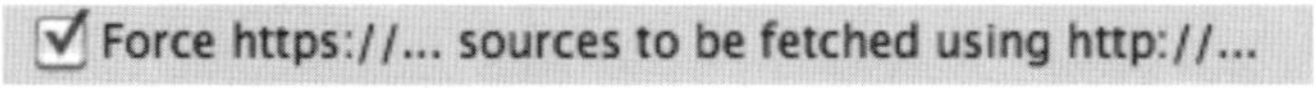

☑ Force https://... sources to be fetched using http://...

Figura 3–1 *Forçando o uso de https.*

3. Então, em Available Packages, selecione o SDK 1.5 API 3 e Google APIs for Android API 3 (Figura 3–2).

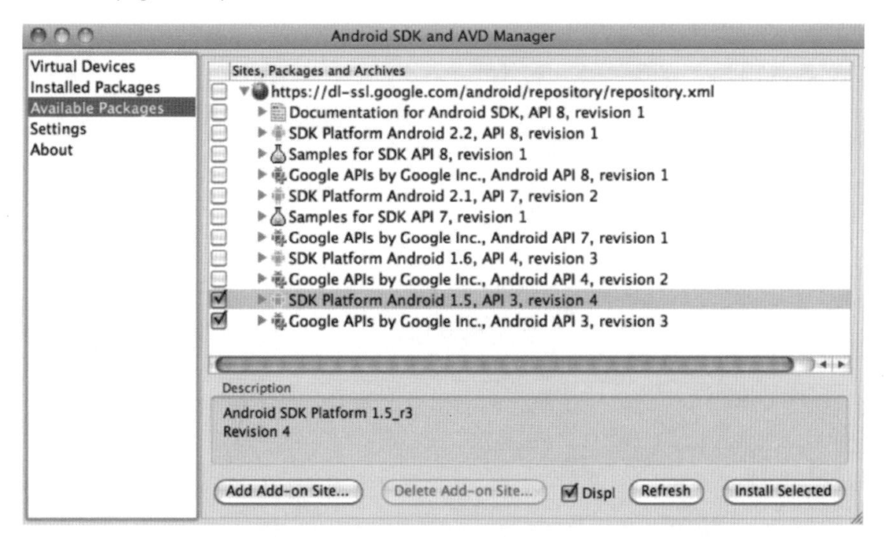

Figura 3–2. *Selecionando pacotes para instalação: Android SDK e AVD Manager.*

4. Crie um dispositivo virtual Android (AVD), como mostrado, a seguir, na Figura 3–3.

Figura 3–3. *Criando um dispositivo virtual: Android SDK e AVD Manager.*

5. Clique em **New** e preencha os valores que quiser para as propriedades do dispositivo virtual (Figura 3–4).

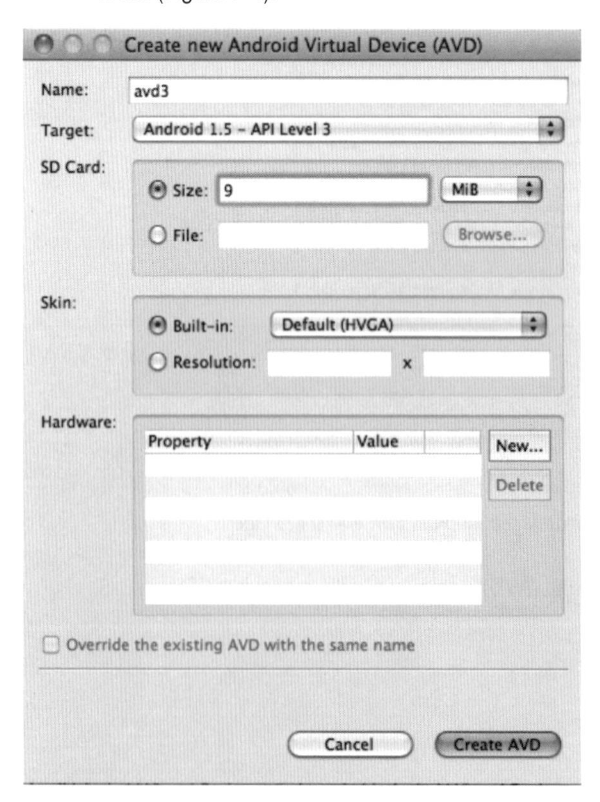

Figura 3–4. *Detalhes do dispositivo virtual.*

Construindo um Aplicativo Android Simples

Nós construiremos um aplicativo *"Hello World"* simples e o testaremos no emulador do Android. Mesmo que exista um kit de desenvolvimento nativo (NDK) que permita a criação de código em C ou C++, ele é apenas para a criação de bibliotecas de alto desempenho. Aplicativos Android são sempre escritos em Java. Este pequeno tutorial irá introduzi-lo na criação de aplicativos Android em Java usando o IDE Eclipse.

O objetivo deste aplicativo é fazer com que usuário digite seu nome em um objeto Text Box (caixa de texto), pressione um botão e veja o aplicativo saudá-lo usando o nome digitado.

1. Selecione **File ➤ New ➤ Project**.
2. Selecione **Android ➤ Android Project**, e clique **Next** (Figura 3–5).

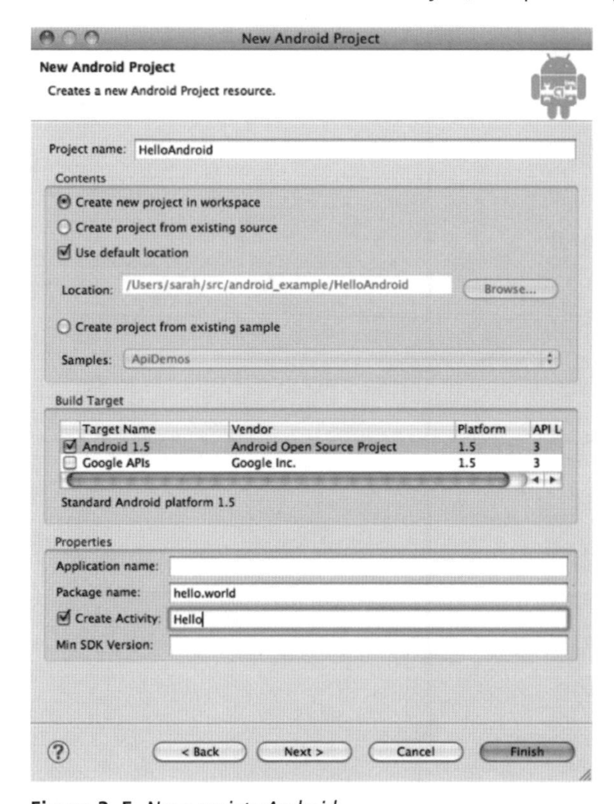

Figura 3–5. *Novo projeto Android.*

Você precisa fornecer um nome de pacote (package name) para seu aplicativo. Este pode ser algo como: *hello.world* ou qualquer um que você deseje usar.

Certifique-se de que a caixa marcada como **Create Activity** esteja selecionada e nomeie sua atividade com o nome *Hello*, por exemplo. Uma activity (ou atividade) é uma classe UI que permite que você apresente objetos na sua tela e receba entradas do usuário. Nós iremos modificar esta classe para criar uma UI simples.

Se a caixa etiquetada **Min SDK Version** estiver vazia, clique na menor versão de SDK que você pretende suportar na lista etiquetada **Build Target**. Isto preencherá automaticamente o número correto. Este número será importante quando você publicar seu aplicativo porque irá permitir que os dispositivos identifiquem se estão aptos a rodar seu aplicativo.

3. Clique **Finish**.

Uma vez que você tenha completado os passos para criação de seu aplicativo, dê uma olhada na estrutura resultante no Eclipse Package Explorer. Ela deve estar parecida com a Figura 3–6. Navegue no diretório *src* e encontre sua classe activity *Hello.java*. Dê um clique duplo sobre ela para abri-la no editor.

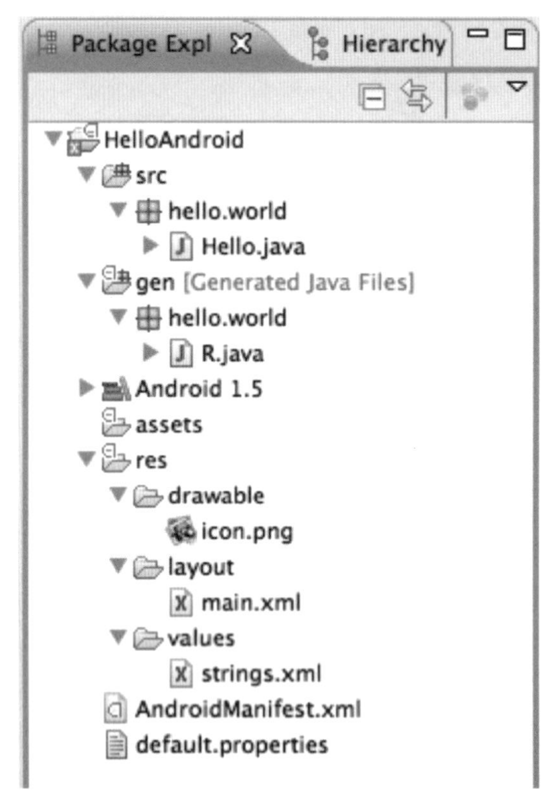

Figura 3–6. *Eclipse Package Manager.*

4. Esta classe contém um método chamado “onCreate” o qual chama o método “setContentView” passando “R.layout.main”. Isto carrega o layout que está definido em *res/layout/main.xml* (Figura 3–7).

```
package hello.world;

import android.app.Activity;

public class Hello extends Activity {
    /** Called when the activity is first created. */
    @Override
    public void onCreate(Bundle savedInstanceState) {
        super.onCreate(savedInstanceState);
        setContentView(R.layout.main);
    }
}
```

Figura 3–7. *Código fonte Java gerado para o Hello.java.*

5. Dê um clique duplo no *main.xml* para abri-lo no Layout Editor (pode ser que você tenha que clicar na aba **Layout** no canto inferior esquerdo do painel *main.xml* para conseguir ver o Layout Editor, como ilustrado na Figura 3–8). O Layout Editor é uma das ferramentas fornecidas pelo plug-in ADT para manipular widgets de UI no seu aplicativo. Observe que o layout principal contém somente um widget de texto que mostra o texto "Hello World, Hello!".

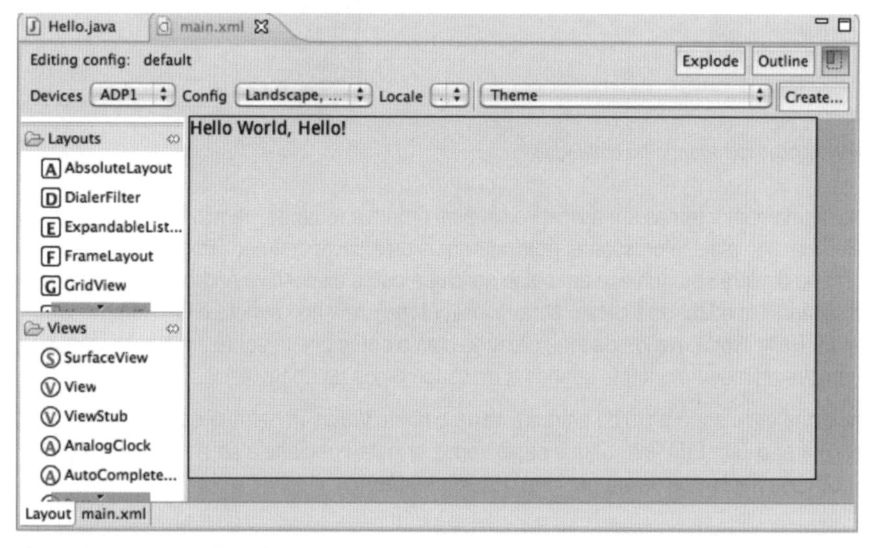

Figura 3–8. *Layout Editor do ADT.*

6. Neste ponto, você já pode rodar seu aplicativo. Vá ao menu **Run** e clique em **Run**. Selecione **Android Application** da lista e clique **OK**. Isto irá rodar o emulador e instalar seu aplicativo.

NOTA: Se o seu projeto contiver erros, tais como: "The project cannot be built until build path errors are resolved." (O projeto não pode ser construído até que os erros no path de construção sejam resolvidos.)

Limpe o projeto clicando em **Project ➤ Clean**

E depois, clique em **Run**.

7. O emulador demora para iniciar, e ele pode iniciar de forma bloqueada e apresentar a mensagem: "Screen locked, Press Menu to unlock". Clique no botão **Menu** e seu aplicativo irá rodar. Rodando deve se parecer com o emulador apresentado na Figura 3–9.

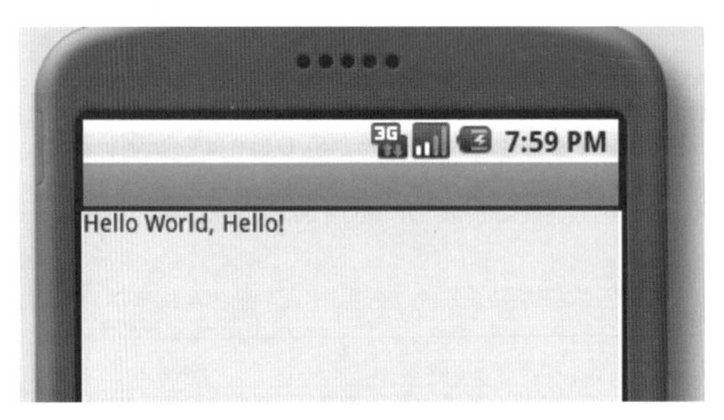

Figura 3–9. *Aplicativo rodando no emulador.*

8. Neste momento, temos um aplicativo simples pronto e rodando, vamos fazer com que ele faça algo mais interessante. Adicionaremos uma caixa de texto (Text Box) onde o usuário digitará seu nome, e um botão solicitará que o dispositivo Android diga hello para o usuário. No editor do Eclipse, abra *res/layout/main.xml* no Layout Editor. Remova o texto "Hello World. Hello!" da tela, clicando com o botão direito sobre ele e selecionando **Remove** no menu (confirme quando a mensagem pop up aparecer).
9. Adicione um campo texto de entrada. Varra o menu **Views** (mostrado na Figura 3–10) até encontrar o item **EditText**. Clique neste item e arreste-o na janela de layout preta. Agora você deve ser capaz de ver um item de texto editável.

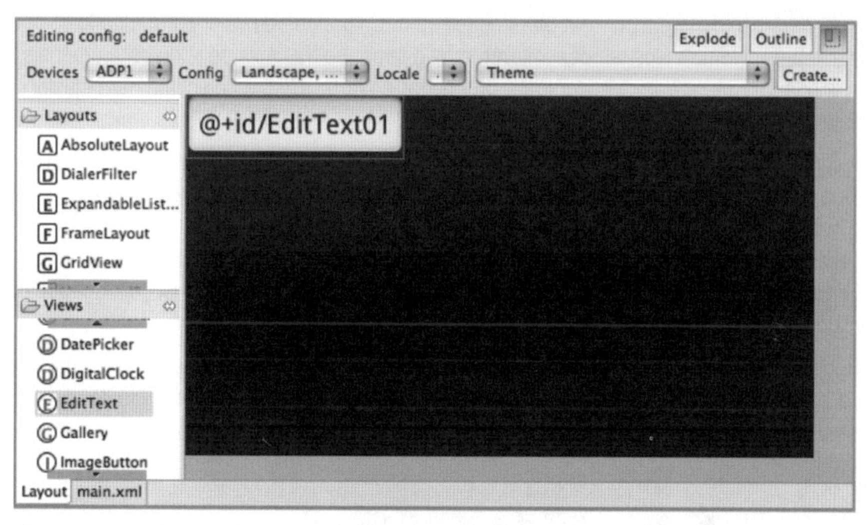

Figura 3–10. *Edit Text adicionado ao Layout Editor.*

10. O texto que aparece na caixa de texto é o padrão. Você pode usá-lo para instruir o usuário sobre o tipo de dado que ele deve digitar nesta caixa. Neste aplicativo, iremos pedir ao usuário que digite seu nome. Então vamos fazer com que o texto padrão seja "Name". Para fazer isto, clique na aba **Properties** (mostrado na Figura 3–11). Para fazer com que ela apareça, você precisa dar um clique duplo no item **EditText** na aba **Outline**.

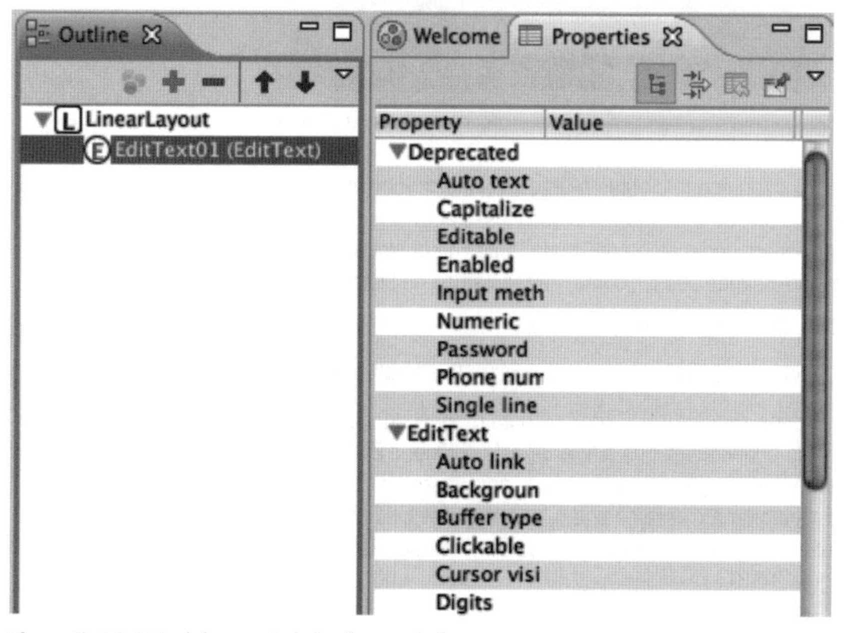

Figura 3–11. *Painel de propriedades (properties).*

Role para baixo até encontrar a propriedade **Text**. Clique no seu valor para editá-lo e mude para "Name". Nós também alteraremos o tamanho da caixa de texto para um mais apropriado. Role até você encontrar a propriedade **Width**. Clique na coluna para ajustar este valor e digite "300px".

11. A seguir, encontre o controle **Button** e adicione um destes ao layout. Edite a propriedade Text do botão para "Hello Android!". Quando este botão for clicado, queremos pegar o conteúdo da caixa de entrada de nome e mostrar o texto de saudação ao usuário. Precisaremos adicionar um controle de texto vazio ao layout para guardar este texto. Encontre o controle **TextView** na lista e arraste-o para baixo do botão. A seguir, apague o texto padrão do **TextView**.

12. Rode seu aplicativo e veja como os widgets ficam no layout. Seu emulador deve estar parecido com a Figura 3–12. Você já deve ser capaz de digitar no campo de texto, mas se clicar o botão agora, nada acontecerá.

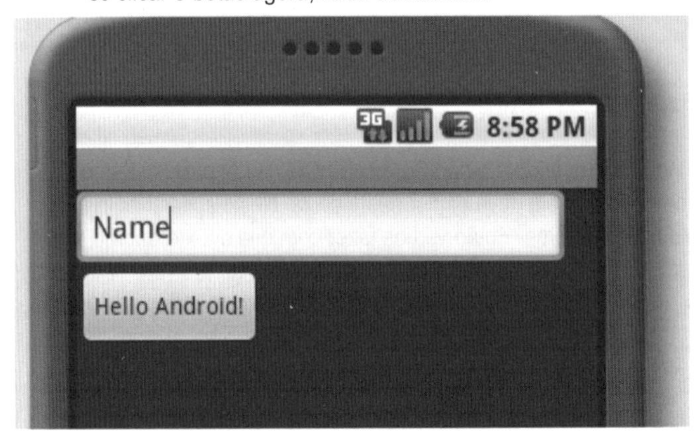

Figura 3–12. *Aplicativo rodando no emulador com os widgets da interface.*

13. Para conseguir que o botão realize uma ação, você precisa anexar um event listener. No diretório *src,* abra o arquivo da sua classe activity *Hello.java*. Você pode adicionar um event listener no método onCreate. Antes de qualquer coisa, pegue uma referência para o botão, usando seu ID, como apresentamos na Listagem 3–1.

Listagem 3–1. *Referência ao Botão (Button).*

```
Button myButton = (Button) findViewById(R.id.Button01);
```

Você pode encontrar o ID, do botão na propriedade ID na lista de propriedades (property list). Na primeira vez que adicionar este código, o Eclipse irá reclamar que não conhece o tipo do botão e irá automaticamente adicionar uma declaração de importação para você. Para importar a classe do botão, a Button class, simplesmente clique no **x** vermelho que aparece à esquerda da linha de código e selecione **Import 'Button' (android.widget)** (Figura 3–13).

```
public class Hello extends Activity {
    /** Called when the activity is first created. */
    @Override
    public void onCreate(Bundle savedInstanceState) {
        super.onCreate(savedInstanceState);
        setContentView(R.layout.main);
        Button myButton = (Button) findViewById(R.id.Button01);
    }
}
```

Figura 3–13. *A referência do botão.*

Agora que você já tem a referência do botão, pode adicionar o event listener no evento onClick (veja na listagem 3–2)

Listagem 3–2. *onClickListener.*

```
myButton.setOnClickListener(new OnClickListener() {
  @Override
  public void onClick(View v) {
  }
});
```

A Listagem 3–2 mostra o código para a criação de um event listener vazio. Qualquer código que adicionar ao método onClick será executado assim que o botão for clicado. Pegue as referências para os controles EditText e TextView com o mesmo método utilizado no objeto Button (mostrado na Listagem 3–3)

Listagem 3–3. *Referências para o EditText e TextView a partir do layout.*

```
EditText et = (EditText) findViewById(R.id.EditText01);  TextView tv = (TextView)
findViewById(R.id.TextView01);
```

Então determine o texto do TextView usando o nome que foi digitado no EditText (usando o código mostrado na Listagem 3–4)

Listagem 3–4. *Referências para o EditText e TextView a partir do layout.*

```
tv.setText("Hello " + et.getText());
```

O método onCreate deve parecer com o que está na Figura 3–14.

```
package hello.world;

import android.app.Activity;
import android.os.Bundle;
import android.view.View;
import android.view.View.OnClickListener;
import android.widget.Button;
import android.widget.EditText;
import android.widget.TextView;

public class Hello extends Activity {
    /** Called when the activity is first created. */
    @Override
    public void onCreate(Bundle savedInstanceState) {
        super.onCreate(savedInstanceState);
        setContentView(R.layout.main);
        Button myButton = (Button) findViewById(R.id.Button01);
        myButton.setOnClickListener(new OnClickListener() {
                public void onClick(View v) {
                    EditText et = (EditText) findViewById(R.id.EditText01);
                    TextView tv = (TextView) findViewById(R.id.TextView01);
                    tv.setText("Hello " + et.getText());
                }
            });
    }
}
```

Figura 3–14. *Hello.java.*

Rode seu aplicativo e digite seu nome na caixa de texto e clique "Hello Android!". O dispositivo irá mostrar uma mensagem de saudação personalizada, incluindo o nome que você digitou.

Aplicativo Simples Usando o Android WebView

Esta seção mostra como embutir uma WebView, que permitirá acrescentar uma interface HTML ao seu aplicativo Android nativo. Crie um projeto, exatamente como você fez no tutorial anterior (Figura 3–15).

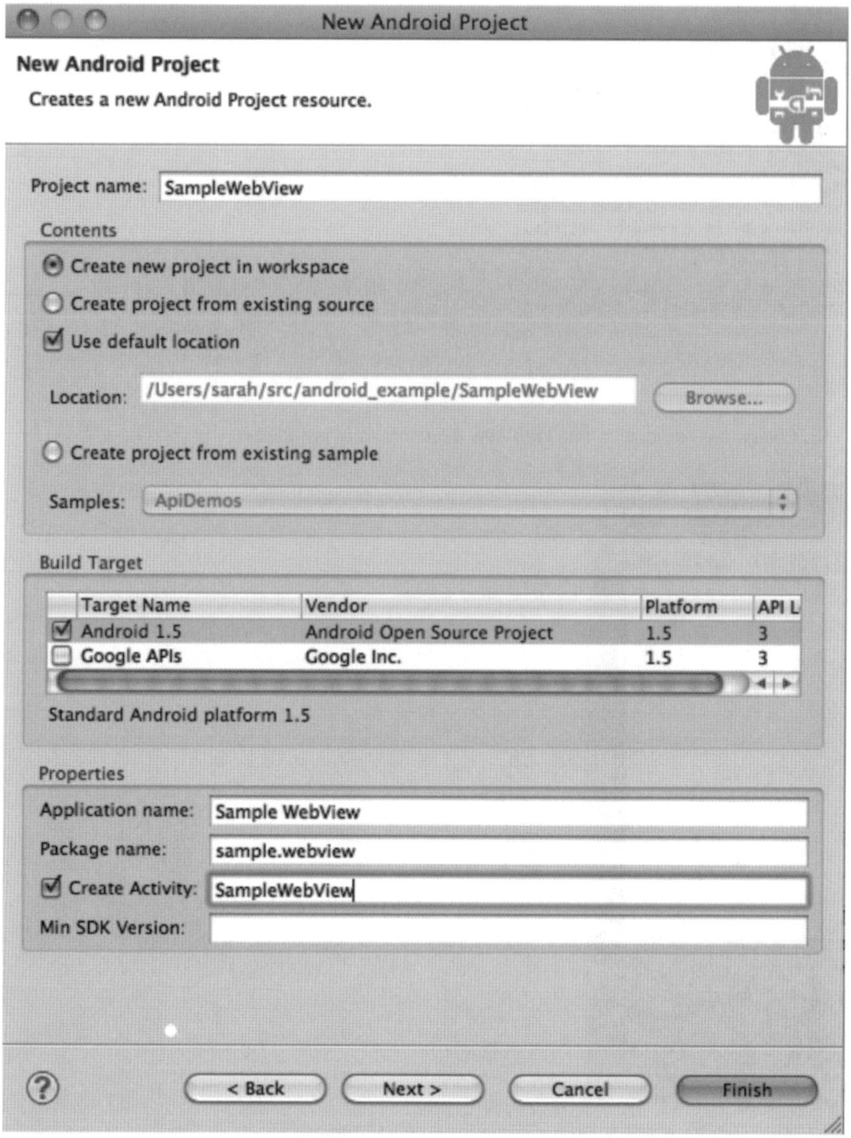

New Android Project

New Android Project

Creates a new Android Project resource.

Project name: SampleWebView

Contents

Create new project in workspace

Create project from existing source

Use default location

Location: /Users/sarah/src/android_example/SampleWebView Browse...

Create project from existing sample

Samples: ApiDemos

Build Target

Target Name	Vendor	Platform	API L
Android 1.5	Android Open Source Project	1.5	3
Google APIs	Google Inc.	1.5	3

Standard Android platform 1.5

Properties

Application name: Sample WebView

Package name: sample.webview

Create Activity: SampleWebView

Min SDK Version:

< Back Next > Cancel Finish

Figura 3–15. *Criando um projeto.*

Neste exemplo, não usaremos um layout (ainda que seja possível). Em vez disso, simplesmente criaremos uma WebView nova e selecionaremos ContentView para esta instância da WebView. Então criaremos algum código HTML de forma dinâmica e o carregaremos nesta Web View (Figura 3-16). Este é um exemplo realmente simples de um conceito muito poderoso (Figura 3–17).

```java
package sample.webview;

import android.app.Activity;
import android.os.Bundle;
import android.webkit.WebView;

public class SampleWebView extends Activity {
    /** Called when the activity is first created. */
    @Override
    public void onCreate(Bundle savedInstanceState) {
        super.onCreate(savedInstanceState);
        WebView webview = new WebView(this);
        setContentView(webview);

        String hello = "<html><body><p>This could be HTML UI</p></body></html>";
        webview.loadData(hello, "text/html", "utf-8");

    }
}
```

Figura 3–16. *Código para adicionar uma WebView à SampleWebView.java.*

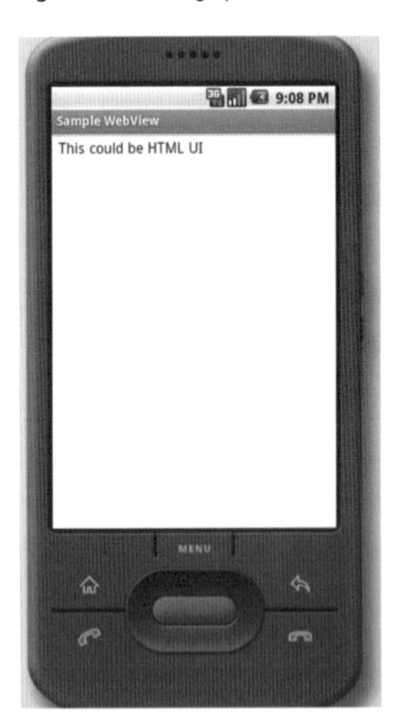

Figura 3–17. *Aplicativo com Web View rodando no simulador Android.*

Para maiores detalhes sobre formas diferentes de usar o WebView no Android, veja `http://developer.android.com/reference/android/webkit/WebView.html`

Construindo para um Dispositivo Android

É importante testar seu aplicativo em vários dispositivos Android para conhecer sua usabilidade e capacidade de resposta. Por exemplo, um G1 é significantemente mais lento que um Nexus One. Para alguns aplicativos, isto pode não fazer diferença, mas para outros será importante.

Há também, algumas funcionalidades típicas dos dispositivos (como o acelerômetro) que não podem ser testadas no simulador. Fazer o build para um dispositivo Android é mais fácil do que para outras plataformas móveis. Você não precisa assinar um programa de desenvolvedores ou seu executável, simplesmente rode-o no dispositivo. Esta seção irá guiá-lo através do processo de instalação do seu aplicativo em um dispositivo Android com USB.

1. Marque seu aplicativo como "debuggable" no arquivo *manifest.xml*; na aba **Application**, marque **Debuggable** como "true", como mostrado na Figura 3–18.

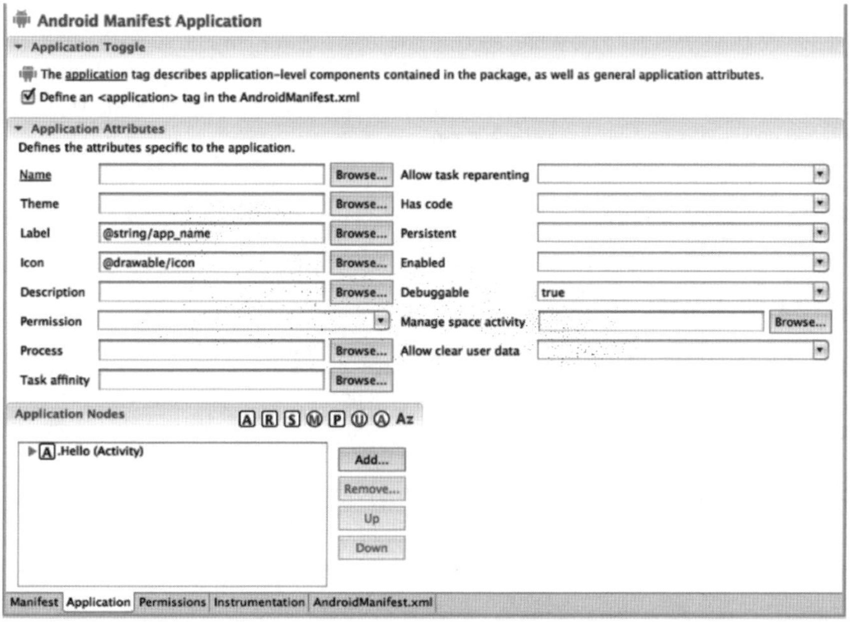

Figura 3–18. *Marque o aplicativo como debuggable no manifest.*

2. Configure seu dispositivo para que ele permita efetuar o debug via USB. Em Settings, selecione **Application ➤ Development** e certifique-se de que **USB Debugging** esteja selecionado.

3. Configure seu sistema para detectar seu dispositivo. No Mac, simplesmente conecte. No Windows, terá que instalar um drive[2]. No Linux, precisará configurar algumas regras USB[3]. Você pode verificar se seu dispositivo está conectado executando *adb devices* no seu diretório *SDK tools/*. Se estiver conectado, verá o nome do dispositivo listado como um "device".

4. Usando o Eclipse, rode ou efetue um debug normalmente. Você será presenteado com uma caixa de diálogo **Device Chooser** que lista os emuladores disponíveis e os dispositivos conectados. Selecione o dispositivo onde quer instalar e rodar seu aplicativo.

---

[2] Baixe o Driver: http://developer.android.com/sdk/win-usb.html.

[3] Veja instruções detalhadas para o Linux: http://developer.android.com/guide/developing/device.html

Distribuição na Web

Antes de publicar seu aplicativo, você precisará assiná-lo digitalmente com uma chave privada. Isto é, uma chave que poderá ser gerada usando ferramentas padrões que o desenvolvedor, controla. Certificados autoassinados são válidos. Você pode facilmente gerar uma chave privada, usando o Keytool ou o Jarsigner, ambos são ferramentas padrão Java. Você também pode usar uma chave que já possua.

O plugin Eclipse ADT torna a assinatura dos seus aplicativos realmente simples. Ele fornece um wizard que irá conduzi-lo por todo o processo de criação da chave privada, se você ainda não possuir uma e usá-la para assinar seu aplicativo. Existe um wizard para assinar e compilar seu aplicativo para distribuição. Para mais informações em como assinar seu aplicativo, veja a documentação no site dos desenvolvedores Android[4].

Uma vez que tenha um arquivo *.apk* assinado, você pode colocá-lo em um site. Se navegar até ele usando um navegador web de um dispositivo Android, será solicitado a instalar o aplicativo.

Android Market

O Android Market é o diretório oficial de aplicativos do Google (Figura 3–19). Com o processo de distribuição web, descrito anteriormente, este diretório é apenas uma das opções que você tem disponível para distribuir seu aplicativo. Alguns dispositivos Android vêm com um aplicativo chamado "Market" pré-instalado, que permite aos usuários acessarem o Android Market diretamente. Existe ainda a opção de acessar aplicativos diretamente do site do Android Market.

Para desenvolvedores que desejarem submeter seus aplicativos ao Android Market, existe um processo de assinatura simples com uma taxa de $25 que deve ser paga com o Google Checkout.

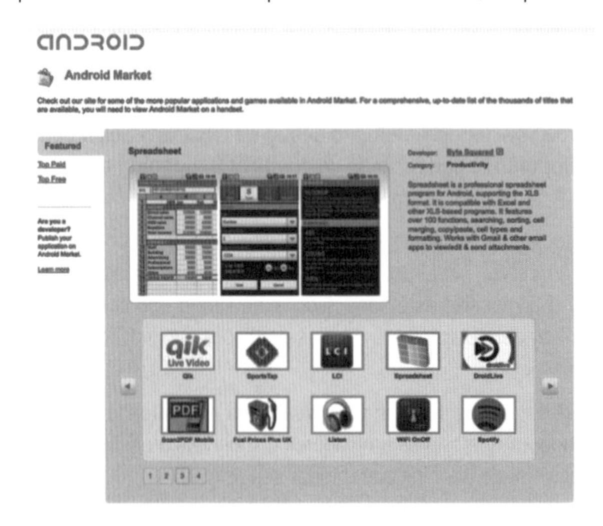

Figura 3–19. *O Android Market.*

[4] Para assinar seu aplicativo: http://developer.android.com/guide/publishing/app-signing.html

Capítulo 4

BlackBerry

Este capítulo irá discutir como criar aplicativos nativos para smartphones BlackBerry. O BlackBerry é um produto da Research in Motion (RIM), uma companhia pública localizada em Waterloo, Ontário. Fundada em 1984, a Rim distribuiu seu primeiro smartphone BlackBerry em 2002. Otimizado para uso com e-mail e com um teclado QWERTY fácil de usar, o BlackBerry se tornou a "regra áurea" em smartphones para profissionais e executivos de negócios nos EUA e na Europa. O BlackBerry tem a segunda maior fatia do mercado de smartphones dos EUA. Recentemente, a plataforma perdeu espaço graças ao sucesso dos lançamentos do iPhone e do Android. A Rim foi recentemente criticada por ser sido lenta na introdução de telas coloridas e interfaces de toque em seus dispositivos, apesar disto ter sido corrigido no lançamento dos aparelhos mais novos. O BlackBerry tem uma fatia de mercado relativamente grande em empresas, particularmente nos EUA, e deve ser levado em conta no desenvolvimento de qualquer aplicativo empresarial.

O navegador web no BlackBerry é proprietário e um tanto quanto limitado. A RIM espera resolver isso no lançamento da próxima versão do seu sistema operacional, com a inclusão de um navegador baseado no WebKit.

Plataforma BlackBerry

A plataforma BlackBerry suporta formas diferentes para o desenvolvimento de aplicativos.

- *BlackBerry Web Development*: Este é a mais nova oferta da RIM, usando o Widget SDK. BlackBerry widgets são aplicativos autônomos pequenos e discretos que usam CSS, HTML e JavaScript.
- *Java Application Development*: Este é a forma clássica na qual os aplicativos BlackBerry são desenvolvidos em Java usando o MIDP 2.0, CLDC 1.1 e as APIs proprietárias da RIM. Nós trataremos deste método rapidamente e entenderemos que você possui experiência em programação Java. Uma documentação extensiva, vídeos de treinamento e downloads diversos estão disponíveis (em inglês) no site BlackBerry Developers em `http://na.blackberry.com/eng/developers/`. As ferramentas de desenvolvimento são gratuitas. Mesmo que elas estejam baseadas em Java, apenas o sistema operacional Windows-32 bit é suportado para desenvolvimento. A curva de aprendizado do desenvolvimento de aplicativos

nativos para o BlackBerry em Java é relativamente íngreme, se comparada com as outras plataformas.

Este capítulo foca no desenvolvimento de aplicativos Java. Veja o capítulo 14 para outros detalhes sobre o desenvolvimento de UI em HTML para o BlackBerry, com a inserção em aplicativos nativos de controles de navegação e widgets web.

O BlackBerry roda um sistema operacional proprietário multitarefa. A versão mais recente é a 5.0. Apesar disto, você deve estar preparado para encontrar versões muito mais antigas no mercado. O usuário BlackBerry nem sempre atualiza seus dispositivos, especialmente quando estes são fornecidos por suas empresas.

O ponto central para entender a plataforma BlackBerry é o BlackBerry Enterprise Server (BES). O BES fornece funcionalidades avançadas para administradores de TI. Um BES permite que administradores atualizem e distribuam aplicativos, determinem políticas de uso para os dispositivos e, mais importante, sincronizem e-mail, compromissos, contatos e tarefas sem fio, usando a tecnologia push. O BES é uma das razões que explicam o domínio do BlackBerry sobre o mercado empresarial.

Configurando um Ambiente de Desenvolvimento Java Clássico

Os requisitos do sistema são:

- Monitor de computador com resolução 1024X768 ou maior
- Processador Intel Pentium 4 (mínimo de 3GHz)
- Hard Drive de 1.5GB
- 1 GB de RAM
- Microsoft Windows Vista ou Windows XP

Recomendamos o uso de uma máquina Windows rápida. É possível desenvolver em um Mac rodando estas ferramentas em uma máquina virtual Windows, mas para um melhor desempenho você deverá rodar o Windows nativamente.

Você precisará baixar e instalar as seguintes ferramentas, caso não as tenha.

- Sun JDK (Java Development Kit) em `http://java.sun.com/javase/downloads/index.jsp`. A versão corrente é o JDK 6 Update 20, que inclui a JRE (Java Runtime Environment).
- IDE Eclipse para desenvolvedores Java em `www.eclipse.org/downloads/`. O Eclipse é um ambiente integrado de desenvolvimento (IDE) em código aberto, multilinguagem Muito popular, contendo um sistema de plug ins extensível. Partimos do princípio de que você está familiarizado com o uso do Eclipse. Se não, pode encontrar documentação sobre isso em eclipse.org. Neste capítulo, usaremos o Eclipse 3.4.1.

- BlackBerry plugin para o Eclipse e BlackBerry JDE em `http://na.blackberry.com/eng/developers/resources/devtools.jsp`. Você precisará do plugin e de pelo menos uma JDE. Baixe a versão do JDE referente à versão do sistema operacional do BlackBerry para qual pretende desenvolver. Se for o caso, baixe todos os JDEs para as versões do BlackBerry, de que você precisa suporte, desde a 4.2 até a 5.0. Neste capítulo, usaremos o BlackBerry JDE Component Package 4.70.

Depois que tiver baixado e instalado estas ferramentas, prossiga para a próxima seção.

Construindo um Aplicativo BlackBerry Simples

Vamos criar um aplicativo simples do tipo "*Hello World*" para testar nosso simulador BlackBerry.

Criando o Projeto Eclipse

Para criar um projeto BlackBerry novo no Eclipse, escolha **New** no menu **File** e depois **Project**. Uma caixa de diálogo irá aparecer (como visto na Figura 4–1) solicitando que você escolha o tipo de projeto que deseja criar. Os tipos de projetos para o BlackBerry são fornecidos pelo plugin BlackBerry citado na seção anterior.

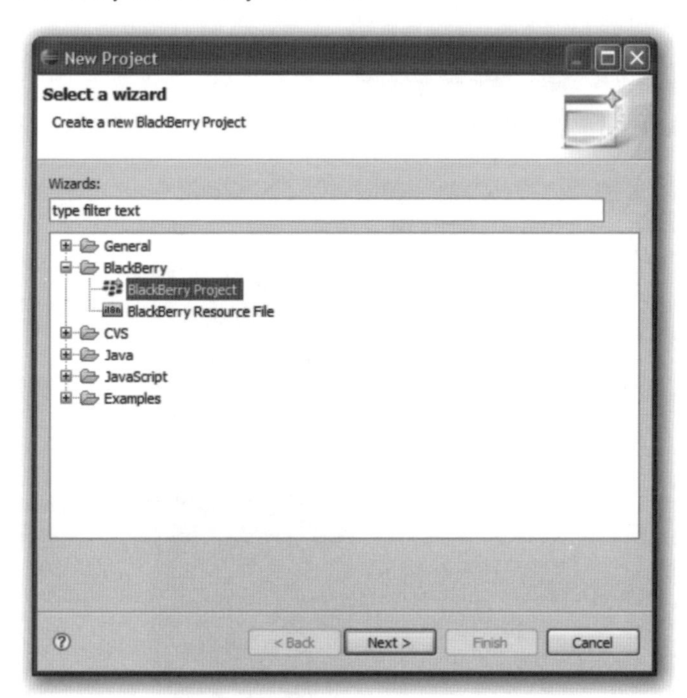

Figura 4–1. *Diálogo "New Project" do Eclipse.*

Selecione **BlackBerry Project** e clique no botão **Next**. Você será solicitado a digitar um nome para seu projeto (como vemos na Figura 4–2). Digite um nome, como "Hello World", e clique em **Finish**. O "Hello World" será listado no painel Projects, como mostrado na Figura 4–3.

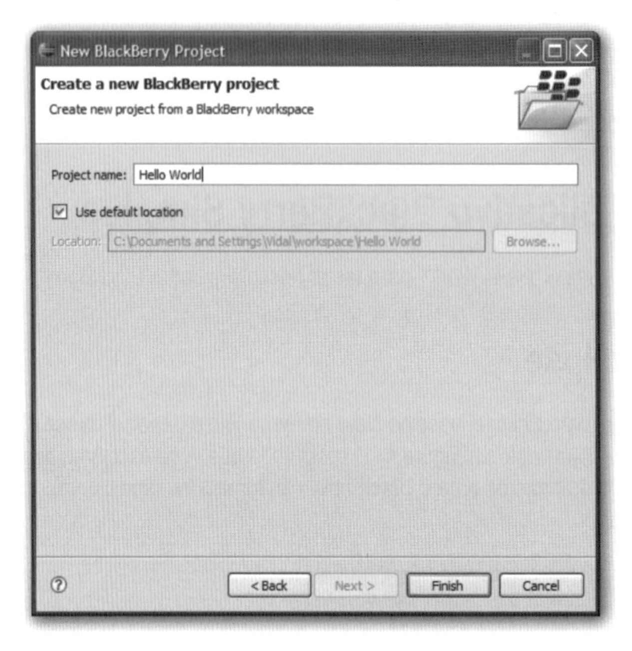

Figura 4–2. *Diálogo de criação de um projeto BlackBerry no Eclipse.*

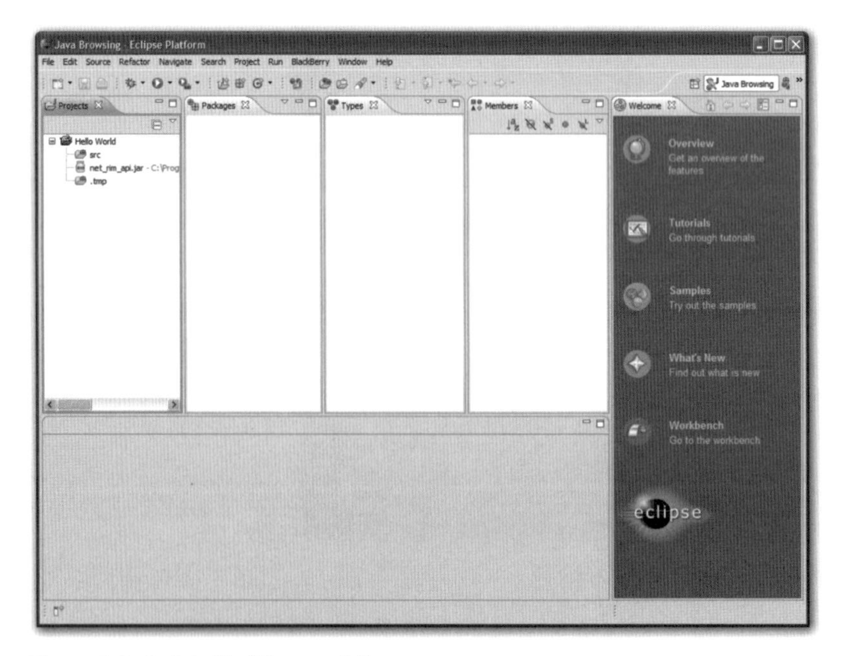

Figura 4–3. *Projeto BlackBerry no Eclipse.*

No menu **BlackBerry** escolha **Configure BlackBerry Workspace**, como vemos na Figura 4–4. Digite 1.0 para o campo Project Version e XPlatform para o campo Project Vendor.

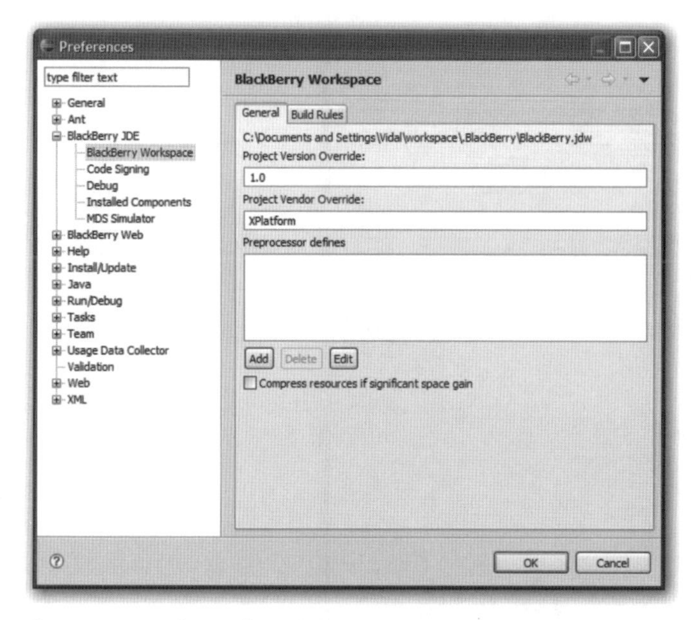

Figura 4–4. *Configurando o BlackBerry Workspace no Eclipse.*

Depois, clique em **Installed Components** no painel à esquerda. Escolha o BlackBerry JDE para o qual deseja fazer o build. Neste exemplo, escolhemos o 4.7.0. Clique em **OK** para fechar o diálogo BlackBerry Workspace Preferences.

Criando a Interface

Quando desenvolver para o BlackBerry, precisará criar uma interface programaticamente criando containers e elementos de UI como objetos, e só então arrumá-los e conectá-los hierarquicamente. Primeiro, é preciso criar uma classe Java para seu aplicativo.

1. No menu **File**, clique em **New** e depois em **Package**.
2. Digite o nome do seu pacote como “com.xplatform.helloworld”.
3. Clique em **Finish**.
4. No menu **File**, clique em **New** e depois em **Class**.
5. Digite “HelloWorld” como nome para a nova classe. Deixe todos os outros campos com seus valores padrão (como mostrado na Figura 4–5) e clique no botão **Finish**.

Figura 4–5. *Criando uma classe Java no Eclipse.*

Substitua o conteúdo do arquivo HelloWorld.java com o código fonte do aplicativo Hello World que está a seguir:

```
package com.xplatform.helloworld;
import net.rim.device.api.ui.*;
import net.rim.device.api.ui.component.*;
import net.rim.device.api.ui.container.*;

public class HelloWorld extends UiApplication {

        public static void main(String []args)
        {
                HelloWorld theApp = new HelloWorld();
                theApp.enterEventDispatcher();
        }

        public HelloWorld ()
        {
                pushScreen (new HelloWorldScreen());
        }
}

class HelloWorldScreen extends MainScreen
{
```

```
        public HelloWorldScreen()
        {
                super();
                LabelField title = new LabelField("XPlatform Dev");
                setTitle(title);
                add(new RichTextField("Hello World!"));
        }

        public boolean onClose()
        {
                System.exit(0);
                return true;
        }
}
```

Código Explicado

A seguir está um detalhamento do código de exemplo fornecido anteriormente.

- Nomeamos o pacote. Nós fazemos isto na linha número um com a declaração do pacote. Esta dever ser a primeira linha do código.
- Importamos os pacotes que vamos usar do BlackBerry SDK usando declarações import. Observe que podemos usar o asterisco (*) no fim, para importar todos os pacotes abaixo de certo nível hierárquico.
- Definimos a classe do seu aplicativo, chamada de HelloWorld, estendendo a classe base UIApplication. A UIApplication é a classe base para todos os aplicativos de dispositivos que fornecem uma interface com o usuário. A classe HelloWorld deve ter um método main. Este será o ponto de entrada de nosso aplicativo.
- Dentro do main, criamos uma instância de HelloWorld. Dentro do construtor do HelloWorld, instanciamos uma tela personalizada HelloWorldScreen e chamamos pushScreen() para abrir nossa tela personalizada. Definimos HelloWorldScreen a seguir.
- Chamamos enterEventDispatcher(). Agora nosso thread é o thread que envia eventos para o dispositivo que irá executar todo o desenho da tela e a manipulação dos códigos de eventos. Observe que sob circunstâncias normais este método não retorna nada.
- Definimos uma tela personalizada para o aplicativo chamada de HelloWorldScreen estendendo a classe MainScreen. A classe MainScreen fornece uma tela cheia com as funcionalidades comuns aos aplicativos dos dispositivos RIM. Muitos objetos de tela contêm uma seção de título, um elemento separador e uma seção principal com barras de rolagem.
- No construtor de HelloWorldScreen, chamamos super() para invocar nossa superclasse construtora, o construtor MainScreen. A seguir, criamos um LabelField, e o configuramos como título da MainScreen. E finalmente, criamos um RichTextField, e o adicionamos à seção principal da tela, onde é possível o scroll. O LabelField e o RichTextField são elementos de UI fornecidos pelo SDK do BlackBerry.

Construindo e Testando o Aplicativo

Para fazer o build, primeiro clique no menu Build, depois **Run As** e selecione **BlackBerry Simulator**. Isto irá compilar seu aplicativo, carregá-lo no simulador e iniciar a simulação. Uma vez que o simulador termine sua inicialização, navegue até a sua pasta Downloads. Lá deve existir um ícone para seu aplicativo HelloWorld, Clique neste ícone para dispará-lo. A Figura 4–6 mostra seu aplicativo HelloWorld rodando no simulador.

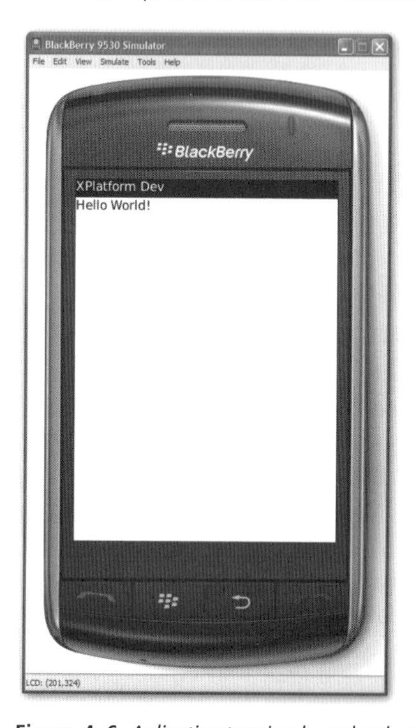

Figura 4–6. *Aplicativo terminado, rodando no simulador.*

Interface de Usuário Simples. Usando Label, Text Field e Button

O objetivo deste aplicativo é permitir que o usuário digite seu nome em uma caixa de texto, pressione um botão e veja o BlackBerry saudá-lo pelo nome (Figura 4–7). Você poderá comparar este aplicativo com o desenvolvido para o iPhone no capítulo 2.

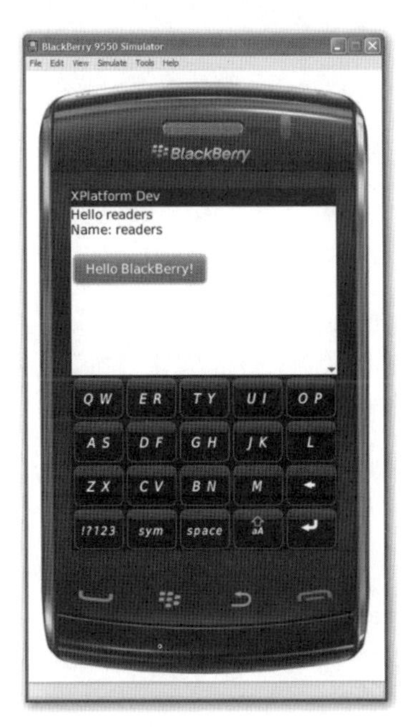

Figura 4–7. *Aplicativo Hello World rodando no simulador do BlackBerry.*

Para começar, configure um novo projeto BlackBerry. Nós explicamos como criar e configurar um projeto BlackBerry no exemplo anterior. A seguir, crie um projeto chamado "User Interface" e uma classe nova que estenda UiApplication, chamada UserInterface.

Substitua o conteúdo da UserInterface autogerada pelo código-fonte do aplicativo "User Interface" que segue:

```
import net.rim.device.api.ui.*;
import net.rim.device.api.ui.component.*;
import net.rim.device.api.ui.container.*;

public class UserInterface extends UiApplication {

        public static void main(String []args)
        {
                UserInterface theApp = new UserInterface();
                theApp.enterEventDispatcher();
        }

        public UserInterface ()
        {
                pushScreen (new UserInterfaceScreen());
        }
}

class UserInterfaceScreen extends MainScreen implements FieldChangeListener
{
        LabelField greetingLabel;
        BasicEditField userNameField;
        ButtonField  helloBtn;
```

```
        public UserInterfaceScreen()
        {
                super();
                LabelField title = new LabelField("XPlatform Dev");
                setTitle(title);

                greetingLabel = new LabelField("");
                add(greetingLabel);

                userNameField = new BasicEditField("Name: ", "");
                add(userNameField);

                helloBtn = new ButtonField("Hello BlackBerry!",↵
ButtonField.CONSUME_CLICK);
                helloBtn.setChangeListener(this);

                add(helloBtn);
        }

        public void fieldChanged(Field field, int context) {
                greetingLabel.setText("Hello " + userNameField.getText());
        }

        public boolean onClose()
        {
                System.exit(0);
                return true;
        }
}
```

Código Explicado

Este código é similar ao anteriormente explicado, com as seguintes diferenças:

- Na nossa classe UserInterfaceScreen, declaramos a implementação da interface FieldChangeListener. O método desta interface que nós definimos é "public void fieldChanged(Field field, int context)", descrito na seção a seguir.
- Declaramos variáveis de instância para nossas classes greetingLabel e userNameField, como LabelField e BasicEditField, respectivamente. A classe BasicEditField nos permite definir um label, e o valor inicial de um campo de texto.
- Adicionamos estes elementos à tela em nosso construtor.
- Nós também criamos um botão – ButtonField, com o Label "Hello BlackBerry!". Chamamos o setChangeListener(this) neste botão para informar sua referência ao objeto UserInterfaceScreen(this). Quando for clicado, o método fieldChanged será chamado. Este é o motivo pelo qual implementamos o FieldChangeListener.
- Em fieldChanged, nós determinamos o valor do greetingLabel para "Hello" acrescido do valor corrente do campo userNameField.

Aplicativo Simples Usando o Campo Browser do BlackBerry

Você também pode mostrar conteúdo HTML no seu aplicativo usando o BlackBerry Browser Field (campo de navegador do BlackBerry). Neste exemplo, usaremos o BlackBerry OS 5.0 JDE, que suporta o Browser Field mais recente, versão 2. Leia sobre as diferenças entre as versões 1 e 2 do Browser Field no capítulo 14. O código é muito parecido com o do exemplo anterior. Em vez de criarmos uma instância de RichTextField, criamos uma instância da classe BrowserField.

```
import net.rim.device.api.browser.field2.*;
import net.rim.device.api.ui.*;
import net.rim.device.api.ui.container.*;

public class HelloBrowser extends UiApplication {
    public static void main(String[] args)
    {
        HelloBrowser app = new HelloBrowser();
         app.enterEventDispatcher();
    }

    public HelloBrowser()
    {
         pushScreen(new HelloBrowserScreen());
    }
}
class HelloBrowserScreen extends MainScreen
{
     public HelloBrowserScreen()
     {
         BrowserField myBrowserField = new BrowserField();
         add(myBrowserField);
         myBrowserField.displayContent("<html><body><h1>Hello↩
 World!</h1></body></html>", "http://localhost");
     }
}
```

A Figura 4–8 mostra o aplicativo Hello Browser rodando no simulador.

Você pode mudar este aplicativo para mostrar conteúdo HTML a partir de uma página web trocando:

```
myBrowserField.displayContent("<html><body><h1>Hello↩
 World!</h1></body></html>", "http://localhost");
```

por

```
myBrowserField.requestContent("http://www.blackberry.com");
```

Figura 4–8. *Aplicativo Hello Browser rodando no simulador.*

Compilando para um Dispositivo BlackBerry

O simulador BlackBerry é muito bom. Existem versões para cada modelo do BlackBerry e é efetivo para a visualização de seus aplicativos em telas de dimensões e resoluções diferentes. Contudo, é sempre diferente do teste em um dispositivo real. Por exemplo, um componente de UI pode parecer usável quando você o controla com o mouse ou atalhos de teclado. No dispositivo físico, você pode acabar achando que o botão é muito pequeno para ser acessado, quando você está usando a tela sensível ao toque Storm. Em um cenário ideal você deveria ter um conjunto de dispositivos físicos para testar e experimentar seus aplicativos nas primeiras fases do desenvolvimento.

A assinatura do aplicativo não é necessária para rodá-lo usando o simulador BlackBerry, mas você precisará assinar o aplicativo antes que possa instalá-lo em um dispositivo smartphone BlackBerry. Chaves criptográficas só podem ser adquiridas com a RIM.

Você precisará completar um formulário na web [`www.blackberry.com/SignedKeys/`] para se registrar e conseguir acesso em tempo de execução às APIs de aplicativo e criptografia do BlackBerry. Uma vez que esteja registrado, será enviado via e-mail um conjunto de chaves com as instruções de instalação, que podem ser usadas para assinar seu aplicativo usando o BlackBerry Signature Tool. Uma taxa de administração de $20,00 deverá ser debitada de um cartão de crédito internacional válido para completar o processo de registro. Em alguns dias, a RIM irá processar sua inscrição e lhe enviará suas chaves.

A assinatura e registro de código são apenas para monitoração do uso desta API, em particular, e no desenvolvimento de aplicativos por terceiros; e não indica, sob quaisquer circunstâncias, aprovação ou endosso da RIM do seu aplicativo ou do uso das APIs.

Distribuição (OTA) Over The Air

Você pode distribuir seus aplicativos pelo ar – "Over the air" (OTA) – postando os arquivos na web. O BlackBerry Java OTA consiste de um arquivo .jad e um ou mais arquivos .cod.

Forneça um link para o arquivo *".jad"* e quando alguém clicar sobre este link, em um navegador web rodando num dispositivo BlackBerry, o aplicativo será automaticamente baixado. Se ele for muito grande para caber no limite de 128KB (64KB de dados do aplicativo e 64KB de dados de recursos) não poderá ser distribuído em um único arquivo. Deverá ser dividido em um conjunto de arquivos menores (como ilustrado na Figura 4–9). Isto pode ser feito automaticamente usando as ferramentas de desenvolvimento do BlackBerry.

```
RubyConf-1.cod                    100%   93KB  93.3KB/s   00:00
RubyConf-10.cod                   100%   83KB  83.2KB/s   00:00
RubyConf-11.cod                   100%   91KB  91.1KB/s   00:00
RubyConf-12.cod                   100%   85KB  85.4KB/s   00:00
RubyConf-13.cod                   100%   77KB  76.7KB/s   00:00
RubyConf-14.cod                   100%   57KB  56.6KB/s   00:00
RubyConf-15.cod                   100%   61KB  61.0KB/s   00:00
RubyConf-16.cod                   100%   49KB  49.4KB/s   00:00
RubyConf-17.cod                   100%   70KB  70.0KB/s   00:00
RubyConf-18.cod                   100%   81KB  80.6KB/s   00:00
RubyConf-19.cod                   100%   20KB  20.3KB/s   00:00
RubyConf-2.cod                    100%   65KB  65.0KB/s   00:00
RubyConf-3.cod                    100%   82KB  82.1KB/s   00:00
RubyConf-4.cod                    100%   83KB  83.4KB/s   00:00
RubyConf-5.cod                    100%   85KB  85.2KB/s   00:00
RubyConf-6.cod                    100%   79KB  78.6KB/s   00:00
RubyConf-7.cod                    100%   76KB  75.7KB/s   00:00
RubyConf-8.cod                    100%   81KB  81.4KB/s   00:00
RubyConf-9.cod                    100%   90KB  89.9KB/s   00:00
RubyConf.cod                      100%   90KB  90.1KB/s   00:00
RubyConf.jad                      100% 3140     3.1KB/s   00:00
```

Figura 4–9. *Arquivos .jad e .cod que compõem um aplicativo para distribuição OTA.*

BlackBerry App World

A Research in Motion oferece um mercado para aplicativos chamado "BlackBerry App World". Para tornar disponível seu aplicativo no BlackBerry App World, você deve solicitar uma inscrição no "Vendor Portal" (Figura 4–10) – este é um aditivo, em formulário separado, à sua inscrição para assinatura de certificados.

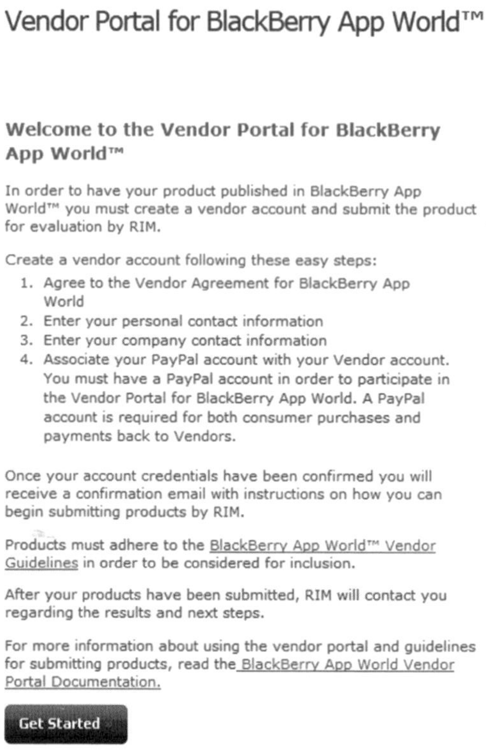

Vendor Portal for BlackBerry App World™

Welcome to the Vendor Portal for BlackBerry App World™

In order to have your product published in BlackBerry App World™ you must create a vendor account and submit the product for evaluation by RIM.

Create a vendor account following these easy steps:

1. Agree to the Vendor Agreement for BlackBerry App World
2. Enter your personal contact information
3. Enter your company contact information
4. Associate your PayPal account with your Vendor account. You must have a PayPal account in order to participate in the Vendor Portal for BlackBerry App World. A PayPal account is required for both consumer purchases and payments back to Vendors.

Once your account credentials have been confirmed you will receive a confirmation email with instructions on how you can begin submitting products by RIM.

Products must adhere to the BlackBerry App World™ Vendor Guidelines in order to be considered for inclusion.

After your products have been submitted, RIM will contact you regarding the results and next steps.

For more information about using the vendor portal and guidelines for submitting products, read the BlackBerry App World Vendor Portal Documentation.

Get Started

Figura 4–10. *Página web do Vendor Portal (portal do fornecedor).*

Depois que criar uma conta de fornecedor no Vendor Portal, você será contatado via e-mail para o fornecimento de documentação oficial e verificação da sua identidade (Figura 4–11). Sendo pessoa jurídica, deverá fornecer contratos de incorporação ou licenças de funcionamento. Sendo pessoa física, precisará preencher um formulário e reconhecê-lo em um cartório.

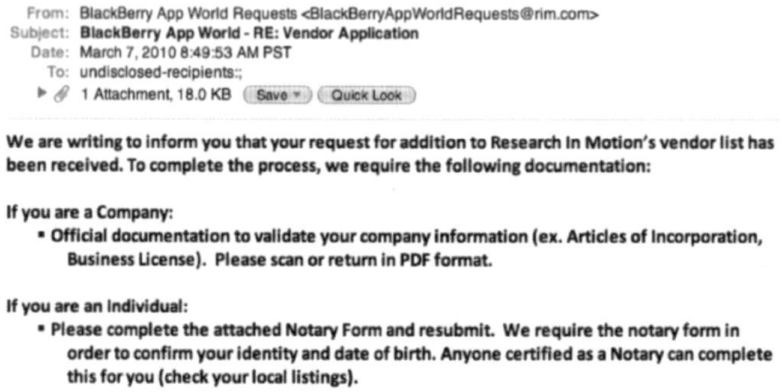

From: BlackBerry App World Requests <BlackBerryAppWorldRequests@rim.com>
Subject: **BlackBerry App World - RE: Vendor Application**
Date: March 7, 2010 8:49:53 AM PST
To: undisclosed-recipients:;
1 Attachment, 18.0 KB Save Quick Look

We are writing to inform you that your request for addition to Research In Motion's vendor list has been received. To complete the process, we require the following documentation:

If you are a Company:

- **Official documentation to validate your company information (ex. Articles of Incorporation, Business License). Please scan or return in PDF format.**

If you are an Individual:

- **Please complete the attached Notary Form and resubmit. We require the notary form in order to confirm your identity and date of birth. Anyone certified as a Notary can complete this for you (check your local listings).**

Figura 4–11. *Requisição de documentação do BlackBerry App World.*

Capítulo 5

Windows Mobile

O sistema operacional Windows Mobile oferece uma experiência desktop ao usuário melhor que a de qualquer outro smartphone, aderindo aos conceitos de organização hierárquica com pastas aninhadas e menus. Atualmente, aproximadamente 15% dos smartphones assinam um plano móvel que roda na plataforma Windows Mobile, o mesmo permanecendo como a terceira plataforma mais popular entre os usuários empresarias liderando aproximadamente ¼ deste mercado. Contudo, a fatia de mercado do Windows Mobile experimentou um declínio agudo nos últimos anos (30% entre 2008 e 2009, 4% no terceiro quadrimestre de 2009) e continua caindo[1].

De forma adicional, os padrões de uso de um dispositivo Windows Mobile são muito diferentes daqueles encontrados em dispositivos mais voltados ao consumidor final. Um conjunto de dados recentemente distribuído pela AdMob, uma rede de anúncios voltados para dispositivos móveis, revelou que, em relação à fatia de mercado, cada usuário de Windows Mobile faz uma requisição web contra 15 feitas pelos usuários do iPhone. Usuários Android têm um padrão de uso semelhante aos usuários de dispositivos BlackBerry. Este uso reduzido da navegação web no Windows Mobile, indubitavelmente, tem raízes em requisitos e preferências dos usuários, mas provavelmente sofre um impacto maior de questões relacionadas com a usabilidade.[2]

Embora o Windows Marketplace for Mobile tenha somente em torno de 1.000 aplicativos. há mais de 18.000 deles disponíveis para a plataforma Windows Mobile distribuídas por toda web[3] de acordo com a Microsoft[3]. Além da distribuição pelo canal oficial, os aplicativos também podem ser distribuídos por vários canais ad-hoc, incluindo: SMS, e-mail, mídia física e download direto via web.

---

1 http://www.zdnet.co.uk/news/networking/2009/11/13/windows-mobile-loses-nearly-athird-of-market-share-39877964/

2 http://metrics.admob.com/wp-content/uploads/2010/03/AdMob-Mobile-Metrics-Feb-10.pdf

3 http://www.informationweek.com/blg/min/archives/2008/07/windows_mobile_7.html;jsessionid=W2KHQFB3KLA2TQE1GHPSKH4ATMY32JVN

A próxima plataforma Windows Mobile terá um novo nome: Windows Phone 7, e ambiciona por fornecer uma experiência de uso mais adequada ao uso em plataformas móveis. Note que o Windows Phone 7 não estará disponível como atualização para os dispositivos atualmente rodando o Windows Mobile 6.5 ou anteriores. Mesmo que a liberação do Windows Phone 7 possa fornecer um impulso às vendas de dispositivos com Windows Mobile, a falta de suporte continuado e desenvolvimento para sistemas legados podem acabar sendo o estimulo para que usuários empresariais migrem para outras plataformas. Além disso, com a chegada do Windows Phone 7, os canais de distribuição ad-hoc não estarão mais disponíveis. Dispositivos rodando o sistema operacional Windows Phone 7 só rodarão aplicativos previamente aprovados pela Microsoft, e estes aplicativos só estarão disponíveis via Windows Phone Marketplace.

Além da possibilidade do desenvolvimento de aplicativos baseadas em C++ e C#, com o framework .NET Compact, o Windows Phone 7 fornece suporte para desenvolvimento de aplicativos e jogos usando o Silverlight e o XNA, respectivamente. O Microsoft Visual Studio 2010 e o Expression Blend 4 for Windows Phone são as ferramentas básicas para o desenvolvimento do Windows Phone 7. Desafortunadamente o visual Studio 2010 não suporta desenvolvimento de aplicativos móveis para Windows Phone anteriores ao Windows Phone OS 7. Logo, para desenvolver para estes dispositivos, você terá que comprar licenças do Visual Studio 2008 e 2010.

O foco deste capítulo é o desenvolvimento para Windows Mobile 6.5.

Configurando o Ambiente de Desenvolvimento para o Windows Mobile 6.5

Você pode se preparar para gastar algumas horas baixando e instalando tudo que irá precisar para construir aplicativos para dispositivos Windows Mobile. As seguintes ferramentas são requeridas para o desenvolvimento de aplicativos nativos neste capítulo, assim como para o uso com os frameworks multiplataforma discutidos mais tarde neste livro:

- Microsoft Visual Studio 2008 Professional[4]
- Windows Mobile SDK.
- Windows Mobile 6 Professional e Standard Software Development Kits Refresh
- Windows Mobile 6.5 Developer Tool Kit
- ActiveSync

[4] Edições do Visual Studio Express não suportam desenvolvimento móvel, mas você pode baixar uma cópia de teste gratuita do Microsoft Visual Studio 2008 Professional no site web da MSDN.

Construindo um Aplicativo Windows Mobile Simples

Esta seção irá demonstrar como construir um aplicativo Windows Mobile 6.5 simples usando a interface de arrastar e soltar do MS Visual Studio 2008 para montagem da UI e implementação das funcionalidades em C#. Além disso, mostraremos como fazer o build e distribuir seu aplicativo no emulador e em um dispositivo Windows Mobile.

Criando um Projeto de Smart Device

No menu File do Visual Studio 2008, selecione New ➤ Project.

Na janela New Project, encontre o painel Project Types, à esquerda. Expanda Visual C# e selecione **Smart Device** (Figura 5–1). Selecione o template **Smart Device Project template** no painel de Templates à direita e clique **OK**.

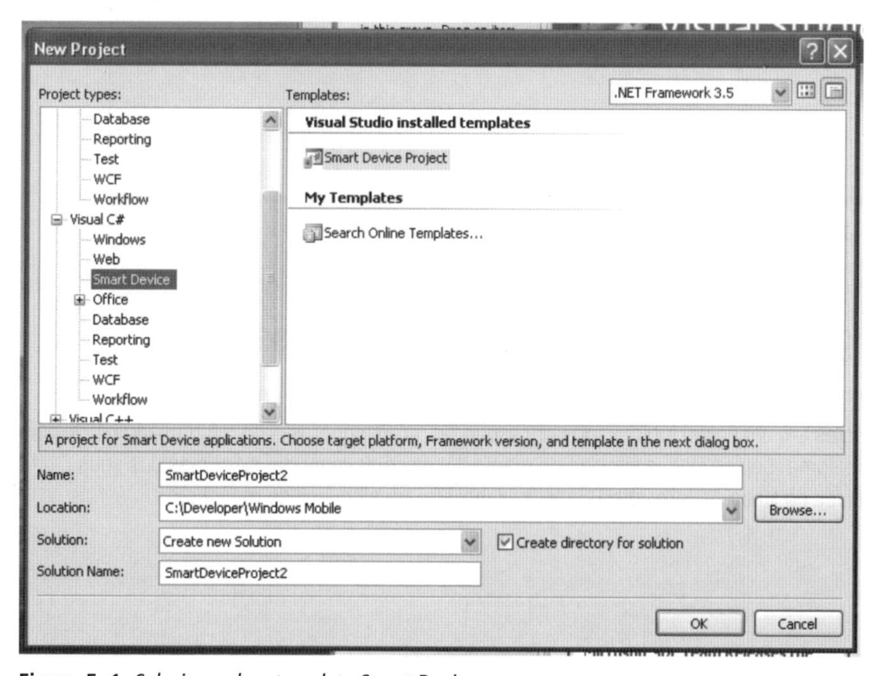

Figura 5–1. *Selecionando o template Smart Device.*

Para criar seu aplicativo, no wizard Add New Smart Device Project, selecione **Windows Mobile Professional 6 SDK** como plataforma-alvo (Figura 5–2). Selecione o template **Device Application** e clique em **OK** para criar o projeto.

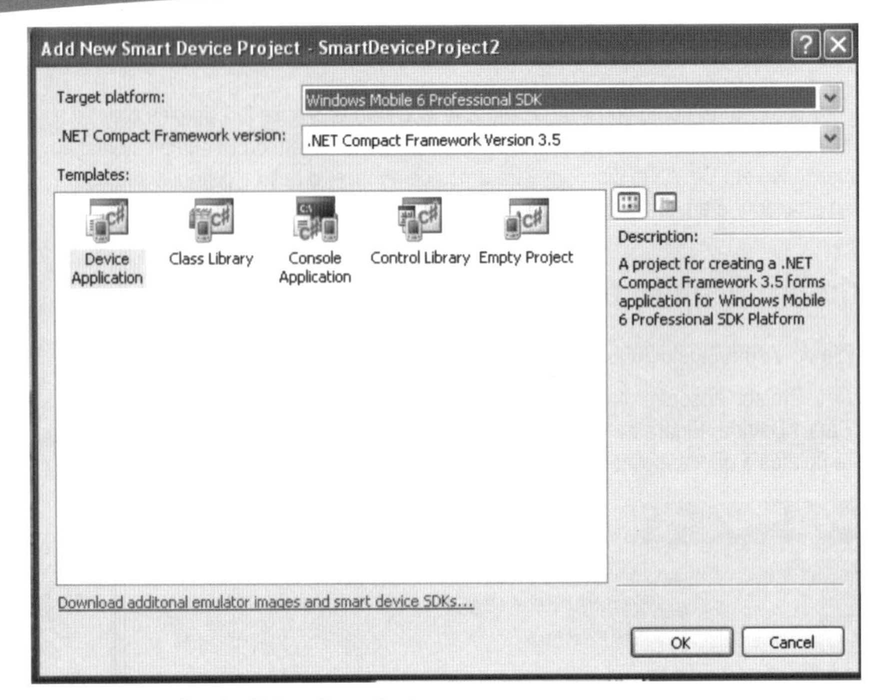

Figura 5–2. *O wizard Add New Smart Device.*

Configurando as Funcionalidades Básicas

O Visual Studio permite que você construa os formulários do seu aplicativo via seleção de componentes em um painel toolbox, no lado esquerdo, arrastando-os para o formulário no Design View. Para tornar seu aplicativo simples de manusear, você deve mudar os nomes dos seus componentes da UI do padrão label1, label2... label37 para algo fácil de reconhecer.

Adicionando um Botão à View

No painel toolbox, à esquerda, selecione um botão e arraste-o para o formulário (Figura 5–3).

Figura 5–3. *Selecionando um botão no painel toolbox.*

Personalizando o Botão

Clique uma vez no botão que já está no seu formulário e no painel Properties sob **Appearance**, troque o valor do campo texto para "Submit", como apresentamos na Figura 5–4. Então, em **Design**, coloque "submitButton" para ser o nome do seu botão (Figura 5–5).

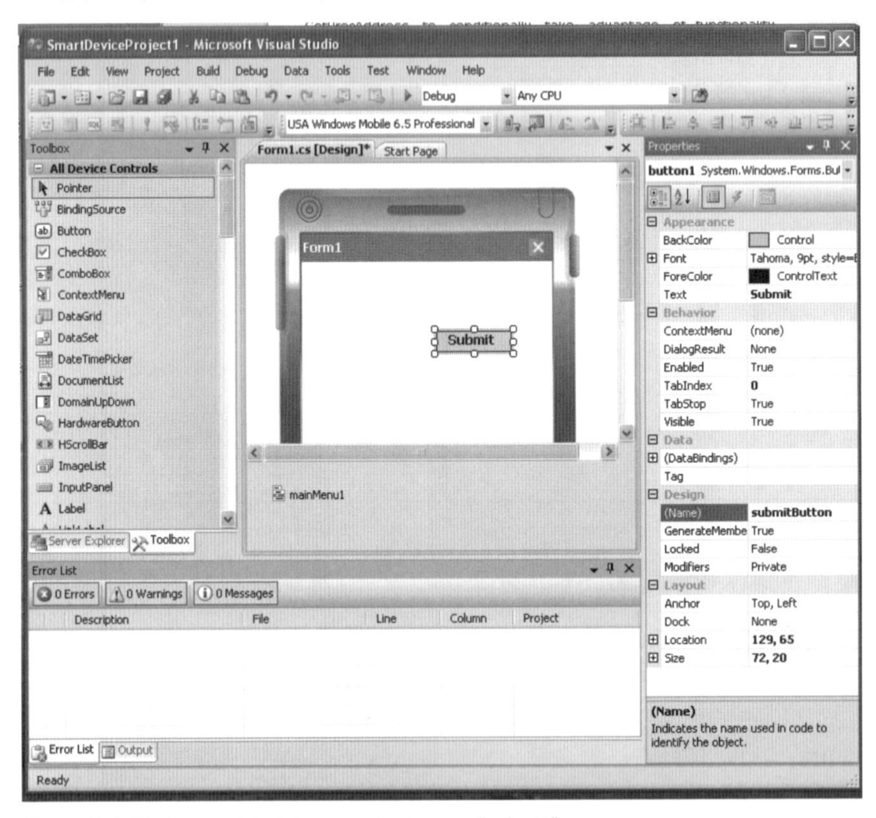

Figura 5–4 *Mudando o label do campo texto para "submit".*

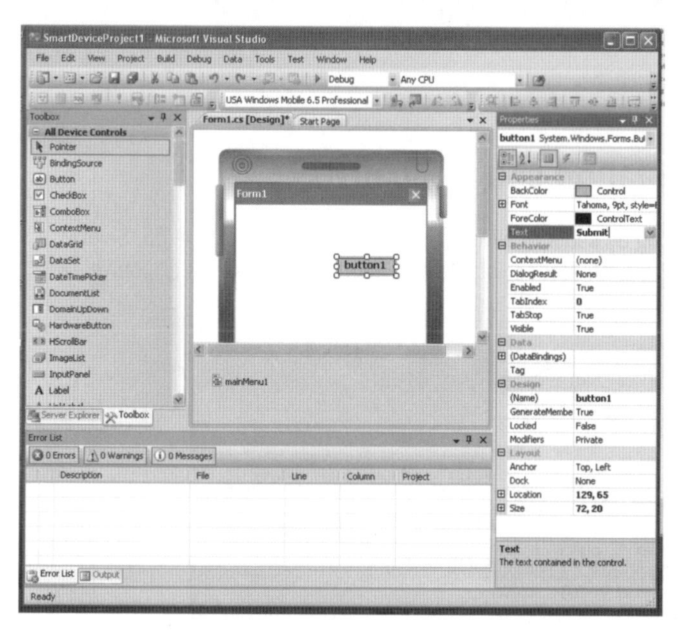

Figura 5–5. *Colocando "submitButton" como nome do botão.*

Criando um Click Event Handler

Voltado à janela de design, dê um clique duplo no botão que você acabou de criar. Isto abrirá o Form1.cs e irá gerar um Handler vazio no arquivo *Form1.cs* (Figura 5–6).

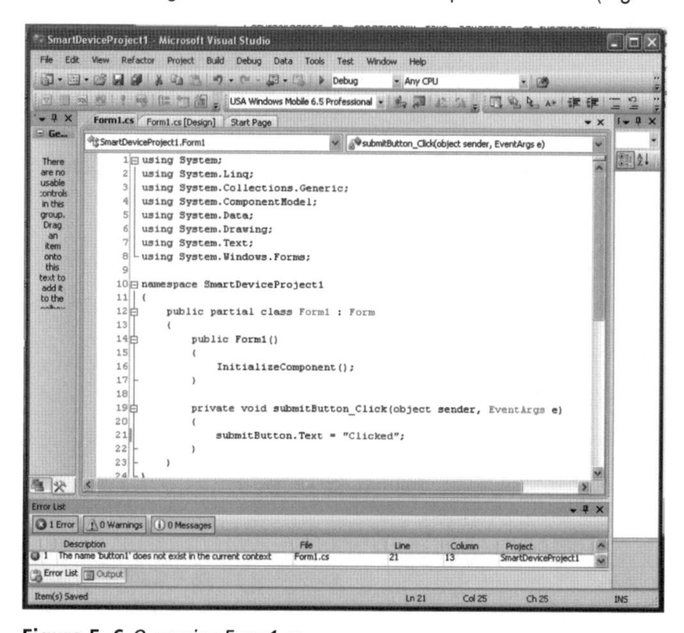

Figura 5–6 *O arquivo Form1.cs.*

No handler ainda vazio, digite a seguinte linha de código:

```
submitButton.Text = "Clicked";
```

Implantando e Testando seu Aplicativo

Para começar a efetuar o debug de seu aplicativo no emulador, pressione a tecla F5. Selecione o emulador **Window Mobile 6.5 Emulator** na lista de emuladores e dispositivos disponíveis e clique em **Deploy** (Figura 5–7).

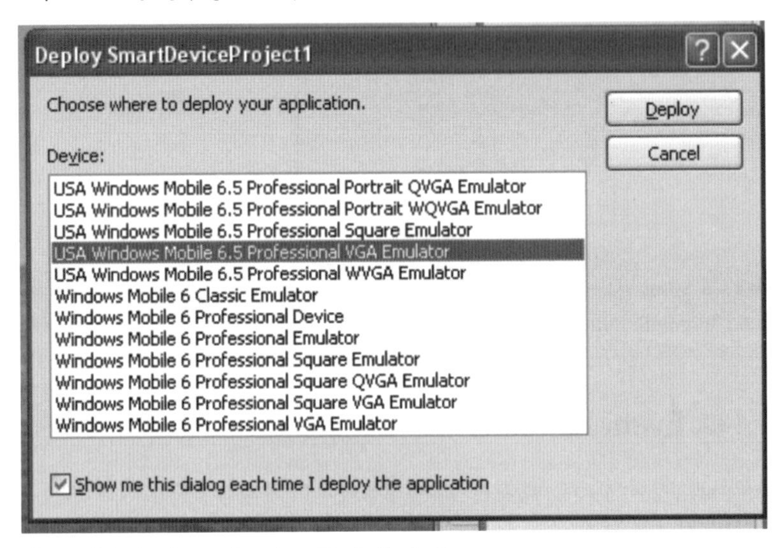

Figura 5–7. *Implantando o SmartDeviceProject1.*

Pode levar alguns minutos até que seu aplicativo carregue depois que o emulador seja lançado – seja paciente.

Quando você clicar no botão do seu aplicativo, o texto do botão deve mudar de “Submit” para “Clicked”. Veja a Figura 5–8.

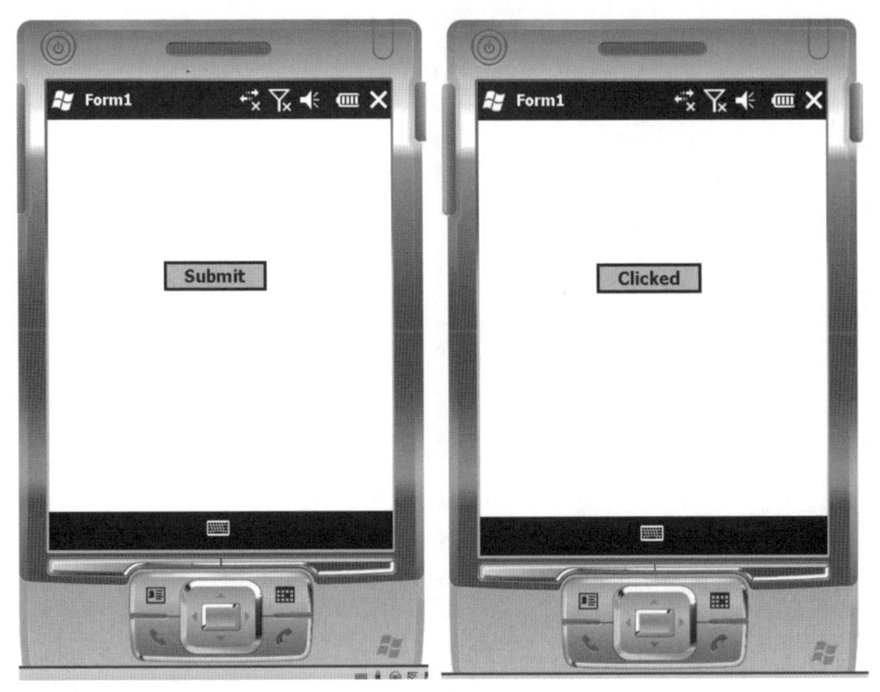

Figura 5–8. *O texto do botão mudou para "Clicked".*

Terminando o Aplicativo

Retorne para o Visual Studio e selecione o **Form1.cs** no Design View, onde você irá completar o seu aplicativo.

No Painel Toolbox, à esquerda, selecione um label e arraste-o até o topo do formulário. Clique no label, uma única vez. No painel Properties em Appearance, mude o texto para "Name", e em Design, troque o nome do componente para "fieldLabel". Dê um clique duplo no botão para gerar o handler.

Arraste um TextBox do painel toolbox e coloque-o no formulário, diretamente abaixo do fieldLabel. Clique no label uma vez e no painel Properties em Appearance, deixe o campo de texto vazio. Em Design, mude o nome para "textField" e dê um duplo clique no botão para gerar o handler.

Posicione o submitButton abaixo do textField.

Arraste um Label do painel toolbox para a base do formulário. Clique uma vez no label. No painel Properties, em Appearance, remova todo o texto do campo texto. Em Design, mude o Name para "message" e dê um clique duplo no botão para gerar o handler.

Seu formulário deve estar parecido com a Figura 5–9. Lembre-se que você não será capaz de visualizar o label que conterá o resultado, a não ser que ele esteja selecionado. Se for necessário, pressione Ctrl+A para selecionar todos os componentes da UI para localizar o label escondido.

Figura 5–9. *O novo formulário.*

Atualize o handler do submitButton para mostrar uma mensagem personalizada quando o botão for clicado. Adicione:

```
message.Text = "Hi there, "+textField.Text+"!";
```

no handler submitButton_click. Seu handler deve ficar parecido com o código a seguir:

```
private void submitButton1_Click(object sender, EventArgs e)
 {
     button1.Text = "Click!";
     message.Text = "Hi there, "+textField.Text+"!";
 }
```

Pressione F5 para rodar o aplicativo. Selecione **Windows Mobile 6.5 Professional Emulator** e clique **OK**.

Para testar o aplicativo, digite seu nome no campo texto e clique no botão **Submit**. "Hi there, [[seu nome]]!" deve ser mostrado na caixa de mensagem, como visto na Figura 5–10.

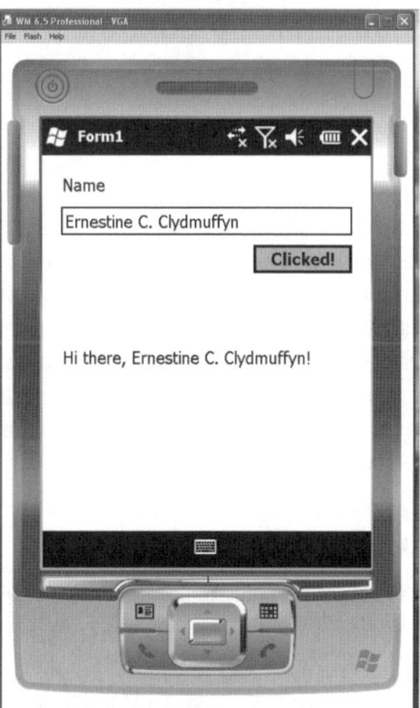

Figura 5–10. *A caixa de mensagens agora contém o nome digitado.*

Embutindo uma Web View em seu Aplicativo

Para embutir uma Web View em seu aplicativo, você pode usar o controle WebBrowser (navegador web).

Criando uma Página HTML

Primeiro você precisa criar uma página HTML estática que pode ser carregada pelo navegador. No Solution browser, clique com o botão direito sobre o nome do seu projeto e clique em **Add ➤ New Item.** Selecione HTML Page e nomeie seu arquivo *teste.htm*. Se não estiver se sentindo particularmente criativo, um arquivo texto contendo "Hello World" será suficiente.

Para garantir que seu arquivo HTML seja copiado para o dispositivo, selecione o nome deste arquivo no solution browser. Na seção Properties, certifique-se que o campo **Copy to Output Directory** esteja em **Copy Always**.

Adicionando um Controle WebBrowser

Retorne ao Design view e, a partir do painel toolbox, arraste um controle WebBrowser para seu layout. Dê um clique duplo no controle para criar o handler e então retorne ao Design view.

Carregando HTML no Controle WebBrowser

Com o elemento WebBrowser selecionado, abra a aba properties. Em Behavior, ajuste o valor do absolute path para o arquivo HTML que criamos usando o formato abaixo:

```
file:///Program Files/MyProjectName/test.htm
```

Note que você também pode usar este valor para acessar sites hospedados em servidores web externos digitando a URL completa com o prefixo `http://`. Contudo, antes que possa acessar um site externo a partir do emulador, você precisa garantir que tenha preparado o dispositivo emulador. Para conectar-se a um emulador, selecione **Device Emulator Manager** no menu Tools. Selecione o nome do emulador na lista e clique em **Actions ➤ Connect.** Uma seta verde irá aparecer ao lado do emulador assim que este estiver rodando. Para carregar o emulador, selecione seu nome, uma vez mais. Selecione **Actions ➤ Cradle** e siga em frente por todos os diálogos do ActionSync que irão aparecer.

Você pode redirecionar para uma página nova, assim que sua página inicial carregue, atualizando o handler do WebBrowser como segue:

```
        private void webBrowser1_DocumentCompleted(object sender,↵
WebBrowserDocumentCompletedEventArgs e)
        {
            //string myUrl = "http://www.yahoo.com";
            //Uri myUri = new Uri(myUrl);
            //webBrowser1.Navigate(myUri);
            string myUrl = "file:///Program Files/SmartDeviceProject1/test.htm";
            Uri myUri = new Uri(myUrl);
            webBrowser1.Navigate(myUri);

        }
```

Você pode encontrar exemplos de código para construir um navegador completo em: `http://msdn.microsoft.com/en-us/library/3s8ys666.aspx`

Empacotando e Distribuindo seu Aplicativo

Os Aplicativos Windows Mobile podem ser distribuídos na internet via Windows Marketplace for Mobile. Para comprimir e empacotar os arquivos do aplicativo para distribuição, o Windows Mobile usa os arquivos do tipo Cabinet (.cab). Para distribuir seu aplicativo, você precisará fazer o build do seu aplicativo no formato de um arquivo .cab assinado. A seção a seguir irá apresentar uma visão geral do processo necessário para a distribuição do aplicativo "Hello World", criado na seção anterior. Opções avançadas adicionais, que eventualmente podem ser necessárias para aplicativos mais complexos, estão fora do escopo deste capítulo[5].

---

[5] Para opções avançadas das propriedades dos arquivos .cab visite: http://msdn.microsoft.com/en-us/library/zcebx8f8.aspx

Adicionando um Projeto CAB à Solução

Antes de criar um arquivo .cab, você precisa incluir um novo projeto CAB na sua solução. No menu **File**, aponte para **Add** e clique em **New Project**. O diálogo Add New Project será aberto como apresentamos na Figura 5–11.

No painel Project Types, expanda Other Project Types e selecione Setup and Deployment. No painel Templates, à direita, selecione o template **Smart Devices CAB Project**.

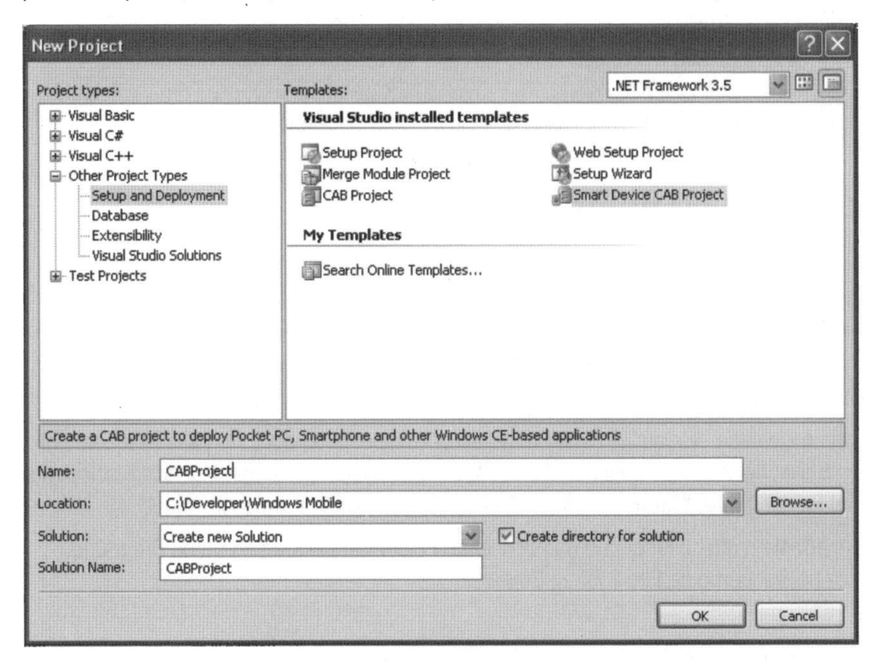

Figura 5–11. *A caixa de diálogo Add New Project.*

No campo Nome, digite “CABProject”. Clique **OK** para adicionar o projeto CAB à sua solução. O projeto CAB será aberto no Solution Explorer.

Personalizando o Nome do seu Produto

Abra a janela Properties, selecionando **View ➤ Properties Window.**

O valor do campo ProductName define o nome que será usado em seu aplicativo, tanto no nome da pasta do aplicativo quanto nas telas Add Program e Remove Program. Na grade de propriedades, mude o valor do campo ProductName para “Hello World”, personalizando, com isso, o nome do seu arquivo CAB.

No Solution Explorer, dê um clique duplo sobre CABProject e selecione **Properties**. No diálogo CABProject Property Pages, modifique o nome e o path no campo de nome de arquivo Output para *Debug\HelloWorld.cab*. Clique **OK** para atualizar o nome do arquivo.

Adicionando o Aplicativo ao CAB

No File System Editor, você irá encontrar o File System no painel Target Machine à esquerda. Nota: Se não estiver vendo o File System Editor, dê um clique com o botão direito sobre o nome do projeto CAB no Solution Explorer, clique em **View** e depois em **File System**.

Seu aplicativo deve ser instalado na Application Folder. Selecione **Application Folder** para especificar que os arquivos que você selecionar nos próximos passos sejam instalados no lugar correto no dispositivo-alvo.

No Action Menu, selecione **Add ➤ Project Output**. Na caixa de diálogo **Add Project Output Group**, na lista drop-down de projetos, selecione **Hello World**. Na lista resultados possíveis selecione **Primary Output**, certifique-se de que o campo Configuration está marcado **Active** e clique em **OK**.

Criando o Atalho do Aplicativo

Para criar um atalho que permita que os usuários acessem seu aplicativo mais facilmente, no painel à direita no File System Editor selecione **Primary Output**. Em Hello World selecione **Action ➤ Create Shortcut to Primary output**. Renomeie o shortcut (atalho) para "Hello World", ou qualquer outro nome que lhe seja conveniente, dando um clique com o botão direito e selecionando **Shortcut item ➤ Rename to**.

A seguir, determine onde este atalho estará disponível no dispositivo target. No painel esquerdo do File System Editor, dê um clique com o botão direito em File System on Target Machine e selecione **Add Special Folder ➤ Start Menu Folder ou Add Special Folder ➤ Programs Folder**.

Finalmente, arraste o atalho (shortcut) da Application Folder para o Start Menu ou Programs Folder no painel esquerdo do File System Editor.

Adicionado uma Entrada de Registro

No Solution Explorer, selecione o projeto CAB e abra o Registry Editor selecionando **View ➤ Editor ➤ Registry**.

No painel esquerdo do Registry Editor, dê um clique com o botão direito em **HKEY_CURRENT_USER**, clique em **New Key** e renomeie a chave de "New Key #1" para "Software".

Dê um clique com o botão direito sobre a chave **SOFTWARE** e selecione **New ➤ Key**. Renomeie a chave nova de "New Key #1" para "MyCompany.

Clique com o botão direito sobre a chave **MyCompany** e selecione a janela Properties para verificar que o valor do nome tenha mudado para MyCompany.

Construindo e Implantando o Arquivo CAB

No menu **File**, clique em **Save All**.

No Solution Explorer, clique com o botão direito em **Smart Device Cab Project** e, depois, em **Properties** no menu de atalhos.

Na página Build, selecione **Authenticode Signature** e clique no botão **Select from Store**.

Na caixa de diálogo Select Certificate, selecione o certificado que você quer utilizar e clique **OK**.

Se você não tiver nenhum certificado visível, clique em **Manage Certificates** para abrir o diálogo de gestão de certificados. Se houver um certificado no seu sistema que você deseja usar, pode importá-lo usando o Import Wizard. Contudo, se ainda não tiver criado nenhum certificado neste sistema, poderá fazer isto na linha de comando. No diretório C:\Program Files\Microsoft Visual Studio 9.0\SDK\v3.5\bin (ou no local equivalente), execute a seguinte linha de comando:

```
makecert -r -pe -n "CN=Your Name" -b 01/01/2000 -e 01/01/2099 -eku 1.3.6.1.5.5.7.3.3↵
 -ss My
```

Saia da janela Manage Certificates e selecione o certificado recém-criado quando ele aparecer na janela Select Certificate e clique **OK**. O certificado será listado na caixa Certificate da página Build.

Na página Build, clique **OK**.

No menu Build clique em **Build CABProject**

- ou -

dê um clique com o botão direito sobre **CABProject** no Solution Explorer e clique em **Build**.

Instalando o Arquivo CAB

No Windows Explorer (navegador de arquivos do Windows) navegue até a pasta onde guardou os arquivos da sua solução. Você irá encontrar o arquivo CAB na pasta CABProject\Debug de sua solução.

Para instalar seu arquivo CAB em um dispositivo, conecte normalmente o dispositivo usando o ActiveSync.

Para conectar um emulador com o ActiveSync, selecione na barra de menu do Visual Studio, **Tools ➤ Device Emulator Manager**. Expanda **Datastore ➤ Windows Mobile 6 Professional SDK** e na lista de dispositivos dê um clique duplo em **USA Windows Mobile 6.5 Professional VGA Emulator.** Quando você vir uma seta verde selecione **Actions ➤ Cradle** para rodar o ActiveSync e complete o processo de configuração do Wizard.

Na janela do ActiveSync, clique em **Explore**, depois copie o arquivo CAB para uma localização conveniente no seu sistema de arquivos.

No dispositivo, navegue até o arquivo CAB, no File Explorer, e clique no nome do arquivo CAB para instalar automaticamente o aplicativo e atalhos nos locais corretos no dispositivo.

Distribuindo seu Aplicativo

Existem várias opções de distribuição para o seu aplicativo Windows Mobile 6:

- Incluir um link para download do arquivo .cab em uma mensagem de e-mail ou SMS. Quando o usuário clicar no link, o aplicativo será baixado e instalado usando o Internet Explorer Mobile.
- Enviar o arquivo por e-mail, em anexo. Quando o usuário abri-lo, o arquivo será instalado automaticamente.
- Distribuir o .cab file, fisicamente, por meio de cartões de mídia removível que podem ser diretamente inseridos no telefone. Você pode incluir um arquivo de autorun para iniciar a instalação automaticamente.[6]

Distribuir o aplicativo através do Windows Marketplace for Mobile.[7]

---

[6] Você pode achar mais informações em http://msdn.microsoft.com/en-us/library/bb159776.aspx

[7] http://marketplace.windowsphone.com/

Parte 2

Frameworks Nativos Multiplataforma

Em suas mãos está um dos mais excitantes dispositivos a chegar no mercado: o iPhone 4. Esse Quick Start Guide irá ajudar você e seu iPhone 4 a estarem prontos rapidamente. Você irá aprender tudo sobre botões, switches e portas, saber como utilizar em seu aparelho a tela sensível ao toque, com alta taxa de resposta, além da opção multitarefa do aparelho com a nova barra App Switcher. Nossas App Reference Tables apresentam os aplicativos em seu iPhone 4 – além de servirem como uma forma rápida de descobrir como finalizar uma tarefa.

Capítulo 6

Rhodes

O Rhodes é um framework multiplataforma para construção de aplicativos para smartphones criado pela Rhomobile (`www.rhomobile.com`), uma empresa mantida por investimentos de risco em Cupertino, CA. Lançado em dezembro de 2008, o Rhodes está disponível para desenvolvimento com os principais smartphones do mercado, incluindo: iPhone, BlackBerry, Android, Windows Mobile e Symbian OS. No momento em que escrevemos, o Symbian OS não está sendo mantido ativamente e, consequentemente, não o abordaremos. Uma das propostas-chave do Rhodes é a habilidade de permitir que uma empresa possa desenvolver e manter uma única base de código objetivando diversos sistemas operacionais.

O Rhodes permite que os desenvolvedores possam criar aplicativos multiplataforma para smartphones usando as linguagens de programação HTML, CSS, JavaScript e Ruby. Ele adapta a experiência do desenvolvimento web para a criação de aplicativos móveis nativos. Voltado para desenvolvedores que já possuem experiência em desenvolvimento web, que desejam desenvolver aplicativos móveis sem ter que aprender SDKs e linguagens nativas de cada plataforma de dispositivo móvel. O framework Rhomobile e suas ferramentas podem ser usados em Mac, Windows e Linux. Contudo, para que você faça o build para um dispositivo específico, o SDK dele deve estar instalado em seu computador de desenvolvimento. Dispositivos BlackBerry e Windows Mobile requerem o Windows. O iPhone requer o Mac e o Android e o Symbian OS rodam no Java, sendo multiplataforma.

O Rhodes é primordialmente voltado para aplicativos empresariais. O framework facilita a criação de aplicativos baseados em uma série de telas que incluam widgets de interface com o usuário, incluindo componentes comuns de UI em telefones, tais como mapeamento. Por outro lado, não é adequado para jogos de ação e aplicações de consumo que requeiram gráficos ricos e interativos. Um dos pontos fortes do Rhodes é fazer com que o uso dos padrões de interface com o usuário (UI), normalmente encontrados em aplicativos de recuperação e edição de informação, seja fácil e portável.

Sendo um produto de código aberto, apesar de comercialmente suportado, o Rhodes é licenciado sob uma licença MIT. As companhias que necessitem de suporte de classe empresarial podem comprar uma licença específica – a Enterprise License – diretamente da Rhomobile. Como o Rhodes é desenvolvido em código aberto, você tem a possibilidade de examinar o código para saber exatamente como as coisas estão sendo feitas por baixo dos panos. Você pode ampliá-lo, contribuir com correções e melhorias ou criar a sua própria versão personalizada do Rhodes, se assim desejar.

O Rhodes tira grande parte da sua inspiração de frameworks orientados ao desenvolvimento web de estilo MVC (Model-View-Controller), como o Ruby on Rails. Entretanto, ele possui várias simplificações, extensões e aprimoramentos específicos para o cenário móvel (veja Diferenças entre Rhodes e Rails adiante neste capítulo). Se você é desenvolvedor Ruby on Rails, vai achar o Rhodes familiar. Observe que, mesmo com certos padrões emprestados do Rails, o Rhodes é um framework único e singular, e não um port do Ruby on Rails. Até mesmo os desenvolvedores que não conhecem o Ruby on Rails podem começar a desenvolver muito rapidamente com o Rhodes, já que existe muito menos código a ser escrito no Rhodes do que nos aplicativos nativos.

O Rhodes inclui um gerenciador relacional de objetos (ORM – Object Relational Manager) chamado Rhom e inclui o código necessário para manter dados localmente e fazer sincronismo remoto usando o RhoSync. Desenvolvedores Rhodes não precisam se preocupar em escrever código para armazenamento de dados e sincronismo em seus aplicativos. Em vez disso, podem se preocupar apenas com a apresentação e a lógica de negócio.

As próximas seções fornecerão os detalhes da criação de aplicativos para dispositivos em Rhodes. Você verá como manter os dados e usar geolocalização além de outras funcionalidades dos dispositivos. Contudo, o poder total do framework só será percebido quando dados locais forem sincronizados com uma fonte de dados remotas, o que pode ser facilmente conseguido usando-se o servidor RhoSync da Rhomobile (veja o capítulo 7).

Para mais detalhes sobre o Rhodes, visite o wiki da Rhomobile (`www.rhomobile.com/wiki`). O código-fonte do Rhodes está disponível no github (`http://github.com/rhomobile`). Neste endereço, existem também exemplos de aplicativos de código aberto. E, para finalizar, também existe uma comunidade de desenvolvedores muito ativa que pode ser acessada em `http://groups.google.com/group/rhomobile`.

Arquitetura de Desenvolvimento

Aplicativos Rhodes são instalados e rodam como aplicativos nativos. Contudo, você desenvolve usando o paradigma de desenvolvimento web e define a interface do seu aplicativo em HTML e CSS. Depois, em tempo de execução, o HTML e CSS são renderizados pelo framework do Rhodes por um controle de navegação (browser control) nativo. O JavaScript pode ser usado para obter algum controle sobre a interação com o usuário da mesma forma que você pode usar o JavaScript em aplicativos web.

Você também pode adicionar lógica de aplicativo para as suas views usando a linguagem Ruby embarcada chamada ERB, exatamente como pode fazer em um aplicativo Ruby on Rails. Os arquivos ERB são similares ao PHP ou JSP, onde o código pode ser misturado com o markup para criar código HTML dinâmico. O Rhodes irá gerar o código HTML completo executando o código Ruby antes que o HTML seja renderizado pelo controle de navegação na interface com usuário. O controle de navegação irá então, de forma dinâmica, executar qualquer JavaScript que exista na página.

Para criar e controlar o fluxo do seu aplicativo, você escreve código em Ruby. O Rhodes segue o modelo Model-View-Controller (MVC), similar ao usado pelo Ruby on Rails e outros frameworks web. Desta forma, criará métodos no seu controller para definir ações que mapeiem requisições HTTP. Uma ação (action) do seu controller irá, geralmente, buscar dados do seu modelo (desenvolvido no Rhom, camada ORM do Rhodes) e renderizar a view (criada com HTML/ERB).

Na Figura 6–1, você pode ver o modelo padrão MVC ilustrado, com o modelo de objetos do Rhodes, além de um exemplo de caso de uso. Neste exemplo, existe uma página "New Product" onde o usuário pode preencher um formulário com os valores relativos aos atributos do novo produto (New Product) que está criando. Quando o usuário clicar no botão **Create**, uma requisição será feita para um servidor web leve e interno do Rhodes – que só existe para responder estas requisições da UI e às ações do RhoController. Quando o usuário clicar em uma URL na view HTML, uma ação do controller será chamada. Neste exemplo, a ação create do método ProductController é chamada. A seguir, a ação do controller chama o modelo Product, criado com o Rhom para salvar o produto recém-criado no banco de dados local. Por fim, a view será renderizada e apresentará o resultado ao usuário. O ciclo de requisição e resposta web acontece total e localmente no dispositivo.

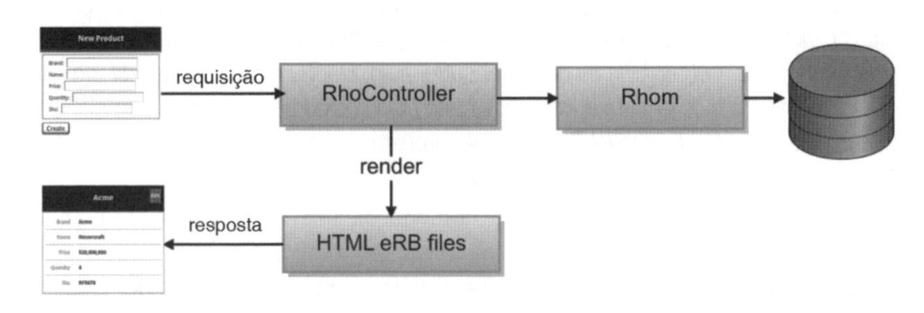

Figura 6–1. *O modelo Model-View-Controller (MVC).*

Arquitetura de Execução

Os arquivos de desenvolvimento do Rhodes são compilados e transformados em um executável nativo que será instalado no dispositivo, ou em um simulador de desktop, usando a linha de comando ou a interface web disponível em rhohub.com.

Como os aplicativos Rhodes são binários nativos, eles podem ser distribuídos via Apple iTunes App Store, BlackBerry World, Android Marketplace e outros canais de distribuição. Para conseguir fazer o build para um dispositivo, você precisa, tipicamente, assinar os programas de desenvolvimento e adquirir as chaves criptográficas necessárias para assinar seus aplicativos, mesmo que não esteja desenvolvendo com os SDKs nativos das plataformas. Precisará também observar as regras e guias de interface de cada plataforma para que seus aplicativos possam ser aprovados. (Veja a Parte 1 deste livro sobre a submissão de seus aplicativos para as plataformas alvo).

Em plataformas onde a linguagem primária de desenvolvimento seja o Java, como o BlackBerry, os aplicativos Rhodes são compilados em bytecode Java que, só então, é executado nativamente. Nas plataformas iPhone, Android, Windows Mobile e Symbian, os aplicativos Rhodes são compilados em bytecode Ruby 1.9. Nelas, o Rhodes inclui um interpretador Ruby que roda nativamente em bytecode do dispositivo. A distribuição Rhodes Ruby é um subconjunto do Ruby 1.9. Ela não inclui todas as bibliotecas que você encontrará em uma distribuição desktop do Ruby. Apesar disto, é possível estender o Rhodes com bibliotecas adicionais para o seu aplicativo (veja: `http://wiki.rhomobile.com/index.php/Rhodes#Adding_Libraries_to_Your_Rhodes_Application`).

Para conectar seu aplicativo Rhodes com serviços web, você pode usar o RhoSync ou, se preferir, efetuar diretamente a conexão. Para conectar diretamente usando o JavaScript, você pode usar a biblioteca Ruby net/http ou a biblioteca aprimorada Rho:AsyncHttp. Contudo, na maior parte das vezes que trabalhar com dados remotos, vai desejar ter um cache local para uso offline. Neste caso de uso típico, o RhoSync Server é a opção ideal. Como está detalhado no capítulo 7, você poderá escrever um source adapter, que rodará no ambiente servidor, onde terá acesso completo a toda linguagem Ruby e suas bibliotecas.

Mesmo que o Ruby seja uma linguagem interpretada, usando Rhodes, em tempo de execução, você não poderá rodar qualquer código Ruby. Por exemplo: string eval não é permitido. Esta capacidade foi intencionalmente removida do interpretador Ruby do Rhodes para obedecer à regra 3.3.2 da iPhone App Store que cita expressamente:

> *Um aplicativo não pode, de forma alguma, por si mesmo, instalar ou rodar outro código executável, incluindo, mas não limitando, o uso da arquitetura de plug ins, chamadas a outros frameworks, outras APIs ou qualquer outro meio. Nenhum código interpretado pode ser baixado e usado em um aplicativo, exceto pelo código que é interpretado e executado pelas Apple Published APIs e por interpretadores embutidos.*
>
> (`www.rhomobile.com/blog/2009/05/29/iphone-app-store-rules-and-guidelines-on-use-of-frameworks/`)

O aplicativo Rhodes gerado é completamente nativo e contém um navegador embutido. Este fato tem implicações para o HTML, CSS e JavaScript que podem ser suportados em cada plataforma. Alguns dispositivos, como o Android e o iPhone, possuem navegadores completos enquanto outros como o BlackBerry possuem navegadores com capacidades reduzidas. Isto significa que você não pode escrever código HTML e CSS que tome vantagem de funcionalidades avançadas específicas de um dispositivo e esperar que este código funcione em outros dispositivos com navegadores inferiores. Mesmo que os aplicativos sejam desenvolvidos, exatamente como aplicativos web, eles rodam localmente como nativos, e não remotamente como web. Toda a lógica de processamento e o acesso ao banco de dados são locais.

Funcionalidades do Dispositivo e Elementos Nativos da Interface com Usuário

O Rhodes fornece acesso às funcionalidades específicas dos dispositivos como: GPS, PIM, câmera, SMS, reprodução de vídeo, acelerômetro, detector de proximidade e controles de UI nativos. Contudo, em alguns casos, os controles nativos são específicos do dispositivo. Por exemplo, cada aplicativo BlackBerry possui um menu que é invocado quando o usuário clicar no botão **Berries** do dispositivo. Contudo, aplicativos iPhone não possuem definições de uniformidade quanto aos menus. Desta forma, se você definir este tipo de menu, ele irá aparecer no BlackBerry, mas será ignorado sempre que fizer o build deste código para o iPhone. Veja Funcionalidades do Dispositivo Rhodes para mais detalhes e exemplos.

Banco de Dados (Rhom)

Rhom é um mini ORM criado em Ruby. Ele fornece uma camada de abstração de banco de dados para o framework Rhodes. O Rhom permite que modelos simples possam ser usados em um banco de dados "property bag". O Rhom precisa de um banco de dados rodando no lado do dispositivo, como o SQLite ou o HSQLDB. O framework Rhodes abstrai os detalhes de acesso e uso do banco de dados local.

O principal objetivo do Rhom é fornecer uma interface simples e intuitiva com o modelo de dados para uma aplicação Rhodes. Por baixo dos panos, o Rhom opera diretamente na tabela de object value do RhoSync (http://wiki.rhomobile.com/index.php/Server_to_Backend_Sync_Process), coletando "properties bags" ou atributos para uma dada fonte e colocando-os diretamente no modelo definido. Esta é a mesma tabela usada pelo motor de sincronização do Rhodes.

Os métodos de um objeto Rhom são inspirados pelo ActiveRecord ORM usado pelo Ruby on Rails, mas não exatamente iguais a estes métodos. A Listagem 6–1 mostra um exemplo de código cliente que ilustra a sintaxe Rhom usando um objeto Account. Neste exemplo, o Account é o objeto modelo. O método Account.find, na sua forma mais simples, pega o id de um objeto como parâmetro e retorna o objeto (depois de buscá-lo no dispositivo de armazenamento local). O segundo Account.find é mostrado com :all como primeiro parâmetro. Este parâmetro indica que todos os registros devem ser devolvidos. O argumento :select indica quais campos devem ser pesquisados. Opcionalmente você também pode passar o argumento :conditions sempre que desejar recuperar um subconjunto de registros.

Listagem 6–1. *Exemplo de código Rhom.*

```
acct = Account.find "3560c0a0-ef58-2f40-68a5-48f39f63741b"
acct.name #=> "A.G. Parr PLC 37862"

 accts = Account.find(:all, :select => ['name','address'])
accts[0].name #=> "A.G. Parr PLC 37862"
accts[0].telephone #=> nil
```

Threading

Aplicativos Rhodes são multitarefas (multithread). Entretanto, o aplicativo não pode gerar suas próprias threads. O código que produzir irá rodar em uma thread única. Os três principais threads em um aplicativo Rhodes são:

- Main thread (thread principal) – controla a interface com o usuário.
- A thread Ruby.
- A thread Sync (quando o RhoSync é utilizado).

Existem também algumas threads auxiliares que são ativadas e desativadas de acordo com a demanda. Exemplos destas threads incluem notificações, geolocalização, registro de cliente e push.

Um dos benefícios acrescentados ao Rhodes pela multitarefa é que você pode sincronizar seus dados em background sem bloquear sua interface com o usuário. O impacto disso é que muitas chamadas às APIs do Rhodes são assíncronas, sem bloqueio de tela ou execução, que você usa registrando callbacks, como as notificações de sincronização e login.

Diferenças entre Rhodes e Rails

- O Rhodes não é o Ruby on Rails portado, mas apenas inspirado por ele, pois o mesmo é significantemente menor e mais simples.
- Não existem diretórios separados para modelos, controllers e views. Cada modelo está em seu próprio diretório. Os arquivos do controller, de modelo e da view estão neste diretório. A lógica de negócio é codificada no controller, fazendo com que os controllers Rhodes sejam mais pesados do que os controllers Rails.
- Muitos dos outros diretórios disponíveis no Rails não estão presentes na estrutura de diretório dos aplicativos Rhomobile. Por exemplo, tome os diretórios vendor, lib, log, e db. Seus equivalentes estão, geralmente, no diretório raiz do aplicativo.
- Não existe validação nos modelos. Não existe o schema.rb e nem migrações.
- Você não pode rodar um aplicativo Rhodes interativamente usando o console/script precisar compilar seu código e instalá-lo em um simulador ou dispositivo para executá-lo.
- Muitas das diferenças com os Rails são para facilitar o uso em dispositivos móveis com memórias limitadas. O Rhodes é mais leve justamente porque fornece apenas as funções necessárias. Exemplos de funcionalidades que não são necessárias ou suportadas por questão de espaço incluem: serviços web, XML, pluralização e YAML.

Criando um Aplicativo Rhodes

Esta seção detalha como você deve instalar, configurar o Rhodes e fazer o build de um aplicativo simples que armazenará dados localmente no dispositivo.

Instalação e Configuração

Antes de instalar o Rhodes, você precisará instalar o Ruby, o sistema de empacotamento de bibliotecas do Ruby, o RubyGems e o GNU make. O Rhodes é distribuído como um pacote Ruby gem. Este gem inclui o framework Rhodes e todas as ferramentas necessárias para trabalhar com cada plataforma de smartphone.

- Ruby 1.8.6 ou 1.8.7.
- RubyGems 1.3.5 ou maior.
- GNU make 3.80 ou superior (requerido pelo gem). Pode ser que você já tenha este pacote instalado, se estiver rodando em Mac OS X ou no Linux. No Windows, faça o download em `http://gnuwin32.sourceforge.net/packages/make.htm` e instale-o em qualquer lugar. Certifique-se apenas de que você tenha a localização de onde o make for instalado na variável de ambiente PATH.

Para instalar o gem (o uso do sudo é recomendado no Mac e no Linux):

```
gem install rhodes
```

Você também precisará instalar o SDK da plataforma do seu dispositivo-alvo. Para detalhes na instalação dos SDK dos dispositivos, veja os capítulos 2–5 ou os documentos da plataforma Rhomobile.[1]

Uma vez que você tenha o SDK instalado, rode o script de configuração do Rhodes (digitando “rhodes-setup” na linha de comando). A Listagem 6–2 mostra um exemplo do resultado deste script, rodando em um Mac com o Android SDK instalado. (Nota: o iPhone SDK não requer configuração).

Listagem 6–2 *Comandos de configuração do Rhodes.*

```
$ rhodes-setup
We will ask you a few questions below about your dev environment.

JDK path (required) (/System/Library/Frameworks/JavaVM.framework↵
/Versions/CurrentJDK/Home/):
 Android 1.5 SDK path (blank to skip) (): ~/android/android-sdk-mac_x86-1.5_r2
Windows Mobile 6 SDK CabWiz (blank to skip) ():
 BlackBerry JDE 4.6 (blank to skip) ():
 BlackBerry JDE 4.6 MDS (blank to skip) ():
 BlackBerry JDE 4.2 (blank to skip) ():
 BlackBerry JDE 4.2 MDS (blank to skip) ():

 If you want to build with other BlackBerry SDK versions edit:
 <Home Directory>/src/rhomobile/rhodes/rhobuild.yml
```

Construindo um Aplicativo Rhodes

Para fazer o seu primeiro aplicativo, você irá criar um programa que lhe permita ter um controle de inventário de produtos no seu aparelho. Esta é uma aplicação baseada em um modelo que permitirá a criação, a edição e a remoção de registros de inventário no dispositivo.

Para criar a estrutura básica do aplicativo, execute o comando “rhogen app”. Isto irá gerar um diretório de aplicativo com todos os arquivos de suporte. Os aplicativos Rhodes são organizados em uma estrutura de diretórios fixa. O comando rhogen não é indispensável e você pode criar os arquivos necessários de forma manual, ou simplesmente copiar e modificar os arquivos de um aplicativo anterior.

Na linha de comando, digite: “rhogen app inventory”. Isto irá gerar o esqueleto inicial para o seu aplicativo (Listagem 6–3).

Listagem 6–3. *Geração de aplicativo Rhodes.*

```
$ rhogen app inventory
Generating with app generator:
     [ADDED]  inventory/rhoconfig.txt
     [ADDED]  inventory/build.yml
     [ADDED]  inventory/app/application.rb
     [ADDED]  inventory/app/index.erb
```

---

[1] http://wiki.rhomobile.com//index.php?title=Building_Rhodes_on_Supported_Platforms

```
[ADDED] inventory/app/index.bb.erb
[ADDED] inventory/app/layout.erb
[ADDED] inventory/app/loading.html
[ADDED] inventory/Rakefile
[ADDED] inventory/app/helpers
[ADDED] inventory/icon
[ADDED] inventory/app/Settings
[ADDED] inventory/public
```

Este comando criará os arquivos padrão para seu aplicativo, incluindo a tela "Settings", muito útil para o desenvolvimento. No entanto, ela é geralmente substituída por uma ou mais telas personalizadas antes do aplicativo ser finalizado. A Tabela 6–1 lista todos os arquivos e pastas mais importantes que serão gerados. Durante a maior parte do desenvolvimento, tudo o que você fará será modificar ou criar arquivos novos no diretório */app*. Estes arquivos e subdiretórios estão listados na Tabela 6–2.

Tabela 6–1. *Arquivos e diretórios gerados pelo comando "rhogen app".*

Arquivo/Pastas	Descrição
Rakefile	Usado para construir aplicativo Rhodes na linha de comando
rhoconfig.txt	Contém opções e configurações específicas do aplicativo, como path inicial, opções de log e URL (opcional) para o seu servidor de sincronismo. Para mudar a página inicial do seu aplicativo, simplesmente altere o start_path de forma que este aponte para uma página diferente ainda na estrutura de diretórios.
build.yml	Contém informações específicas para o build, tais como o nome do aplicativo e a versão do SDK a ser usado para o build de uma plataforma específica.
app/	Este diretório contém modelos, configurações de dispositivos, página inicial padrão e páginas de layout do aplicativo.
public/	Contém os arquivos estáticos que são recursos do seu aplicativo, tais como CSS, imagens e bibliotecas JavaScript.
icon/	Este diretório contém os ícones do seu aplicativo.

Tabela 6–2. *Arquivos e pastas no diretório /app gerados pelo comando "rhogen app".*

Arquivos/Pastas	Descrição
/Settings	Responsável pelo login e por configurações específicas dos dispositivos.
/helpers	Contém funções projetadas para ajudar no processo de desenvolvimento.
application.rb	Configurações específicas do aplicativo.
index.erb	Página inicial padrão do aplicativo. Normalmente, esta página tem links para os controllers e para, pelo menos, um modelo de dados.
layout.erb	Contém o arquivo header de todo o aplicativo.
loading.html	A página inicial de carregamento durante a inicialização.

Os tipos de arquivos que foram gerados para você incluem arquivos Ruby (*.rb*) que contêm a lógica de negócio e a configuração do aplicativo, além de arquivos HTML com Ruby embarcado (*erb*) (`www.ruby-doc.org/stdlib/libdoc/erb/rdoc/`), para sua interface de usuário. Estes são os dois tipos principais de arquivos com os quais você trabalhará quando estiver escrevendo aplicativos Rhodes.

Para criar controles UI nativos e o layout da interface com o usuário, os desenvolvedores Rhodes usam o HTML, o CSS e o Ruby, em vez de escrever código com bibliotecas como o UIKit do iPhone.

Rodando o Aplicativo

Para rodar o aplicativo em um simulador ou dispositivo, você pode simplesmente rodar uma tarefa rake, no diretório do seu aplicativo. O rake é um programa simples para build do Ruby com capacidades similares ao make. Veja a Tabela 6–3 para uma lista de comandos do rake. Observe que rodar aplicativos no dispositivo não é difícil (e, em algumas plataformas, é mais rápido do que no simulador). Entretanto, precisará instalar uma assinatura digital criptografada (veja os capítulos 2–5 sobre as plataformas, para mais detalhes).

A Rhomobile disponibiliza um simulador para o Rhodes que pode ser usado em plataformas Windows. Este simulador inicializa muito mais rápido do que os simuladores de plataforma e pode ser muito eficiente para testes rápidos da lógica do seu aplicativo. Apesar disto, para testar o código da sua UI, deverá rodar seu aplicativo no simulador do dispositivo ou no próprio dispositivo. O simulador Windows nem tenta simular as diferenças entre os navegadores das diferentes plataformas.

Tabela 6–3. *Comando rake para construir e rodar aplicativos Rhodes.*

Comando	Propósito
rake clean:android	Limpa o Android.
rake clean:bb	Limpa o BlackBerry.
rake clean:iphone	Limpa o iPhone.
rake clean:win32	Limpa o simulador Win32 Rhomobile.
rake clean:wm	Limpa o Windows Mobile.
rake device:android:debug	Roda o build autoassinado para dispositivo Android para debug.
rake device:android:production	Roda o build autoassinado para dispositivo Android para produção.
rake device:bb:debug	Roda o build para debug do dispositivo BlackBerry.
rake device:bb:production	Roda o build para produção do dispositivo BlackBerry.
rake device:iphone:production	Roda o build para produção do dispositivo iPhone.
rake device:wm:production	Roda o build para produção do dispositivo Windows Mobile ou seu emulador.
rake run:android	Roda o build e roda o emulador Android.
rake run:android:device	Roda o build e instala no dispositivo Android.
rake uninstall:android	Desinstala o aplicativo do emulador Android.
rake uninstall:android:device	Desinstala o aplicativo do dispositivo Android.
rake run:bb	Roda o build, carrega e inicia o simulador BlackBerry e MDS.
rake run:iphone	Roda o build e inicia o simulador iPhone.
rake run wm:emu	Roda o build e roda o aplicativo no emulador Windows Mobile 6.
rake run wm:emucab	Roda o build e instala o .cab no emulador Windows Mobile 6.
rake run wm:dev	Roda o build e roda o aplicativo no dispositivo Windows Mobile 6.
rake run wm:devcab	Roda o build e instala o .cab no dispositivo Windows Mobile 6.

Rodando no iPhone

Para rodar seu aplicativo no iPhone e acompanhar esta seção, você precisará do SDK do iPhone, só disponível para os computadores Macintosh. Para mais detalhes sobre instalação e a configuração do ambiente de desenvolvimento do iPhone, incluindo o build para o dispositivo, veja o capítulo 2. Esta seção irá conduzi-lo através do processo de build usando a plataforma Rhodes. Este build depende das ferramentas Apple e do SDK do iPhone/iPad.

Estando no diretório do seu aplicativo, na linha de comando digite: "rake run:iphone". Você verá uma tela de saída com uma grande quantidade de texto. Pode demorar um minuto, ou um pouco mais, antes que o simulador iPhone seja lançado. Quando o simulador aparecer, não verá seu aplicativo. Você precisará clicar em um dos pontos na base ou arrastar a tela para a esquerda para mostrar a tela da direita onde seu aplicativo está. (Nota: O simulador pode se parecer com o iPhone ou iPad, tanto faz. Os aplicativos iPhone Rhodes funcionam tanto em um quanto no outro. Se quiser ver seu aplicativo em um dispositivo diferente, selecione **Hardware ➤ Device** no menu do simulador e escolha um dispositivo alternativo). Veja na Figura 6–2 uma ilustração da aparência do simulador depois que o aplicativo estiver rodando e você navegar até ele.

```
$ cd inventory/
$ rake run:iphone
```

> **Nota:** Se receber um erro sobre a incapacidade de achar o SDK do iPhone, por favor verifique o seu arquivo *build.yml* e, se necessário, modifique-o para coincidir com a versão do SDK que você tem instalado.

Figura 6–2. *Rodando no iPhone.*

Rodando no Android

Você pode usar Mac, Windows ou Linux para fazer builds para o Android. Para mais detalhes sobre a instalação e a configuração de um ambiente de desenvolvimento Android, incluindo o build para o dispositivo, veja o capítulo 3. Observe que você precisará do ambiente de desenvolvimento nativo do Android (NDK), do SDK e dos componentes relacionados, mas não precisará do Eclipse. Depois da configuração inicial, o build, o teste para o Android e o teste no simulador são equivalentes ao do iPhone. Exceto que as tarefas rake incluem a palavra "android" em vez da palavra "iphone" no nome, e os arquivos de log estão em lugares diferentes.

No diretório do seu aplicativo, na linha de comando, digite: "rake run:android". Você verá uma tela de saída com grande quantidade de texto. Deve levar vários minutos antes de que o emulador Android seja carregado. Quando o emulador aparecer, não irá ver o seu aplicativo. Você precisará selecionar a aba menu, na base da tela, para revelar todos os aplicativos. Além disso, provavelmente, terá que rolar a tela para baixo antes de encontrar seu aplicativo (Figura 6–3)

```
$ cd inventory/
$ rake run:android
```

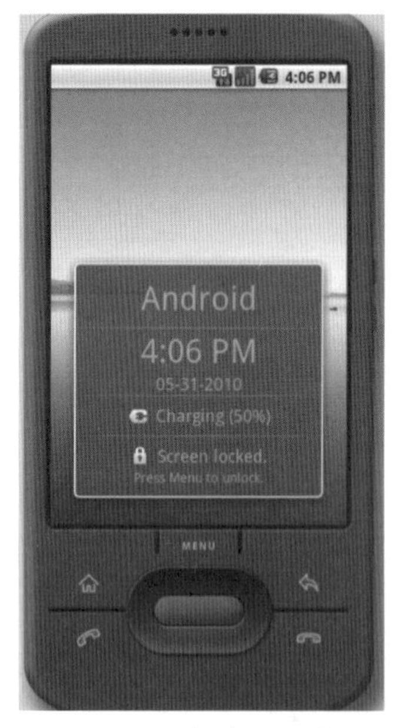

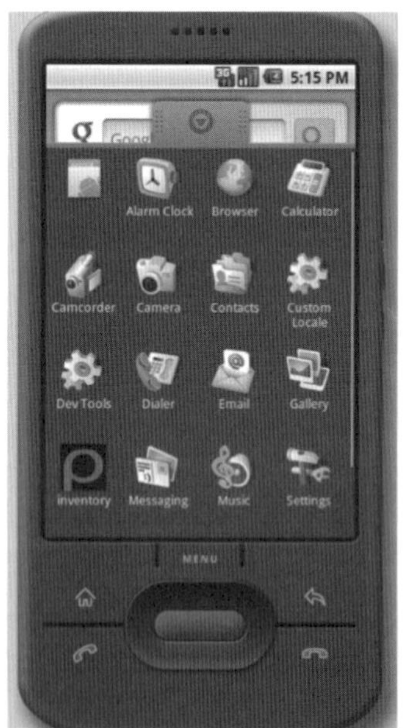

Figura 6–3. *Rodando no Android.*

Rodando no BlackBerry

O BlackBerry exige o Windows para rodar tanto o simulador quanto suas ferramentas. Também exige o Java, mas normalmente você não usa o Eclipse. Para mais detalhes de como instalar e configurar um ambiente de desenvolvimento BlackBerry, incluindo o build para um dispositivo, veja o capítulo 4. A lógica de negócio de um aplicativo BlackBerry pode ser idêntica a de todas as outras plataformas. Contudo, a criação da view é bem diferente devido às limitações nas capacidades do navegador disponível no dispositivo. Para mais detalhes sobre a UI HTML do BlackBerry, veja o capítulo 14. O básico está coberto no resto desta seção.

No diretório do seu aplicativo, na linha de comando, digite: "rake run:bb". Você verá uma saída com muito texto e deve levar vários minutos antes de que o simulador BlackBerry seja carregado.

```
$ cd inventory/
$ rake run:bb
```

Rodando no Windows Mobile 6

O Windows Mobile 6 requer o Windows para rodar suas ferramentas e o simulador. Ele também requer o MS Visual Studio, mesmo que, na maior parte das vezes, não o use para o desenvolvimento Rhodes. Para mais detalhes na instalação e configuração de um ambiente de desenvolvimento Windows Mobile, incluindo o build para um dispositivo, veja o capítulo 5. (No momento em que escrevemos, o Rhodes não suporta o Windows Mobile 7). Depois da configuração inicial, fazer o build para o Windows Mobile e rodar o aplicativo no simulador será muito parecido com o que foi feito para Android e iPhone. Aqui também existem algumas diferenças nos navegadores, mas o navegador IE não é tão limitado como o navegador BlackBerry.

No diretório do seu aplicativo, na linha de comando, digite: "rake run:wm:emu". Você verá uma tela de saída com uma grande quantidade de texto antes que o simulador do Windows Mobile seja lançado.

```
$ cd inventory/
$ rake run:wm:emu
```

Gerando um Modelo

O Rhodes também inclui um script para geração de código para criar a estrutura do padrão Model-View-Controller (MVC), similar ao comando scaffold do Rails. Este comando irá criar as ações comumente usadas para apresentar uma lista de itens, mostrar os detalhes de um item, criar, atualizar e apagar itens. Para criar um modelo, as views e as ações de controller correspondentes, use o comando "rhogen model". Nota: existe mais informação disponível sobre o rhogen em `http://wiki.rhomobile.com/index.php/Rhogen`.

Exatamente como acontece com o comando "rhogen app", você também pode criar estes arquivos manualmente. Normalmente, seu aplicativo irá usar um ou mais modelos.

O modelo para o aplicativo que está exemplificado neste tutorial será chamado "Product" (veja a Listagem 6–4). Um produto tem atributos: marca, nome, preço, quantidade e sku (código do item no estoque). Execute a seguinte linha: "rhogen model product brand, name, price, quantity, sku" para gerar o modelo para seu aplicativo.

Listagem 6–4. *Gerando um modelo com views e controles.*

```
$ rhogen model product brand,name,price,quantity,sku
Generating with model generator:
[ADDED] app/Product/index.erb
     [ADDED]  app/Product/edit.erb
     [ADDED]  app/Product/new.erb
     [ADDED]  app/Product/show.erb
```

```
[ADDED] app/Product/index.bb.erb
[ADDED] app/Product/edit.bb.erb
[ADDED] app/Product/new.bb.erb
[ADDED] app/Product/show.bb.erb
[ADDED] app/Product/product_controller.rb
[ADDED] app/Product/product.rb
[ADDED] app/test/product_spec.rb
```

Como você poderá ver, foram criados e adicionados novos arquivos. Cada modelo é definido em seu próprio subdiretório da pasta /app. Os novos arquivos incluem as views para as ações do controller padrão, o arquivo de configuração para o modelo e o controle padrão (controller).

No diretório do modelo, você encontrará o arquivo *product_controller.rb*, que cria o controller para o modelo. Também encontrará arquivos *.erb* para todas as views associadas com este modelo. Finalmente, existe um arquivo *product.rb* que define as propriedades deste modelo. Cada controller Rhodes define um conjunto de ações (actions) para realizar as operações CRUD básicas (Create, Read, Update e Delete) no objeto, gerado por padrão, usando o comando de geração de código. O conjunto de views gerado é mostrado na Tabela 6–4.

Tabela 6–4. *Views padrão para o modelo Rhodes*

View	Propósito
index	Lista todos os objetos.
New	Apresenta o formulário para entrada dos atributos para a criação de um objeto novo.
Edit	Apresenta um formulário para edição dos atributos de um objeto.
Show	Apresenta os atributos do objeto.

O controller referente ao modelo (/app/Product/product_controller.rb) é muito parecido com um controller do Ruby on Rails e contém todas as ações básicas do CRUD com uma convenção de nomes consistente. Muitas das ações definidas no controller correspondem a um arquivo view, no mesmo diretório, que tem o nome da ação em questão, mas com um tipo de arquivo *.erb*.

Agora que você tem a estrutura do aplicativo e um entendimento básico desta estrutura, é hora de terminar seu aplicativo conectando as views do modelo à sua tela inicial.

Para fazer isto, você precisa editar o index do seu aplicativo abrindo o *app/index.erb*. Se você compilar o aplicativo no seu estado atual, deverá ver a mesma tela inicial de quando rodou o aplicativo pela primeira vez que mostra o texto: “Add links here...”, sem nenhuma forma de abrir as views da interface que acabou de criar. O código para esta página deve ser parecido com o que está na Listagem 6–5. Os botões Sync e Login, na barra de ferramentas são conectados pelo RhoSync, automaticamente por padrão (descrito no próximo capítulo). Você pode apagá-los ou modificar o Settings Controller para usar um web service, em vez do RhoSync.

Listagem 6–5. ***Tela de início padrão (app/index.erb).***

```
<div id="pageTitle">
    <h1>Inventory</h1>
</div>

<div id="toolbar">
    <div id="leftItem" class="blueButton">
          <%= link_to "Sync", :controller => :Settings, :action => :do_sync %>
    </div>
    <% if SyncEngine::logged_in > 0 %>
      <div id="rightItem" class="regularButton">
           <%= link_to "Logout", :controller => :Settings, :action => :logout %>
       </div>
    <% else %>
      <div id="rightItem" class="regularButton">
          <%= link_to "Login", :controller => :Settings, :action => :login %></div>
    <% end %>
</div>

<div id="content">
    <ul>
        <li>
            <a href="#">
                <span class="title">Add Links Here...</span>
                <span class="disclosure_indicator"></span>
            </a>
        </li>
    </ul>
</div>
```

Para criar uma conexão com o seu modelo Product, troque o título "Add links here..." para "Products" e altere o atributo href para apontar para o "Product", como mostramos na Listagem 6-6. Isto criará um link para a página index do modelo Product em *app/Product/index.erb*.

Exatamente como na maioria dos servidores web, a página padrão para uma determinada URL é a página index correspondente. A URL relativa irá procurar por uma página irmã de *index.erb* que deve estar na pasta app. Note que a maior parte desta página é feita em HTML puro. Se desejar, pode adicionar outros links, gráficos com a tag <img> ou texto. A parte da página que tem código Ruby embutido está dentro de <% ... %>.

Listagem 6–6. ***Tela de início modificada (app/index.erb).***

```
<div class="toolbar">
        <h1 id="pageTitle">
                Products
        </h1>
</div>

<ul id="home" selected="true" title="Products">
        <li><a href="Product">Product</a></li>
</ul>
```

Os links no Rhodes funcionam assumindo que o diretório */app* é o do seu aplicativo. No exemplo, ele só escreveu "Product" como referência para o link. Como "Product" é um subdiretório de /*app*, e você não especificou um arquivo diferente, será usado o arquivo padrão: a página index correspondente. Esta convenção pode ser usada em todo o seu aplicativo.

Agora que você já tem sua página index para o modelo atrelada ao index do seu aplicativo, está pronto para rodar o build para uma das plataformas suportadas. Simplesmente use o comando "rake:run" apropriado à plataforma que escolher. Veja da Figura 6–4 à 6–8 para conferir como suas telas devem aparecer no iPhone. As funcionalidades são idênticas em todas as plataformas. Entretanto, detalhes visuais devem ser adaptados de acordo com a plataforma escolhida.

Figura 6–4. *Tela inicial modificada, como vista no iPhone (app/index.erb).*

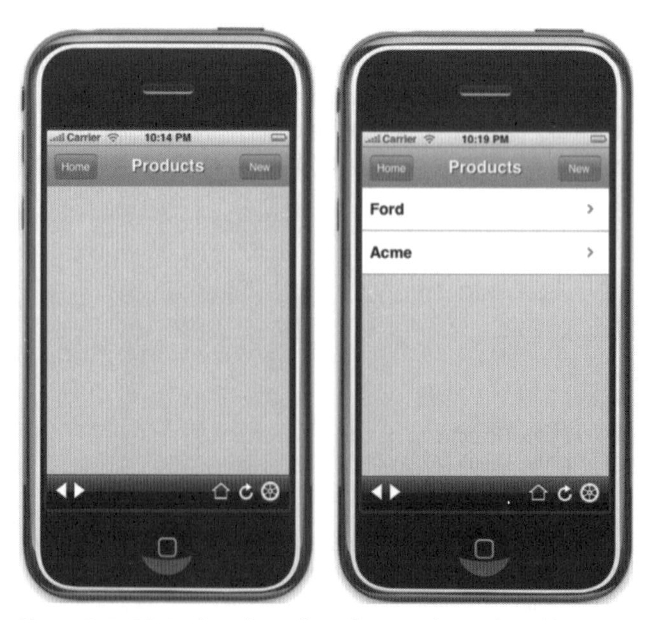

Figura 6–5. *Página lista de produtos (app/Product/index.erb), com itens na lista.*

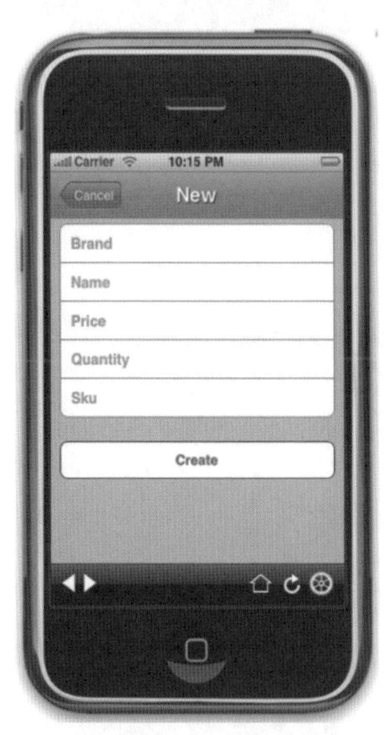

Figura 6–6. *Página de entrada de produtos (app/Product/new.erb).*

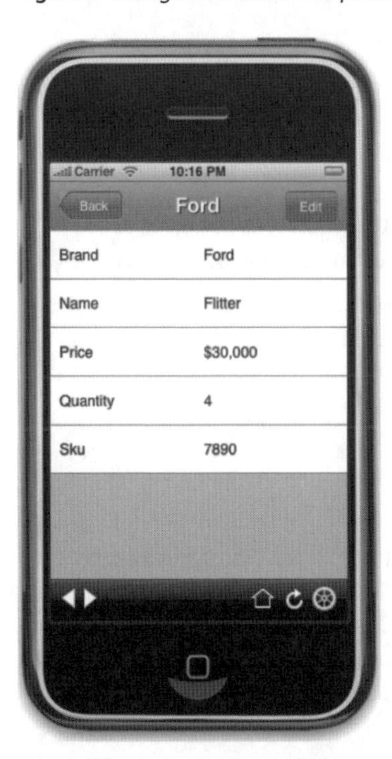

Figura 6–7. *Detalhes de um produto (app/Product/show.erb).*

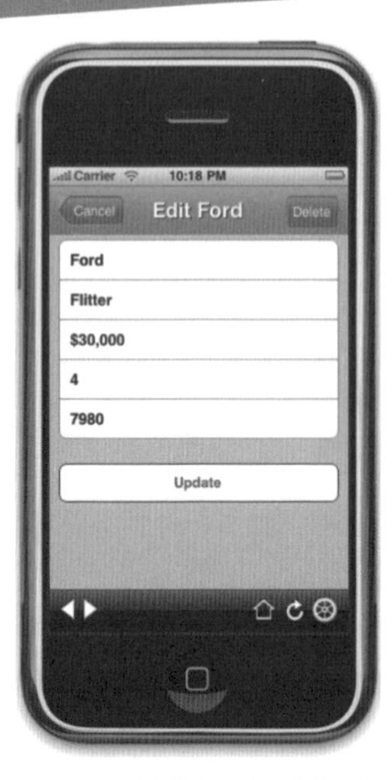

Figura 6–8. *Página de edição de produtos (app/Product/edit.erb).*

Dicas para Debug

Tanto a localização dos arquivos de log, quanto as dicas para efetuar debug de forma efetiva, são diferentes dependendo do ambiente onde você está rodando seu aplicativo. Abaixo estão alguns detalhes para as plataformas que o Rhodes suporta. A última versão do Rhodes oferece um debugger interativo. Além disso, você pode inserir declarações de impressão (puts em Ruby) no seu código e analisar o arquivo log que o Rhodes gera, chamado *Rholog.txt*. O RhoLog inclui o HTML gerado, que está sendo renderizado, informações sobre requisições que estão sendo enviadas para seu controller e até mesmo algumas informações sobre processos de sincronização.

Para habilitar o debug com arquivos de log, você precisa editar o arquivo *rhoconfig.txt* e certificar-se de que o log esteja habilitado, ou seja, "LogToOutput=1". O Rhodes irá rodar mais devagar quando o debugger estiver ligado, então você não pode se esquecer de voltar este valor para "0" quando for fazer um build de produção.

IPhone

Você poderá encontrar o *RhoLog.txt* (e o banco de dados SQLite) que o Rhodes usa em "~/ Library/Application Support/iPhone Simulator/User/Applications". Neste diretório poderá ver vários subdiretórios cujos nomes são strings hexadecimais. Eles correspondem aos aplicativos diferentes que você pode ter instalado no seu simulador. Provavelmente, terá apenas um. Entre neste único diretório (cd) e em seguida no subdiretório Documents. Lá você deverá encontrar o arquivo *RhoLog.txt*. Você pode acompanhar as alterações neste arquivo, enquanto seu aplicativo está rodando, com o comando:

```
tail -f RhoLog.txt
```

Você pode voltar o simulador para o estado inicial se as coisas não derem certo, com o comando **Reset Content and Settings**, no menu **iPhone Simulator**.

O arquivo de log, por padrão, já disponibiliza muitas informações úteis. Indo além, você poderá colocar declarações específicas como "p @product" no seu controller para ajudar a diagnosticar os problemas que esteja enfrentando.

BlackBerry

Configure seu simulador BlackBerry para usar um diretório como cartão SD.

Quando rodar no simulador BlackBerry, poderá encontrar o log no seguinte diretório:

```
<your JDE directory>\simulator\sdcard\Rho\<your app name>\RhoLog.txt
```

Assumindo que você configurou seu diretório <your JDE directory>\simulator\sdcard como o diretório para seu cartão SD. Você pode acompanhar as alterações neste arquivo, enquanto seu aplicativo está rodando com o comando tail–f.

Para limpar manualmente seu simulador.

1. Abra este diretório: <your JDE directory>\simulator
2. Apague a pasta sdcard
3. Rode o *clean.bat*

Você deve instalar o JDE BlackBerry completo, e não o simulador autônomo. Os downloads do simulador autônomo não contêm o arquivo *clean.bat*.

Android

Rode o comando:

```
adb logcat
```

Funcionalidades do Dispositivo Rhodes

Para criar um aplicativo móvel convincente você deve tirar vantagem das capacidades disponíveis nos aparelhos, diferentemente do que é feito em aplicativos web ou desktop. A maior parte desses aplicativos móveis precisa interfacear com as funcionalidades nativas dos telefones tais como: o GPS, a câmera e os contatos. O acesso a estas funções é realizado de forma muito diferente de plataforma para plataforma. Ainda assim, o Rhodes permite que você escreva um código, simples e limpo, que irá funcionar em todas as plataformas suportadas.

Se escrever seus aplicativos em Rhodes, eles terão acesso às mesmas APIs nativas que os escritos diretamente nos kits de ferramentas e SDKs nativos. Além disso, codificando com a API Rhodes, não precisará se preocupar em reescrever seu aplicativo para cada plataforma. O Rhodes abstrai e frequentemente simplifica o acesso às funcionalidades nativas de forma que possa manter o foco no seu aplicativo e na lógica de negócio. Na Tabela 6–5 está listado o nível de suporte para cada função específica nas diferentes plataformas suportadas pelo Rhodes.

Tabela 6–5. *Matiz de funções e suporte Rhodes*[2].

Capacidade	IPhone	Windows Mobile	BlackBerry	Symbian	Android
Geolocalização	Sim	Sim	Sim	Sim	Sim
Contatos PIM	Sim	Sim	Sim	Sim	Sim
Câmera	Sim	Sim	Sim	Sim	Sim
Seleção Data/Hora	Sim	2.0	Sim	2.1	Sim
Menus e abas nativas	Sim	2.0	Sim	2.1	1.5
Captura de Áudio/Vídeo	2.0	2.0	2.0	2.1	2.0
Bluetooth	2.0	2.0	2.0	2.1	2.0
Push/SMS	Sim	2.0	Sim	2.1	2.0
Orientação de Tela	2.0	2.0	2.0	2.1	2.0
Mapas Nativos	Sim	2.0	Sim	2.1	1.5

No Rhodes, as funções de dispositivo são chamadas de dentro do ambiente Ruby. Algumas delas, como a geolocalização, também podem ser chamadas diretamente via JavaScript, desde que o navegador da plataforma suporte este chamado. Isto é independente da implementação Rhodes desta mesma função, mas fornece outra opção. Observe, por exemplo, que se você codificar para usar a API de geolocalização do navegador, este código pode não ser compatível com outras plataformas onde o navegador não possua esta capacidade.

Nesta seção, vamos explorar três funcionalidades de dispositivo diferentes: contatos, câmera e geolocalização. Para todo o resto, os projetos de exemplo da API de sistema Rhodes[3] contêm pequenas amostras de código do uso de cada API.

[2] http://wiki.rhomobile.com/index.php/Rhodes#Device_Capabilities_.2F_Native_UI_Elements

[3] http://github.com/rhomobile/rhodes-system-api-samples. A documentação da API está disponível no wiki do Rhodes em: http://wiki.rhomobile.com/index.php/Rhodes

Exemplo de Agenda Telefônica

Todos os smartphones possuem um aplicativo PIM (Personal Information Management – Gestão de Informações Pessoais), que aqui chamamos de agenda telefônica. Este aplicativo permite que os usuários armazenem números de telefone e endereços dos seus contatos. As plataformas smartphone, em geral, permitem que aplicativos diversos acessem estes dados de contato através de APIs. Estas APIs diferem significativamente entre plataformas, mas geralmente ofertam as mesmas funcionalidades. Nesta seção, iremos percorrer todos os passos do processo de criação de um aplicativo Rhodes que permitirá abrir e modificar contatos do aplicativo PIM nativo usando a API Rhodes tanto no iPhone quanto no Android. Este exemplo foi escrito usando o Rhodes 2.0.2.

O código fonte completo de todo o aplicativo está disponível online em: `http://github.com/VGraupera/Rho-Contacts-Sample`.

Gere o esqueleto de um aplicativo usando o comando rhogen como mostrado na Listagem 6–7.

Listagem 6–7. *Criando o aplicativo de agenda usando o comando rhogen.*

```
> rhogen app Contacts
```

Gerando com o gerador de app:

```
[ADDED]  Contacts/rhoconfig.txt
     [ADDED]  Contacts/build.yml
     [ADDED]  Contacts/app/application.rb
     [ADDED]  Contacts/app/index.erb
     [ADDED]  Contacts/app/index.bb.erb
     [ADDED]  Contacts/app/layout.erb
     [ADDED]  Contacts/app/loading.html
     [ADDED]  Contacts/Rakefile
     [ADDED]  Contacts/app/helpers
     [ADDED]  Contacts/icon
     [ADDED]  Contacts/app/Settings
     [ADDED]  Contacts/public

 > cd Contacts/

> rhogen model Contact first_name,last_name,email_address,business_number
```

Gerando com o modelo de gerador:

```
[ADDED]  app/Contact/index.erb
     [ADDED]  app/Contact/edit.erb
     [ADDED]  app/Contact/new.erb
     [ADDED]  app/Contact/show.erb
     [ADDED]  app/Contact/index.bb.erb
     [ADDED]  app/Contact/edit.bb.erb
     [ADDED]  app/Contact/new.bb.erb
     [ADDED]  app/Contact/show.bb.erb
     [ADDED]  app/Contact/contact_controller.rb
     [ADDED]  app/Contact/contact.rb
     [ADDED]  app/test/contact_spec.rb
```

Edite o arquivo rhoconfig.txt e troque:

```
start_path = '/app'
```

para

```
start_path = '/app/Contact'
```

Edite o *arquivo contact_controller.rb* como mostrado na Listagem 6–8.

Listagem 6–8. *O arquivo Contacts/app/Contacts/contact_controller.erb.*

```
require 'rho/rhocontroller'
require 'rho/rhocontact'

require 'helpers/browser_helper'

class ContactController < Rho::RhoController
  include BrowserHelper

  #GET /Contact
 def index
    @contacts = Rho::RhoContact.find(:all)
    @contacts.to_a.sort! {|x,y| x[1]['first_name'] <=> y[1]['first_name'] } if @contacts
  end

  # GET /Contact/{1}
  def show
    @contact = Rho::RhoContact.find(@params['id'])
  end

  # GET /Contact/new
  def new
  end

  # GET /Contact/{1}/edit
  def edit
    @contact = Rho::RhoContact.find(@params['id'])
  end

  # POST /Contact/create
  def create
    @contact = Rho::RhoContact.create!(@params['contact'])
    redirect :action => :index
  end

  # POST /Contact/{1}/update
  def update
    Rho::RhoContact.update_attributes(@params['contact'])
    redirect :action => :index
  end

  # POST /Contact/{1}/delete
  def delete
    Rho::RhoContact.destroy(@params['id'])
    redirect :action => :index
  end
end
```

Você precisa que o 'rho/rhocontact' carregue a API PIM do Rhodes.

Na ação index, você criará um array de todos os contatos existentes no dispositivo usando Rho::RhoContact.find(:all) e atribuirá este array a uma variável de instância.

```
@contacts = Rho::RhoContact.find(:all)
```

O comando Rho::RhoContact.find(:all) retorna todos os contatos disponíveis no dispositivo. Infelizmente, não há uma forma de limitar o número de contatos ou um padrão de ordenação. Desta forma, na linha seguinte, você deverá ordenar o array manualmente em Ruby pelo valor de first_name. Esperando, é claro, que exista algum contato disponível.

A seguir edite o arquivo Contact/index.erb como apresentado na Listagem 6-9.

Listagem 6–9. *O arquivo Contacts/app/Contact/index.erb.*

```
<div id="pageTitle">
        <h1>Contacts</h1>
</div>

<div id="toolbar">
    <div id="leftItem" class="regularButton"><%= link_to "Home",
Rho::RhoConfig.start_path %></div>
    <div id="rightItem" class="regularButton"><%= link_to "New", :controller =>
:Contact, :action => :new %></div>
</div>

<div id="content">
    <ul>
        <% @contacts.each do |obj| %>
            <li>
                <a href="<%= url_for :action => :show, :id => obj[1]['id'] %>">
                    <span class="title"><%= "#{obj[1]['first_name']}
#{obj[1]['last_name']}" %></span>
                    <span class="disclosure_indicator"></span>
                </a>
            </li>
        <% end %>
    </ul>
</div>
```

Neste template ERB, você percorrerá todo o array de contatos e apresentará cada um deles em uma lista. Graças às classes HTML CSS que você usar, a lista irá se parecer com uma tabela nativa do iPhone.

Agora faça o build e rode o aplicativo no simulador do iPhone:

```
> rake run:iphone
```

Antes de rodar seu aplicativo no simulador, abra o aplicativo Contacts nativo do iPhone e adicione alguns contatos. Por padrão, a agenda de endereços do simulador do iPhone está vazia. Eu acrescentei dois contatos: John Doe e Abraham Lincoln.

Agora sim: rode o aplicativo Contacts e você verá os mesmos contatos (Figura 6–9).

Figura 6–9. *O aplicativo Rhodes Contacts sendo executado.*

Similarmente, você pode fazer o build do aplicativo para o Android usando:

```
> rake run:android
```

Novamente, acrescente alguns contatos ao aplicativo nativo Contacts do emulador Android e só então rode o aplicativo Contacts do Rhodes que você acabou de criar.

A API Contacts do Rhodes também permite que crie, atualize e apague contatos nativos. Os métodos de controller para estas ações foram anteriormente descritos na Tabela 6–4. Eles funcionarão com as views que são geradas, por padrão, quando usamos o rhogen para geração de modelos.

Exemplo com Câmera

Nesta seção, percorreremos o processo de criação de um aplicativo que permitirá tirar fotos usando a câmera do dispositivo e selecionar imagens que já estejam nele. Usaremos a API Rhodes tanto para o iPhone quanto para o Android. Este exemplo requer o Rhodes 1.5.

O código-fonte completo, de todo o aplicativo, está disponível online em: http://github.com/VGraupera/Rho-Photos-Sample

Gere o esqueleto do aplicativo usando o rhogen, digitando o seguinte na linha de comando:

```
> rhogen app Photos
```

Depois, crie um modelo para o aplicativo Photos usando:

```
> cd Photos
> rhogen model Photo image_uri
```

No arquivo *rhoconfig.txt*, no diretório raiz do seu aplicativo, modifique o start_path para apontar para a página inicial do seu aplicativo:

```
start_path = '/app/Photo'
```

Você pode apagar todos os arquivos no diretório *Photo*, exceto pelo *index.erb*. Edite o arquivo *index.erb*, como mostrado na Listagem 6–10.

Listagem 6–10. *O Arquivo Contacts/app/Photo/index.erb.*

```
<div class="toolbar">
        <h1 id="pageTitle">Photos</h1>
</div>

<div id="photos" title="Photos" selected="true">
        <%= link_to '[Choose Picture]', { :action => :choose }%>
        <%= link_to '[Take Picture]', { :action => :new }%><br/>

        <% @images.reverse_each do |x|%>
                 <img src="<%=x.image_uri%>" width='300px'></img><a
href="<%=url_for(:action => :delete, :id =>x.object)%>">Delete</a><br/>
        <% end %>
</div>
```

Edite o arquivo *photo_controller.rb* para que ele se pareça com a Listagem 6–11.

Listagem 6–11. *O arquivo Contacts/app/Photo/photo_controller.rb.*

```
require 'rho/rhocontroller'

class PhotoController < Rho::RhoController

    def index
     puts "Camera index controller"
     @images = Photo.find(:all)
   end

   def new
     Camera::take_picture(url_for :action => :camera_callback)
     redirect :action => :index
   end

   def choose
     Camera::choose_picture(url_for :action => :camera_callback)
     redirect :action => :index
   end

   def delete
     @image = Photo.find(@params['id'])
     @image.destroy
     redirect :action => :index
   end

   def camera_callback
      if @params['status'] == 'ok'
        #create image record in the DB
```

```
    image = Photo.new({'image_uri'=>@params['image_uri']})
    image.save
    puts "new Image object: " + image.inspect
    WebView.navigate "/app/Photo"
  end
```

Você salvará suas fotos usando o modelo Photo, e poderá criar novas usando a câmera com:

```
Camera::choose_picture(url_for :action => :camera_callback)
```

ou selecionando uma imagem preexistente com:

```
Camera::choose_picture(url_for :action => :camera_callback)
```

Estas duas APIs são assíncronas e necessitam que você forneça um método de callback (veja o método camera_callback na Listagem 6–11) que será chamado sempre que uma foto for tirada ou que uma imagem seja escolhida pelo usuário. Neste método callback, você volta à página inicial que carregará todas as fotos, incluindo as novas. Você precisa chamar o WebView navigate em vez de simplesmente redirecionar. Este callback será chamado em um thread diferente do thread principal da UI Rhodes.

Exemplo de Geolocalização e Mapeamento

A Geolocalização é suportada por todos os dispositivos compatíveis com o Rhodes. O mapeamento nativo só é suportado no iPhone, BlackBerry e Android. Mesmo assim, você ainda pode trabalhar com mapas via navegador web. Pode também usar as funcionalidades de geolocalização sem mapeamento, mesmo que, em geral, sejam usadas em conjunto. O exemplo desta seção detalha um caso de uso típico que integra os resultados da geolocalização em um mapa.

O aplicativo-exemplo apresentado nesta seção permite que o usuário preencha um formulário web e selecione uma opção para usar a localização corrente, ou opte por preencher um código postal. Em seguida, apresenta todas estas localizações em um mapa. O aplicativo completo foi desenvolvido para mostrar de onde se originaram os participantes de uma conferência e pode ser encontrado em: `http://github.com/blazingcloud/rhodes_rubyconf` – trata-se de um aplicativo conectado que salva dados em um servidor usando o RhoSync. Contudo, este sincronismo não é necessário para o uso da geolocalização. O código exemplo desta seção pode ser usado offline ou com outras formas de conexão ao servidor.

Quando estiver testando no simulador, você precisa prestar atenção em como simular sua localização. No simulador do iPhone, sua localização é sempre Cupertino, CA (quartel general da Apple). No BlackBerry, você pode determinar sua localização através do menu do simulador. No Android, você se conecta ao emulador usando netcast (veja a Listagem 6–12) que executa um comando “geo fix”. Observe que os dois números que seguem o comando “geo fix” representam latitude e longitude.

Listagem 6–12. *Usando o netcast para enviar a localização corrente ao Android.*

```
nc localhost 5554
Android Console: type 'help' for a list of commands
OK
geo fix -122.1 37.2
OK
```

Para que o mapeamento nativo funcione no Android, você precisa instalar o pacote "Google APIs by Google Inc., Android API 3", só então poderá utilizar as funcionalidades do Google Maps. Para isto, rode android/android-sdk-r04-mac_86/tools/android (você verá uma janela aparecer). Clique em **Settings**, selecione **Force https://... sources to be fetched using http://...** e pressione **Save & Apply**. Depois, na lista da esquerda, selecione **Available**, expanda **https://dlssl.google.com/....**, selecione o pacote **Google APIs by Google Inc., Android API 3, revision x** e pressione **Install selected**.

Finalmente, você precisará obter uma chave pessoal para a API do Google para o Android como está descrito em: `http://code.google.com/intl/en/android/add-ons/google-apis/mapkey.html` e adicioná-la ao *build.yml* (veja a Listagem 6–13).

Listagem 6–13. *Seção do arquivo build.yml com a configuração do Android.*

```
android:
  mapping: yes
  # http://code.google.com/intl/en/android/add-ons/google-apis/mapkey.html
  apikey: "XXXYYYcZzZzvAaBbCcdddDDDXXX999"
```

Criando o Aplicativo

Gere o aplicativo e um modelo "person" ao qual você adicionará geolocalização e mapeamento usando os comandos ilustrados na Listagem 6–14.

Listagem 6–14. *Gerando o aplicativo e o modelo usando os comandos do rhogen.*

```
rhogen app map_example
cd map_example
rhogen model person name,latitude,longitude,zip,twitter
```

Feito isso, modifique o formulário "new person", adicionando caixas de seleção (checkbox) para "Use Current Location." Esta seleção não será salva no modelo. Trata-se de uma flag que será enviada ao controller (veja a ação create na Listagem 6–15).

Listagem 6–15. *Arquivo map_example/app/Person/new.erb.*

```
<form title="New Person"
          class="panel"
         id="person_new_form"
          method="POST"
          action="<%=url_for(:action => :create)%>" selected="true">
       <fieldset>
              <input type="hidden" name="id" value="<%=@person.object%>"/>

                     <div class="row">
                         <label>Name: </label>
                         <input type="text" name="person[name]"/>
                </div>
```

```
                        <div class="row">
                          <label>Use Current Location: </label>
                                  <input type="checkbox"
name="person[use_current_location]" />
                    </div>

                    <div class="row">
                            <label>City, State or Zip: </label>
                            <input type="text" name="person[zip]"/>
                    </div>

                        <div class="row">
                            <label>Twitter: </label>
                            <input type="text" name="person[twitter]"/>
                    </div>


            </fieldset>
        <input type="submit" value="Create"/>
</form>
```

Quando o usuário submeter o formulário “new person” (definido em *new.erb)*, a ação create será chamada (definida na ação create da classe PersonController). Modifique este código para detectar a localização corrente do usuário, se o usuário selecionar o checkbox **use current location**. Na Listagem 6–16, você pode ver como acessar os dados do GPS programaticamente, usando a classe de geolocalização do Rhodes. Estas chamadas são síncronas e retornam imediatamente. Note que retornam números de ponto flutuante.

Se a latitude ou longitude for zero, isso significará que o GPS não está pronto para uso. Observe que quando chamar GeoLocation.latitude ou Geolocation.longitude pela primeira vez, irá disparar um chamado à função de geolocalização. Contudo, geralmente os dispositivos precisam de várias chamadas antes de conseguir retornar um resultado válido, já que o usuário deve permitir que o aplicativo tenha acesso à sua localização, e o hardware pode levar vários segundos antes de responder. Note também que, o Rhodes requer que os dados sejam salvos em formato de string. Assim sendo, o método to_s (to string) do Ruby deve ser chamado para cada valor de localização devolvido.

Listagem 6–16. *Ação create no arquivo map_example/app/Person/person_controller.rb.*

```
def create
    person_attrs = @params['person']
    if person_attrs['use_current_location'] == "on"
      person_attrs.delete('use_current_location')
      sleep(5) until GeoLocation.latitude != 0
      person_attrs['latitude'] = GeoLocation.latitude.to_s
      person_attrs['longitude'] = GeoLocation.longitude.to_s
    end
    @person = Person.new(person_attrs)
    @person.save
    redirect :action => :index
  end
```

Ele também inclui um exemplo de mapeamento mostrando a localização de cada pessoa em um mapa. A Listagem 6–17 mostra este código. A classe MapView produz a sobreposição no mapa. Existem pequenas diferenças na interface de usuário no mapa apropriadas para cada plataforma: no iPhone existe um botão close; no BlackBerry, um item de menu close; e no Android, o usuário pode simplesmente usar o botão back. Quando a ação close/back é disparada, a view anteriormente ativa é apresentada.

A UI nativa de mapeamento está disponível no iPhone, BlackBerry, e Android.

Listagem 6–17. *Método do controller para instanciar uma view para sobreposição em mapas.*

```
def map
  @people = Person.find(:all)

    platform = System::get_property('platform')
  if platform == 'APPLE' or platform == 'Blackberry' or platform == 'ANDROID'
    annotations = @people.map do |person|
      result = {}
      unless person.latitude.nil? or person.latitude.empty?
        result[:latitude] = person.latitude
        result[:longitude] = person.longitude
      end
      result[:title] = person.name
      result[:subtitle] = person.twitter
      result[:street_address] = person.zip
      result[:url] = "/app/Person/#{person.object}/show"
      result
    end
    p "annotations=#{annotations}"
    MapView.create(
      :settings => {:map_type => "hybrid", :region => [33.4,-150,60,60],
                    :zoom_enabled => true, :scroll_enabled => true,↵
 :shows_user_location => false},
      :annotations => annotations
    )
    redirect :action => :index
  end
end
```

Capítulo 7

RhoSync

Servidores de sincronismo fornecem a usuários móveis a capacidade de acessar informações mesmo que o dispositivo esteja offline ou desconectado. Eles podem simplificar o modelo de programação drasticamente. Desenvolvedores podem presumir que os dados que eles precisam estejam disponíveis localmente, em um banco de dados, em vez de escrever código para acessar a rede e extrair os dados de algum formato de transmissão.

No passado, servidores de sincronização assumiam todo o acesso ao banco de dados do aplicativo que se desejava mobilizar. Isto era feito dessa forma por servidores de sincronismo como o IntelliSync (atualmente descontinuado pela Nokia) e o Motorola Starfish. Com o advento de aplicativos usando o conceito de SaaS (software como serviço), o SalesForce, o Siebel On Demand, o SugarCRM On Demand e outros, não se pode mais assumir que teremos acesso direto ao Banco de Dados. Isto invalidou as aproximações usadas por toda a primeira geração de servidores de sincronismo. Hoje sabemos que é uma prática horrível integrar via banco de dados.

A boa notícia é que atualmente a grande maioria dos vendedores de software no modelo SaaS disponibiliza algum tipo de interface web, tipicamente serviços web do tipo SOAP ou REST. Isto criou uma grande oportunidade para um novo tipo de servidor de sincronismo para dispositivos móveis voltados à aplicações empresariais. Um servidor de sincronismo recente também pode focalizar nos poderosos smartphones dos dias de hoje.

O RhoSync é um framework servidor de sincronismo concentrado em mobilizar aplicações, expondo serviços web para smartphones. Assim como o Rhodes, o RhoSync Server é um aplicativo de código aberto (distribuído sob a licença GPL). Isto proverá tanto flexibilidade quanto liberdade quando e onde for necessário. O RhoSync é escrito em Ruby, porém mais importante que isso, as conexões aos serviços de back end (que são extensões plugáveis para RhoSync) são desenvolvidas em Ruby. O RhoSync facilita o desenvolvimento móvel fornecendo um modo simples de integrar dados, originados em um serviço web externo, a aplicativos, baseados em Rhodes, para smartphones. A complexidade e as linhas de código requeridas para conectar usuários aos serviços de back end são de várias ordens de magnitude, menores que o esforço geralmente associado a projetos de sincronismo. Por exemplo: um adaptador RhoSync típico requer apenas 20 linhas de código facilmente legíveis.

Neste capítulo, você verá toda a base necessária para desenvolver e entender o servidor RhoSync. Depois, será guiado a usar RhoHub, um servidor RhoSync hospedado, e a como configurar o seu próprio servidor RhoSync com um aplicativo realmente simples. Terminaremos o capítulo apresentando um aplicativo de exemplo que demonstrará por completo o processo de integração e introduzirá um caso de uso real do RhoSync com o Rhodes.

Como os Servidores de Sincronismo Funcionam

O servidor RhoSync atua como um nó intermediário entre um aplicativo móvel e o serviço web que será acessado, para assim poder fornecer os dados remotos. O servidor RhoSync armazena a informação do sistema de back-end no seu próprio sistema de armazenamento, no formato de triplos object-attribute-value (OAV objeto-atributo-valor), capazes de representar qualquer tipo de dado arbitrário. Os triplos OAV permitem que pequenas modificações entre o dispositivo e o sistema de back-end possam ser trocadas, de um lado para o outro, de forma muito eficiente. Como o RhoSync opera com valores de atributos individuais em vez de objetos inteiros, ele pode gerenciar eventuais conflitos de forma elegante.

Usando o framework servidor RhoSync, você criará uma **aplicação**. Uma aplicação consiste de um ou mais **sources**, subclasses da classe SourceAdapter, cada um deles contendo instruções de como o servidor RhoSync deve realizar as operações de sincronismo. O **source adapter** contém as instruções utilizadas para popularizar a armazenagem de dados no servidor RhoSync com as informações obtidas de um serviço web. Quando um dispositivo cliente sincroniza, o **source adapter** gerencia o processo usado para pegar os dados do armazenamento no dispositivo, atualizar seu próprio armazenamento e então popular o sistema de back-end.

O framework de servidor RhoSync também gerencia a autenticação de usuários para a sua aplicação. Todos os aplicativos clientes conectados a um servidor RhoSync requerem autenticação. Contudo, se seu aplicativo não requer que os usuários sejam autenticados individualmente, você pode, simplesmente, aceitar todas as conexões e automaticamente autenticar qualquer um que esteja usando sua aplicação.

Armazenamento de Dados: Por que Triplos?

O RhoSync armazena cópias de dados como OAV (veja a Tabela 7–1). Uma técnica de representação de dados frequentemente denominada esquema Entity-Attribute-Value (EAV) ou "property bag". Formatos de transmissão de dados para sincronização geralmente usam estruturas deste tipo, e isto favorece uma manipulação mais eficiente de mudanças incrementais, particularmente quando existe conflito em que dois usuários tenham modificado o mesmo registro. O formato triplo OAV também é excelente para manusear tipos de dados arbitrários originados no back-end quando, por exemplo, o dado não é um simples registro de um banco de dados relacional. Além disso, o formato triplo permite o gerenciamento de mudanças na estrutura do banco de dados, de forma flexível, sem a necessidade de migrá-lo outra vez, em outro ambiente.

Tabela 7–1. *Os triplos Object-Attribute-Value.*

Coluna	Propósito
object	ID da instância do objeto no sistema back end
attrib	Nome do atributo
value	Valor do atributo no objeto especificado

RhoSync Source Adapters

Um RhoSync source adapter é uma classe Ruby que contém um conjunto de métodos chamados, sempre que necessário, pelo servidor RhoSync. Os source adapters são subclasses da classe SourceAdapter. Se estiver rodando o seu próprio servidor RhoSync, poderá executar um script de linha de comando para gerar seu source adapter (veja a Listagem 7–1). Se estiver usando o RhoHub, um source adapter será automaticamente gerado para cada objeto do seu aplicativo. As próximas duas seções apresentam um passo a passo detalhado de como configurar seu aplicativo usando o RhoHub ou um servidor RhoSync localmente instalado.

Listagem 7–1. *Comandos para gerar uma aplicação de servidor e o source adapter.*

```
rhosync app storemanager-server
cd storemanager-server/
rhosync source product
```

A classe source adapter padrão assemelha-se à Listagem 7–2

Listagem 7–2. *Estrutura da classe source adapter.*

```
class Products < SourceAdapter
   def initialize(source, credential)
        super(source, credential)
     end

     def login
     end

     def query(params=nil)
     end

     def sync
       super
     end

     def create(create_hash, blob=nil)
    end

     def update(update_hash)
     end

     def delete(object_id)
     end

     def logoff
     end
 end
```

Normalmente os source adapters incluem sete métodos principais: login, query, sync, create, update, delete e logoff. Para implementar as funcionalidades desejadas para seu aplicativo, simplesmente implemente os métodos incluídos no source adapter. As seções a seguir fornecem uma visão geral destes métodos.

Initialize

O método initialize é o local ideal para qualquer configuração que possa precisar incluir no source adapter. Na linguagem Ruby, o método initialize é a classe construtora.

Os argumentos passados para o initialize são source e credentials. Source é a referência às configurações de código em *app/Settings/setting.yml*. O argumento Credentials é fornecido apenas para compatibilidade com as versões antigas e é sempre nil no RhoSync 2.0.

Autenticando com Serviços Web: Login e Logoff

Se o seu aplicativo de back-end requer autenticação antes de realizar consultas aos serviços web disponíveis, você terá que adicionar um método de login ao seu source adapter.

O método login, apresentado na Listagem 7–3, foi retirado de um source adapter criado para o SugarCRM. É possível encontrar o código completo em *RhoSync/vendor/sync/SugarCRM.*

Listagem 7–3. *Método de login para autenticação no back-end.*

```
def login
    u=@source.login
    pwd=Digest::MD5.hexdigest(@source.password)
    ua={'user_name' => u,'password' => pwd}
    ss=client.login(ua,nil)  # this is a WSDL
    if ss.error.number.to_i != 0
        puts 'failed to login - #{ss.error.description}'
    else
        @session_id = ss['id']
        uid = client.get_user_id(session_id)
     end
end
```

Este método de login acessa os parâmetros determinados no código como atributos da variável @source. A variável @source apresenta diversos atributos que são armazenados no servidor RhoSync, para cada usuário de cada aplicativo.

Sempre que estiver acessando a sessão, é recomendável que você use a mesma variável de instância em todos os source adapters. Neste exemplo, deverá usar a variável @session_id para acessar o estado da sessão atual nos métodos subsequentes do source adapter.

Observe que o código escrito para este método de login, na sua classe source adapter, não gerencia a autenticação do usuário no servidor RhoSync. O método de login simplesmente realiza o primeiro passo requerido para interação com um serviço web. O RhoSync requer que cada usuário seja autenticado antes de permitir que ele utilize o servidor RhoSync.

Existe outro método current_user que você pode usar: *current_user.login* retorna o nome que foi usado para autenticação.

Geralmente não é necessário criar um método para terminar a sessão. A maioria dos serviços web simplesmente encerra a sessão por timeout. Contudo, se você desejar ou precisar, pode criar este método de logoff customizado. Essa ação dificilmente será necessária, já que muitos serviços web simplesmente dão timeout. Em geral, este método é criado em aplicativos que exigem que o usuário encerre a sessão por razões de segurança, ou para gerenciar múltiplas identidades.

Recuperando Dados: Query e Sync

Para popularizar seu dispositivo com dados do serviço web, você precisará criar um método query (busca) no seu source adapter. Em seguida, o código do sync analisará meticulosamente o resultado devolvido pelo método query.

Query

Independentemente do serviço web usar SOAP, JSON, XML, ou qualquer outro protocolo, qualquer formato de dados, incluindo o acesso direto ao banco de dados, o Ruby oferece uma grande lista de opções para seleção de padrões e bibliotecas de terceiros que permitem integrar facilmente qualquer tipo de serviço web ou fonte de dados.

Imagine um aplicativo de back-end simples – um catálogo de produtos – onde o serviço web está publicado em interfaces REST e retorna dados em JSON. Um método query de exemplo, para interagir com este serviço web de catálogo de produtos, irá retornar todos os produtos em uma requisição JSON. Um exemplo de resultado está apresentado na Listagem 7–4.

Listagem 7–4. *Resposta JSON, retorno de um back-end de exemplo.*

```
[
    {
     "product":
        {
                "name": "inner tube", "brand": "Michelin", "price": "535",
                "quantity": "142", "id": 27, "sku": "it-931",
                "updated_at": "2010-03-25T08:41:03Z"
         }
    },
    {
     "product":
        {
               "name": "tire", "brand": "Michelin", "price": "4525",
               "quantity": "14", "id": 29, "sku": "t-014",
               "updated_at": "2010-03-25T08:41:03Z"
        }
    },
    {
     "product":
        {
               "name": "wheel", "brand": "Campagnolo", "price": "4525",
               "quantity": "8", "id": 31, "sku": "w-422",
               "updated_at": "2010-03-25T08:41:03Z"
        }
    }
]
```

Na linguagem Ruby, uma forma simples de fazer requisições web usando o padrão REST é usar a biblioteca padrão “rest-client”. Da mesma forma, você pode trabalhar o retorno JSON usando a biblioteca "json" (veja a Listagem 7–5). Estas dependências devem ser declaradas explicitamente usando o comando "require", no início do arquivo. (Isto é verdade para qualquer aplicativo Ruby).

Listagem 7–5. *Classe source adapter com implementação do método query.*

```
require 'json'
require 'rest-client'

class Product < SourceAdapter
  def initialize(source,credential)
    @base = 'http://rhostore.heroku.com/products'
    super(source,credential)
  end

  def login
  end

  def query
    parsed=JSON.parse(RestClient.get("#{@base}.json").body)

    @result={}
    if parsed
        parsed.each do |item|
            key = item["product"]["id"].to_s
            @result[key]=item["product"]
        end
    end
 end

 def sync
    super
   # this creates object value triples from an @result variable
   # containing a hash of hashes
  end
end
```

A primeira parte do método query busca dados no servidor web, faz a análise destes dados e, em seguida, armazena o resultado em um formato interno na variável "parsed". A seguir, percorremos todos os dados retornados no query, em um loop, e criamos pares de objetos nome-valor (name-value) no formato esperado pelo servidor RhoSync.

O servidor RhoSync espera que o método query retorne dados populando a variável de instância `@result`. Neste exemplo, como é típico, a `@result` é devolvida em um hash de hashes, indexado pela identificação do produto (item["product"]["id"]), obtido do JSON retornado pelo serviço web.

Cada chave hash (neste hash interno) representa um atributo de um objeto individual. Todos os dados devem ser do tipo string. Consequentemente, todos os valores hash, incluindo os números de identificação de produtos, devem ser strings e não integers (interior). (Isto é conseguido chamando-se o método to_s, que converte qualquer objeto Ruby em uma string). A resposta ao cliente é formatada como mostramos na Listagem 7–6.

Listagem 7–6. *Resultado formatado que é devolvido ao dispositivo cliente.*

```
       {
      "27"=> {"name"=>"inner tube","brand"=>"Michelin"} ,
      "29"=> {"name"=>"tire","brand"=>"Michelin"},
      "31"=> {"name"=>"wheel","brand"=>"Campagnolo"}
     }
```

Sync

O código de sincronismo (sync) disseca os resultados do método query e coloca estes resultados no armazenamento de dados do RhoSync. Se você popular @result com um hash multidimensional, como ilustrado no exemplo anterior, você pode evitar esta tarefa e usar o método de sync padrão (veja na Listagem 7–7).

Listagem 7–7. *Método sync padrão.*

```
def sync
        super
    end
```

Contudo, se você tiver um volume de dados muito grande (da ordem de centenas de milhares de registros) e popular o @result como um hash de hashes pode tomar muito tempo e consumir muita memória. Nestes casos, o uso de uma função "stash_result" no seu método query irá devolver o valor @result corrente e incrementalmente acumulá-lo no documento principal do armazenamento de dados RhoSync.

Enviado Dados: Create, Update e Delete

Para enviar informações do seu dispositivo para o sistema de back-end, você precisará escrever códigos para os métodos create, update e delete no seu source adapter (apesar disto, se seu aplicativo não necessitar, não precisará criar todos estes métodos).

Create

No método create, você pode assumir que receberá um objeto na forma de um hash de pares nome-valor. O nome padrão definido para este argumento é "create_hash", como este é apenas o nome do argumento do método, pode sentir-se confortável para atribuir o nome que desejar.

Em um aplicativo de controle de inventário, o hash devolvido a partir do cliente para um registro novo pode ser semelhante ao mostrado na Listagem 7–8.

Listagem 7–8. *Formato do parâmetro do método create.*

```
{"sku"=>"999","name"=>"tire", "brand"=>"Michelin", "price"=>"$49"}
```

O método create precisa dos dados deste parâmetro para poder realizar sua função. A Listagem 7-9 mostra um exemplo em que um método create posta em `http://rhostore.heroku.com/rhostore/products` (definido como uma variável de instância @base no início do exemplo anterior). O serviço web rhostore é um aplicativo Rails, onde o create coloca parâmetros como: `product[brand] = Michelin`. Observe que este exemplo continua usando a biblioteca Ruby RestClient. Assumindo, é claro, que a dependência foi declarada via declaração "require" como no exemplo anterior. Por fim, você precisa retornar o ID do objeto criado para o método que chamou o create.

Listagem 7–9. *Método create do source adapter.*

```
def create(create_hash, blob=nil)
    result = RestClient.post(@base,:product => create_hash)

    # after create we are redirected to the new record.
    # The URL of the new record is given in the location header
    location = "#{result.headers[:location]}.json"

    # We need to get the id of that record and return it as part of create
    # so rhosync can establish a link from its temporary object on the
    # client to this newly created object on the server

    new_record = RestClient.get(location).body
    JSON.parse(new_record)["product"]["id"].to_s
end
```

Update

Inclua um método update no seu source adapter (Listagem 7–10) para permitir a edição de dados no dispositivo cliente. Este método irá receber um atributo de valores hash similar ao discutido anteriormente na seção create. Para atualizar os registros, o parâmetro "update_hash" deve conter os valores que serão atualizados em um objeto específico. Este objeto será identificado pelo valor do atributo "id". Use este método para solicitar que o aplicativo back-end realize uma atualização em um determinado registro. O serviço web rhostore espera uma ação HTTP do tipo put com um hash, que tem um único item com o nome "produto" e o valor contendo os valores dos atributos que serão modificados.

Listagem 7–10. *Método update.*

```
def update(update_hash)
    obj_id = update_hash ['id']
    update_hash.delete('id')
    RestClient.put("#{@base}/#{obj_id}",:product => update_hash)
end
```

Delete

Para permitir que os usuários apaguem objetos no aplicativo de back-end, inclua um método delete no seu source adapter. Este método recebe o id do objeto que será apagado. O método delete, com esta informação, pode instruir o sistema de back-end a apagar este objeto. Neste exemplo, a API rhostore apaga um objeto quando uma ação HTTP do tipo delete é enviada para uma URL específica que inclui o id do objeto.

Listagem 7–11. *Método Delete.*

```
def delete(object_id)
   RestClient.delete("#{@base}/#{object_id}")
end
```

Autenticação de Usuários

O servidor RhoSync requer que cada dispositivo seja autenticado no servidor, mas não requer autenticação com seu back-end. Se o servidor de back-end requerer autenticação, deverá escrever o código de autenticação em um arquivo chamado *application.rb*, localizado na raiz do seu diretório de aplicativo.

O método authenticate recebe as strings login e password originadas no dispositivo, juntamente com uma referência ao objeto sessão do cliente no servidor. Note que a sessão não é criptografada e será enviada do cliente para o servidor. Ou seja, não devemos incluir informações sensíveis. Em vez disso, use a interface Store para armazenar informações sensíveis no lado servidor.

Listagem 7–12. *Exemplo de autenticação.*

```
class Application < Rhosync::Base
  class << self
    def authenticate(username,password,session)
      true # do some interesting authentication here...
    end

    # Add hooks for application startup here
    # Don't forget to call super at the end!
    def initializer(path)
      super
    end

    # Calling super here returns rack tempfile path:
    # i.e. /var/folders/J4/J4wGJ-r6H7S313GEZ-Xx5E+++TI
    # Note: This tempfile is removed when server stops or crashes...
    # See http://rack.rubyforge.org/doc/Multipart.html for more info
    #
    # Override this by creating a copy of the file somewhere
    # and returning the path to that file (then don't call super!):
    # i.e. /mnt/myimages/soccer.png
    def store_blob(blob)
      super #=> returns blob[:tempfile]
    end
  end
end

Application.initializer(ROOT_PATH)
```

Quando o método authenticate é chamado, deve retornar verdadeiro ou falso (o nil é avaliado como falso em Ruby e também pode ser usado) para indicar se o usuário pode ou não ter acesso ao RhoSync. Se um usuário ainda não existir no servidor RhoSync, mas o método authenticate retornar verdadeiro, um usuário RhoSync novo será criado usando os dados enviados para autenticação. Contudo, mesmo que o processo de autenticação seja delegado ao aplicativo de back end, a autorização para acesso a dados restritos precisará que alguns dados sejam armazenados no servidor RhoSync. Neste caso, para associar os dados com a conta, o nome de usuário (login) será salvo no armazenamento de dados RhoSync. A senha – password – não será armazenada.

Se você quiser armazenar dados adicionais sobre o usuário, pode colocar estes dados no armazenamento de dados do RhoSync usando o login do usuário como chave. Como exemplo, veja a Listagem 7–13.

Listagem 7–13. *Armazenando e recuperando dados do usuário.*

```
Store.put_value("#{current_user.login}:preferences","something")

my_pref = Store.get_value("#{current_user.login}:preferences")
```

Exemplo de Inventário de Produtos

Neste capítulo, você irá criar um aplicativo que conecta um serviço web remoto de controle de inventário. Pessoas que utilizem este aplicativo serão capazes de ver dados do inventário, usando um dispositivo móvel, além de criar e editar registros.

Neste processo, você poderá fazer o build tanto para o RhoHub quanto para um servidor RhoSync local. Primeiro vamos guiá-lo através do build para o RhoHub, depois apresentaremos um aplicativo idêntico, mas com build para RhoSync e Rhodes.

Criando seu Aplicativo no RhoHub

O RhoHub é um serviço hospedado pela Rhomobile em `http://rhohub.com`. Ele é gratuito para aplicativos de código aberto, mas tem custos para aplicativos proprietários. O RhoHub é excelente para um começo rápido. O RhoHub simplifica significativamente o desenvolvimento e distribuição do seu aplicativo provendo hospedagem para seu source adapter conveniente e automaticamente redistribuído sempre que você editar ou salvar o código no IDE web. Ele também possui um wizard gráfico para gerar um aplicativo que permite que você faça o build para todas as plataformas que o Rhodes suporta (Figura 7–1).

No momento em que escrevemos, o RhoHub ainda não está rodando o Rhodes e o RhoSync 2. Desta forma, os códigos exemplos desta seção não são parecidos com os exemplos anteriormente descritos. Ainda assim, o fluxo de trabalho é similar e as alterações no código serão mínimas.

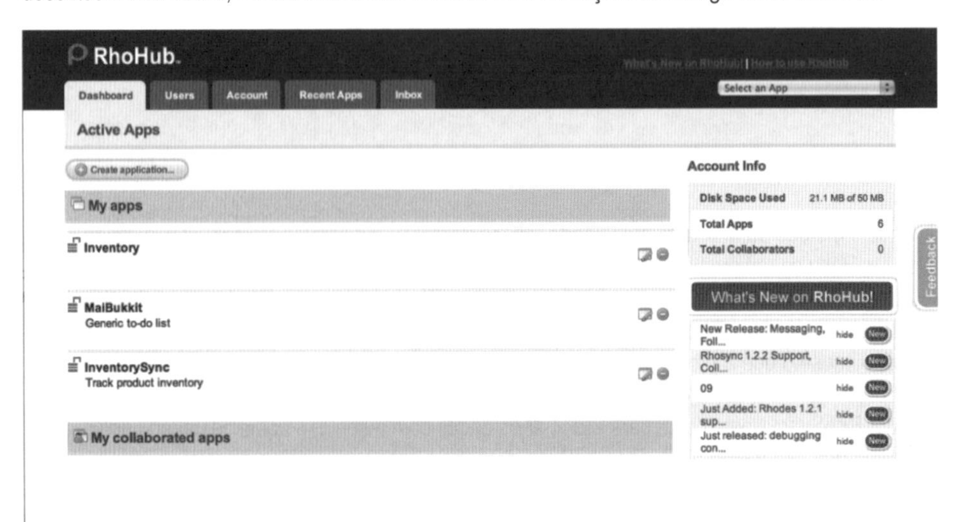

Figura 7–1. *O wizard GUI da Rhomobile.*

Para definir um aplicativo no RhoHub, simplesmente faça o login e clique em **Create Application**. Para este exemplo, usaremos o nome "Inventory", como mostrado na Figura 7–2.

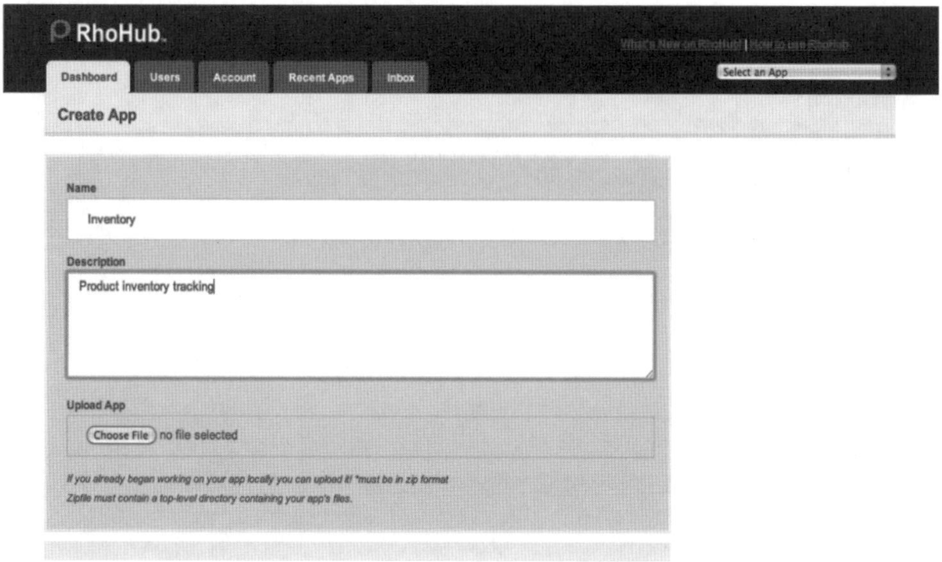

Figura 7–2. *Nomeando o aplicativo.*

É importante notar que o código-fonte do seu aplicativo será público por padrão. Desta forma, se você desejar que este código seja privado, precisará contratar uma conta Premium.

Preencha todos os campos da página **Create New Object**, como mostrado na Figura 7–3. A seguir, clique em **Create Object**.

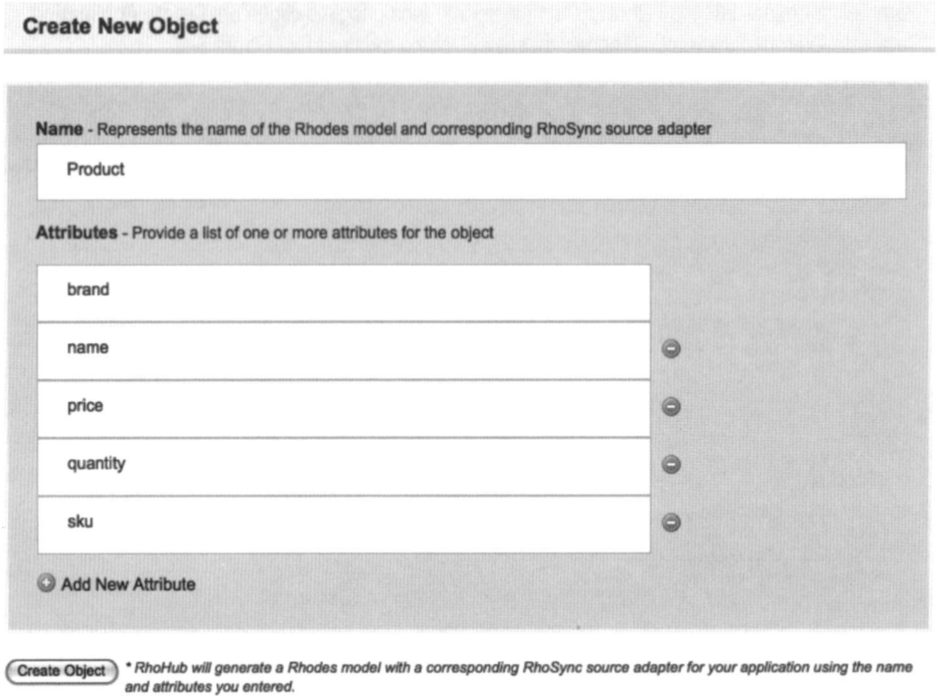

Create New Object
Name - Represents the name of the Rhodes model and corresponding RhoSync source adapter
Product
Attributes - Provide a list of one or more attributes for the object
brand
name
price
quantity
sku
Add New Attribute
Create Object
* RhoHub will generate a Rhodes model with a corresponding RhoSync source adapter for your application using the name and attributes you entered.

Figura 7–3. *Preenchendo os campos do aplicativo Inventory.*

Este passo irá gerar tanto o código para seu aplicativo cliente como o esqueleto do seu source adapter (Figura 7–4).

RhoHub
Dashboard
Users
Account
Recent Apps
Inbox
Select an App
Console
Clear Console
Server Time: Mar 31, 2010, 13:57
Download Rhodes Desktop Client
Client
Server
Find in project
Find
Gem List
Reset Database
Save
open all | close all | refresh
build.yml
Delete
Inventory
app
bin
icon
public
Rakefile
build.yml
rhoconfig.txt
---
name: Inventory
bbver: 4.6
sdk: /usr/lib/ruby/gems/1.8/gems/rhodes-1.2.2
version: 1.2.2
applog: rholog.txt
vendor: rhomobile
iphone:
configuration: Debug
sdk: iphonesimulator3.0
codesignidentity:
entitlements:

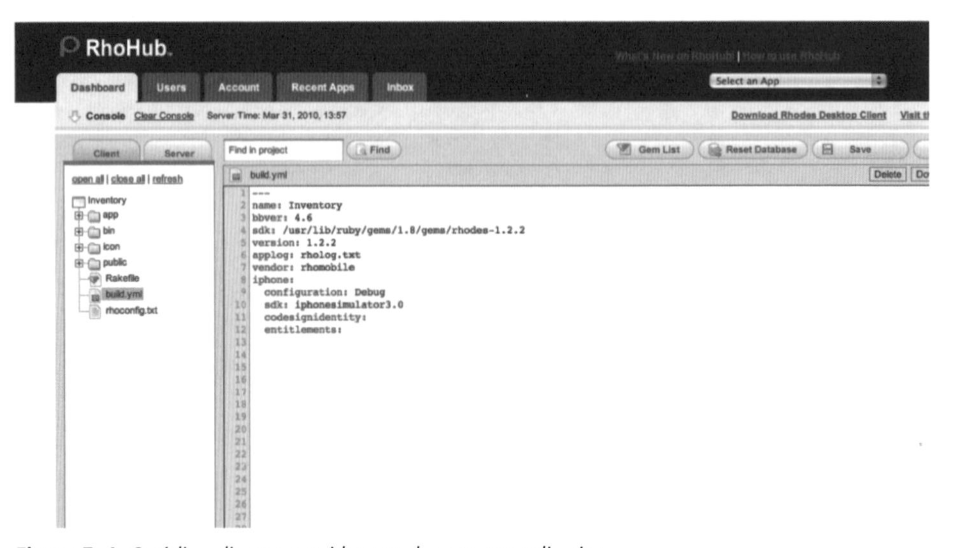

Figura 7–4. *O código cliente e servidor gerado para seu aplicativo.*

Pelo menos um usuário deve ser registrado no aplicativo. Este exemplo irá conectar um usuário chamado "tester" (na parte de cima da Figura 7–5). Para criar o usuário "tester", selecione a aba **Users** no **Dashboard** da sua conta (na parte de baixo da Figura 7–5) e adicione um usuário colocando "tester" nos campos login e password.

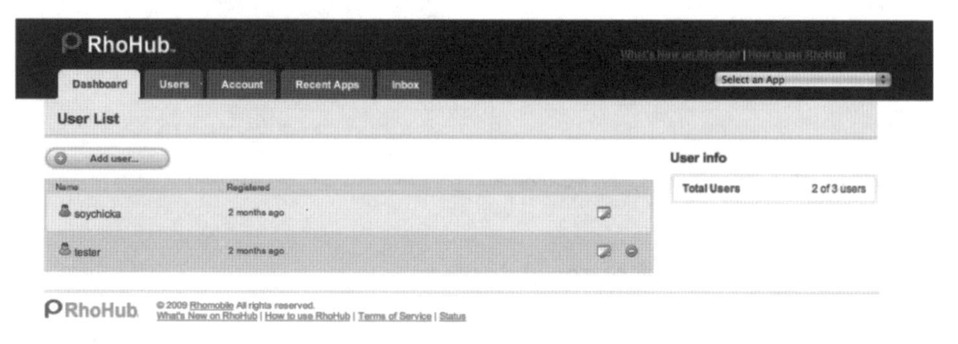

Figura 7–5. *Conectando um usuário.*

Depois que o usuário estiver criado, você precisará subscrevê-lo ao seu aplicativo. Na aba **Dashboard**, selecione **Settings** e vá à base da página onde você poderá subscrever usuários. Clique na caixa de seleção próxima ao usuário que acabou de criar e clique em **Save**. A Figura 7–6 mostra que o usuário "tester" está subscrito. Os campos sob **Associated Attributes for**

Backend Credentials só precisam ser preenchidos se eles forem usados pelo método de login do source adapter (como foi detalhado na seção login anteriormente), eles não precisam ser preenchidos para este aplicativo.

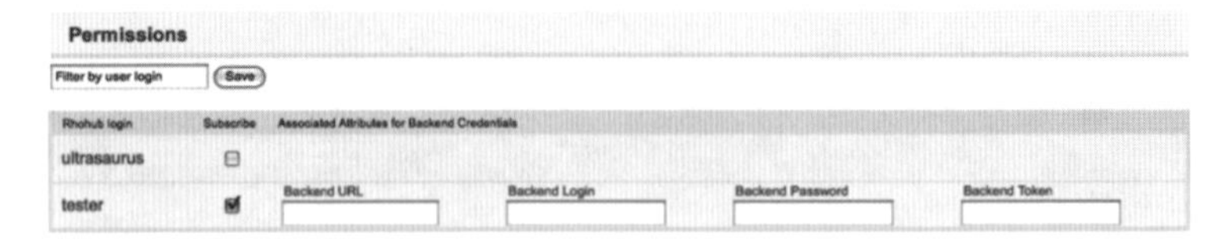

Figura 7–6. *Subscrevendo um usuário no RhoHub.*

Implementando seu Source Adapter

A seguir, você deve completar a implementação do source adapter, usando o editor online que você pode ver clicando na aba **Editor** e selecionando a aba **Server**. O source adapter será nomeado com o mesmo nome do objeto que acabou de criar. No exemplo anterior, seria nomeado *product.rb* e, se você selecionar o nome à esquerda, o código será aberto à direita.

Para seguir o exemplo desta seção, simplesmente tire os comentários do login e acrescente o método query detalhado anteriormente neste capítulo.

Testando seu Source Adapter

Quando estiver usando o RhoHub, o source adapter será automaticamente carregado assim que for gerado e sempre que você salvar qualquer modificação no seu código.

A classe source adapter gerada pode ser facilmente testada. Na tela **Editor**, selecione a aba **Server**, selecione o arquivo *product.rb* no painel esquerdo e clique em Show Records (destacado na Figura 7–7).

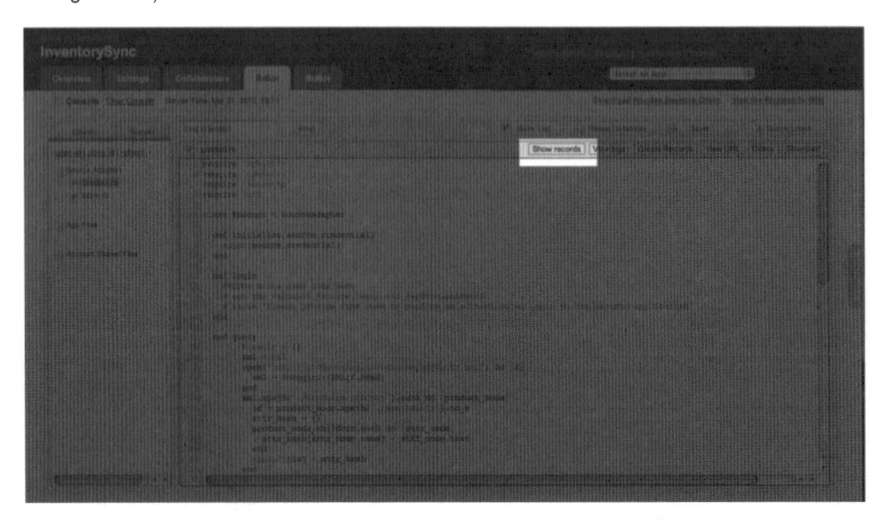

Figura 7–7. *Editor RhoHub com o source adapter product.rb selecionado.*

Isto irá mostrar uma lista de registros recuperados do serviço web, como ilustrado na Figura 7–8.

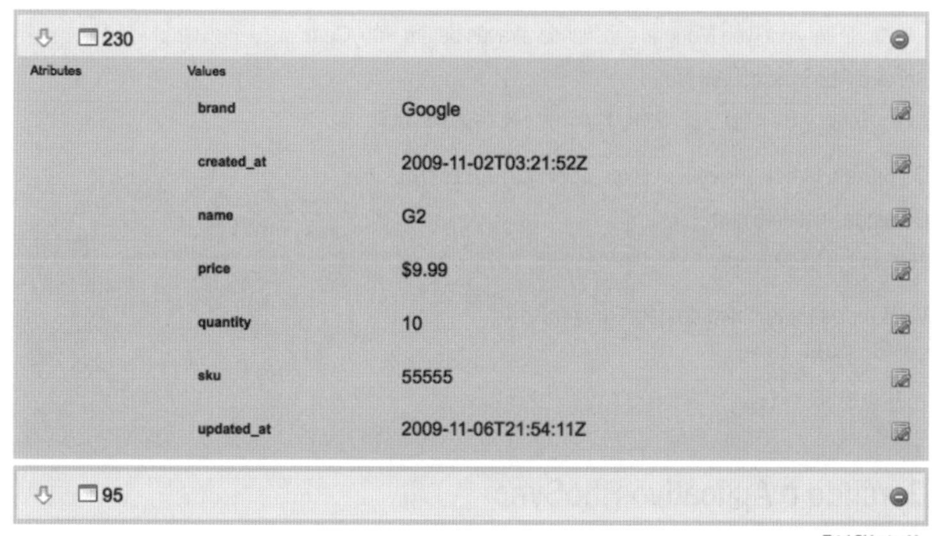

Figura 7–8. *O RhoHub mostrando registros (com o primeiro registro aberto).*

Criando seu Aplicativo em um RhoSync Server Local

Uma aproximação alternativa ao uso de sincronismo hospedado no RhoHub é criar o seu próprio aplicativo servidor RhoSync. Durante o desenvolvimento, geralmente você roda o RhoSync na sua máquina de desenvolvimento. Isto é muito eficiente para a conexão com o simulador. Contudo, para produção e para testes nos dispositivos, você precisará de um servidor com um hostname ou com um ip fixo.

O RhoSync é instalado de um gem do Ruby. Se desejar utilizar o último RhoSync, o melhor e mais aconselhável é rodar diretamente do código-fonte.[1] Para preparar seu ambiente, instale as seguintes dependências.

- Ruby 1.8.7
- RubyGems 1.3.7 ou mais recente
- Redis 1.2.6
- Ruby Web Server

[1] Você pode encontrar instruções adicionais em: http://wiki.rhomobile.com/index.php/RhoSync_2.0#Installing_RhoSync

- O RhoSync é testado com o Mongrel. O WEBrick, o servidor web padrão que vem com o Ruby, é conhecido por causar problemas com headers e cookies HTTP e não é recomendado.
- O servidor web Mongrel é instalado através de um RubyGem: `sudo gem install mongrel`

Baixe o RhoSync do GitHub:

```
git clone git://github.com/rhomobile/rhosync.git
```

Ou baixe o tarball em `www.github.com/rhomobile/rhosync`

Ou ainda, instale o gem.[2]

```
gem install rhosync
```

Você precisará também do gem Ruby "rake."

```
gem install rake
rake db:create
rake db:bootstrap
```

Gerando o Aplicativo RhoSync

Para usar o servidor RhoSync, precisamos gerar uma aplicação. Para gerar o esqueleto do source adapter no seu servidor RhoSync local, digite o comando "rhogen source product". Ele criará um arquivo chamado *product.rb* no subdiretório *sources* do aplicativo RhoSync, juntamente com um arquivo de especificação *product_spec.rb* no subdiretório *spec/sources/. Os* source Adapters são carregados do diretório *rhosync/lib* ou do diretório *rhosync/vendor/sync* (ou um subdiretório de primeiro nível). A Listagem 7–14 mostra a criação do source adapter na linha de comando.

Listagem 7–14. *Gerando um aplicativo RhoSync.*

```
$ rhosync app storemanager-server
Generating with app generator:
     [ADDED]  storemanager-server/config.ru
     [ADDED]  storemanager-server/settings/settings.yml
     [ADDED]  storemanager-server/settings/license.key
     [ADDED]  storemanager-server/application.rb
     [ADDED]  storemanager-server/Rakefile
     [ADDED]  storemanager-server/spec/spec_helper.rb
$ cd storemanager-server/
$rhosync source product
Generating with source generator:
     [ADDED]  sources/product.rb
     [ADDED]  spec/sources/product_spec.rb
```

---

[2] No momento em que escrevemos, o Rhodes 2.0 está em beta. Para instalar a versão beta: [sudo] gem install rhosync --pre

Configurando o Servidor RhoSync

Na primeira vez que você rodar o servidor, precisará executar os seguintes passos (dentro do diretório do aplicativo gerado).

No Mac e no Linux:

```
[sudo] rake dtach:install
```

Em todas as outras plataformas:

```
[sudo] rake redis:install
```

Inicie o Redis:

```
rake redis:start
```

Inicie o seu servidor RhoSync:

```
rake rhosync:start
```

Se tudo correu bem, você deverá ver alguma coisa parecida com o seguinte texto no seu console:

```
[07:01:15 PM 2010-05-04] Rhosync Server v2.0.0.beta7 started... [07:01:15 PM 2010-05-04]
*********************************************************** [07:01:15 PM 2010-05-04]
WARNING: Change the session secret in config.ru from <changeme> to something secure.
[07:01:15 PM 2010-05-04]   i.e. running `rake secret` in a rails app will generate a
secret you could use.  [07:01:15 PM 2010-05-04]
***********************************************************
```

O servidor RhoSync possui um console web que pode ser acessado em `http://localhost:9292` ou usando o seguinte atalho de linha de comando:

```
rake rhosync:web
```

Testando seu Source Adapter

Se você estiver rodando seu próprio servidor RhoSync, então precisará reiniciá-lo sempre que atualizar o source adapter ou o código de autenticação no *application.rb*. Uma vez que tenha feito isto, poderá criar o aplicativo mostrado na Listagem 7–15.

Primeiro crie um aplicativo cliente, contendo um modelo product com os seguintes atributos: brand, name, price, quantity, sku.

Listagem 7–15. *Código do aplicativo cliente.*

```
$ rhogen app inventory_app
Generating with app generator:
     [ADDED]  inventory_app/rhoconfig.txt
     [ADDED]  inventory_app/build.yml
     [ADDED]  inventory_app/app/application.rb
     [ADDED]  inventory_app/app/index.erb
     [ADDED]  inventory_app/app/layout.erb
     [ADDED]  inventory_app/app/loading.html
     [ADDED]  inventory_app/Rakefile
     [ADDED]  inventory_app/app/helpers
     [ADDED]  inventory_app/icon
```

```
      [ADDED]  inventory_app/app/Settings
      [ADDED]  inventory_app/public

$ cd inventory_app/

$ rhogen model product brand,name,price,quantity,sku
Generating with model generator:
      [ADDED]  app/Product/config.rb
      [ADDED]  app/Product/index.erb
      [ADDED]  app/Product/edit.erb
      [ADDED]  app/Product/new.erb
      [ADDED]  app/Product/show.erb
      [ADDED]  app/Product/controller.rb
```

Debug do RhoSync Source Adapters

A declaração "`puts @result.inspect`" é um exemplo de uma técnica para debug comumente usada quando estamos fazendo o build de aplicativos Rhodes. Aqui o puts é utilizado para inspecionar a estrutura do hash antes que este retorne do método. Se você está rodando seu aplicativo usando o seu próprio servidor RhoSync, a saída do puts vai para o dispositivo de saída padrão. Não existe suporte para fazer o log em arquivos. Apesar disto, pode criar em Ruby o sistema de logs que quiser.

Se está dando os primeiros passos com o Ruby, existe um detalhe no uso da técnica puts que merece atenção. Nunca use puts na última linha do seu método. O método puts imprime seus dados na tela, mas retorna nula (nil). Assim, quando estiver efetuando o debug, certifique-se de ter o valor que deseja retornar na última linha do seu método.

No RhoHub, pode visualizar a saída do puts no console.

Testando seu Aplicativo

Uma vez que seu source adapter tenha sido configurado no servidor RhoSync, você pode testar o aplicativo no simulador do dispositivo que escolher.

Na estrutura gerada, o login do usuário é realizado no menu **Options**, **Login Screen**. O sincronismo será disparado automaticamente depois do login.

Capítulo 8

PhoneGap

O PhoneGap (htptp://phonegap.com/) é um framework em código aberto para construção de aplicativos móveis nativos, usando HTML, CSS e JavaScript para iPhone, Android, BlackBerry, Palm webOS e Symbian WRT (Nokia). O PhoneGap é a escolha ideal para transformar um aplicativo web em aplicativo móvel nativo. Para desenvolvedores web, ele é fácil e simples de usar. Antes de partir para o PhoneGap, será necessário aprender como fazer o build usando os SDK nativos de um ou mais dispositivos. Mas, todo o código do aplicativo pode ser escrito em HTML, CSS e JavaScript. De fato, precisamos de um desenvolvedor praticamente especialista em JavaScript para usar todo o potencial desta plataforma. Dependendo da perspectiva do profissional, o fato que ele fornece tão pouco em termos de padrões para o desenvolvimento móvel tanto pode ajudar quanto atrapalhar o desenvolvimento de aplicativos móveis. O PhoneGap não será a melhor opção se o que você deseja é um aplicativo que rode offline. Isto é possível em Android e, no iPhone, com o suporte ao WebKit Web Storage,[1] mas não no BlackBerry.

O PhoneGap é composto por uma coleção diversificada de APIs JavaScript para o lado cliente e um método para hospedar o código que desenvolver em um aplicativo nativo. O PhoneGap é um projeto patrocinado pela Nitobi (httpp://nitobi.com), uma empresa de consultoria de software com matriz em Vancouver BC. O desenvolvimento deste framework começou em 2008 e é distribuído gratuitamente sob uma licença MIT.

A principal vantagem em se criar uma aplicação nativa com o PhoneGap é poder criar um aplicativo web móvel e fazer o build em um formato que o usuário final pode facilmente instalar (ou comprar). Sendo nativo, o seu programa poderá acessar certas funcionalidades não disponíveis para os aplicativos web móveis comuns. Usando a API JavaScript do PhoneGap, seu aplicativo pode ter acesso aos dados de contatos, geolocalização, câmera e acelerômetro entre outros.

Para criar um aplicativo nativo com PhoneGap, comece escrevendo um aplicativo web móvel, usando HTML, CSS e JavaScript, e as ferramentas que preferir. O PhoneGap não requer que seu aplicativo obedeça a qualquer estrutura específica e nem provê qualquer guia de especificações

[1] A especificação Web Storage ainda está na fase de desenvolvimento (atualmente foi separada do HTML 5 pelo World Wide Web Consortium - W3C). Apesar disso, já foi implementada por vários navegadores incluindo os móveis baseados no WebKit do Android e iPhone. Para mais informações visite: http://dev.w3.org/html5/webstorage/.

sobre como criar seu aplicativo. Se já possui um aplicativo web móvel, deve ser capaz de convertê-lo para o ambiente PhoneGap sem maiores dificuldades. Este framework trabalha particularmente bem com o iPhone, Android e com plataformas que, como eles, incluem o navegador baseado no WebKit com JavaScript, CSS e HTML 5.

Na verdade, o PhoneGap tenta acompanhar as funcionalidades avançadas do HTML 5 e o trabalho dos grupos de normatização como o W3C Device API Group (`http://www.w3.org/2009/dap/`). Este grupo define os padrões de APIs JavaScript para as funcionalidades específicas de telefones móveis. O PhoneGap segue e oferece, imediatamente, todas APIs que surgem para interagir com os serviços móveis específicos. Em geral, o PhoneGap disponibiliza estas APIs no framework antes que elas estejam disponíveis nos navegadores móveis. Um forte argumento de vendas é que você não codificará usando APIs proprietárias. Codificará usando aquilo que, no futuro, pode ser um padrão W3C.

> *Um objetivo declarado do projeto PhoneGap é que o projeto não deveria ser necessário. Nós acreditamos na web e os desenvolvedores de dispositivos também deveriam acreditar. A web está se deslocando do desktop e indo para os bolsos das pessoas em todo o mundo. O telefone é a nova janela para a internet e, hoje em dia, eles ainda estão em segundo lugar. O PhoneGap pretende mover seu dispositivo para uma bela janela de primeira classe. Com um descanso para os pés. Talvez um travesseiro.*
>
> - phonegap.com

Observe que, enquanto o PhoneGap tenta ser uma API não proprietária e acompanhar os padrões do W3C, estes padrões ainda não estão completamente desenvolvidos. O PhoneGap existe para preencher a lacuna que existe entre o padrão e o que é necessário para construir um aplicativo real. Graças a isso, ele acaba contendo APIs que divergem do padrão. Esta talvez seja a razão das mudanças tão frequentes nas APIs do PhoneGap.

O PhoneGap se adequa perfeitamente a qualquer coisa que queira fazer usando um aplicativo web móvel. Assim como todos os outros frameworks multiplataforma voltados para as UI's de navegação, ele não se encaixa perfeitamente em aplicativos que requeiram cálculos matemáticos intensivos ou animações em 3D. Também não se adapta bem em aplicativos para uso intensivo de dados, como a maioria das aplicações empresariais, que precisam funcionar offline usando um sincronismo local de dados. O PhoneGap também não provê suporte específico para bancos de dados e depende das APIs de banco de dados do HTML 5 para persistência, ainda não amplamente disponíveis.

O principal benefício de ser capaz de empacotar e distribuir seu aplicativo móvel é que você já começa com um mercado para seu aplicativo. Mercados como a Apple App Store, a OV Store da Nokia ou a BlackBerry App World. Seu aplicativo já nasce com um lugar cativo na tela, assim que o usuário o instalar, e estes mesmos usuários poderão configurar seus telefones para permitir acesso rápido ao seu aplicativo.

Se estiver rodando dentro do PhoneGap, seu aplicativo poderá acessar as funcionalidades específicas do dispositivo, diretamente do JavaScript, que de outra forma não estariam disponíveis para aplicações web. A API do PhoneGap oferece acesso às seguintes funcionalidades:

- Geolocalização
- Contatos
- Vibração
- Acelerômetro
- Câmera
- Execução de Som
- Informações do dispositivo
- Clique para chamar (click to call)

Para obter uma lista completa de todas as funcionalidades suportadas (diferentes de plataforma para plataforma), veja http://wiki.phonegap.com/Roadmap. Algumas funcionalidades, como orientação, gravação de áudio e mapas estão disponíveis em apenas uma ou duas plataformas.

A Nitobi também oferece uma biblioteca JavaScript aprimorada para mobilidade, similar ao jQuery, chamada XUI (http://xuijs.com). A XUI é muito mais rápida e leve que o jQuery, mas possui apenas um subconjunto das suas funcionalidades.

Atualmente existe um grande número de aplicativos PhoneGap disponíveis na Apple App Store: http://phonegap.com/apps.

Conhecendo o PhoneGap

Neste capítulo, vamos fazer o build de um exemplo de aplicativo para iPhone, Android e BlackBerry. O PhoneGap também suporta Symbian e Palm webOs, contudo, não abordaremos estas plataformas. Você precisa baixar e instalar o SDK da plataforma, ou plataformas, com as quais deseja trabalhar. Se pretender desenvolver para o iPhone, precisa baixar e instalar o iPhone SDK e assinar o programa de desenvolvedores da Apple. A versão gratuita permite testar seu aplicativo em um simulador. (Para mais detalhes em como fazer o build para um dispositivo iPhone, veja o capítulo 2). Se está desenvolvendo para o BlackBerry, precisará baixar e instalar o SDK BlackBerry, além do Eclipse e vários plugins – o PhoneGap documenta esta operação detalhadamente em http://wiki.phonegap.com/w/page/16494777/Getting%20Started%20with%20PhoneGap%20%28BlackBerry%29 – ou veja o capítulo 4. Assim como no caso do iPhone, o ambiente de desenvolvimento BlackBerry é gratuito para testes no simulador. Mesmo assim, precisará assinar um programa de desenvolvimento e comprar chaves criptográficas para conseguir fazer o build para um dispositivo. Se deseja desenvolver para o Android, precisará baixar a última versão do SDK do Android em http://www.android.com/ (veja o capítulo 3).

O projeto PhoneGap é separado em subprojetos nativos, um para cada dispositivo-alvo, usando os kits de ferramentas nativos de cada dispositivo. Baixe o código-fonte do PhoneGap em http://phonegap.com/download/ ou http://github.com/phonegap. Se desejar se manter atualizado com as últimas versões, deve baixar o código-fonte usando o git. O código-fonte do PhoneGap não é muito grande e tem a vantagem de ser simples para ser lido e entendido. Ele mantém um wiki em: http://phonegap.pbworks.com/.

Como o PhoneGap está ainda em estágios de pré-lançamento (na versão 0.9.1 enquanto escrevemos), os autores acreditam que seja mais efetivo manter o código atualizado usando o git. Observe que o repositório git usa submódulos, logo existem alguns passos extras para se conseguir baixar todo o código-fonte. Como observado no arquivo *readme*, use os comandos da Listagem 8–1 no seu terminal ou na linha de comando, com o git instalado, para baixar o código fonte do PhoneGap.

Listagem 8–1. *Baixando o código do PhoneGap com o git.*

```
git clone git://github.com/phonegap/phonegap.git
  cd phonegap/
  git submodule init
  git submodule update
```

Aplicativo Exemplo

O framework PhoneGap inclui um aplicativo de exemplo que mostra as capacidades básicas do framework. Utilizaremos este exemplo para verificar se temos tudo corretamente instalado e configurado e se conseguiremos fazer um build.

iPhone

Para desenvolver para o iPhone você precisará de um computador com Mac OS X. A PhoneGapLib é uma biblioteca estática que permite aos usuários incluir o PhoneGap nos projetos dos seus aplicativos para iPhone. Esta biblioteca também permite a criação de projetos de aplicativo baseados no iPhone via um template Xcode, que é o ambiente de desenvolvimento da Apple para o Mac OS X e iPhone que faz parte do SDK do iPhone.

Primeiro você precisa fazer o build e instalar o pacote de instalação.

1. Baixe o código-fonte *phonegap-iphone*.
2. Rode o *Terminal.app*.
3. Navegue até o folder onde está o Makefile (no repositório git, é o *phonegap/iphone*).
4. Digite "make" e pressione Enter. Se você ver a mensagem:"Warning "Require Admin Authorization" is recommended but not enabled. Installation may fail.", pode ignorar sem maiores preocupações.
5. O comando make deve construir o *PhoneGapLibInstaller.pkg* na sua pasta. Certifique-se de que o Xcode não esteja rodando e inicie o *PhoneGapLibInstaller.pkg* para rodar o instalador do PhoneGap, que instalará a PhoneGapLib e o template PhoneGap para o Xcode.

Depois, crie um projeto PhoneGap.

1. Inicie o Xcode, sob o menu File selecione **New Project**.
2. Navegue até a seção **User Templates**, selecione **PhoneGap**. No painel direito, selecione **PhoneGap-based Application**.

3. Selecione o botão **Choose**, nomeie seu projeto e escolha o local onde quer que o projeto fique.
4. Para fazer o build do seu próprio aplicativo, e não o do exemplo que vem com o sistema, simplesmente troque os conteúdos da pasta *www* pelo conteúdo HTML e anexos do seu aplicativo. Abordaremos isto na próxima seção.
5. Selecione **Simulador** como target e em seguida **Build and Run**. Veja a Figura 8–1 e 8–2.

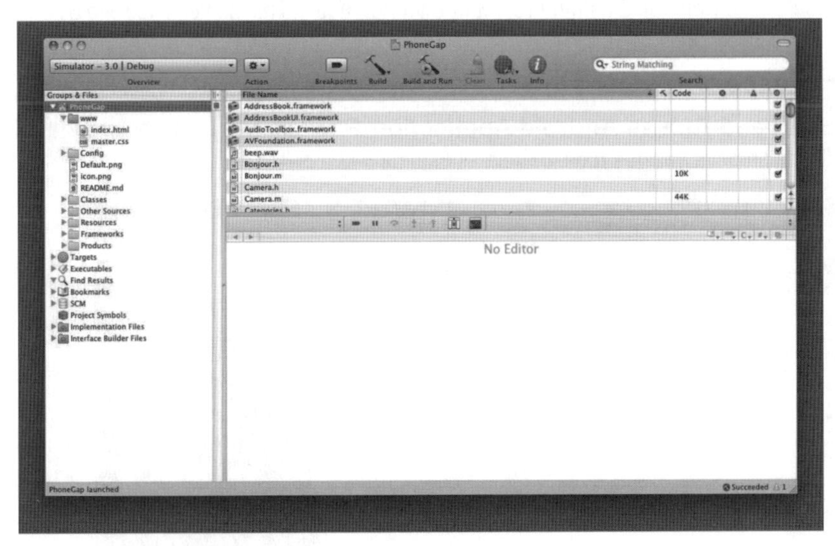

Figura 8–1. *Projeto PhoneGap carregado no Xcode.*

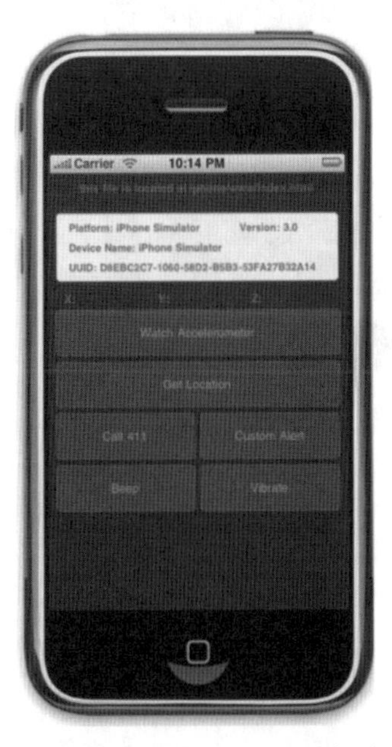

Figura 8–2. *Aplicativo exemplo do sistema rodando no simulador do iPhone.*

Android

Para o Android, você precisará instalar o SDK do Android, o Eclipse e o plugin Android Development Tools (ADT). O ADT amplia as capacidades do Eclipse permitindo que possa construir projetos Android e exportar APKs assinadas (ou não) para distribuição do seu aplicativo.

O PhoneGap inclui um projeto Eclipse no diretório *Android*. No workspace Eclipse, selecione **File ➤ Import...** Selecione **General, Existing Project into Workspace** e, finalmente, selecione o seu diretório *phonegap/android*.

A seguir, clique com o botão direito sobre o projeto e selecione **Android Tools ➤ Fix Project Properties**.

Selecione **Build and Run as Android Application**. Precisará criar uma máquina virtual Android, AVD, na primeira vez que rodá-lo. Veja as Figuras 8–3 e 8–4.

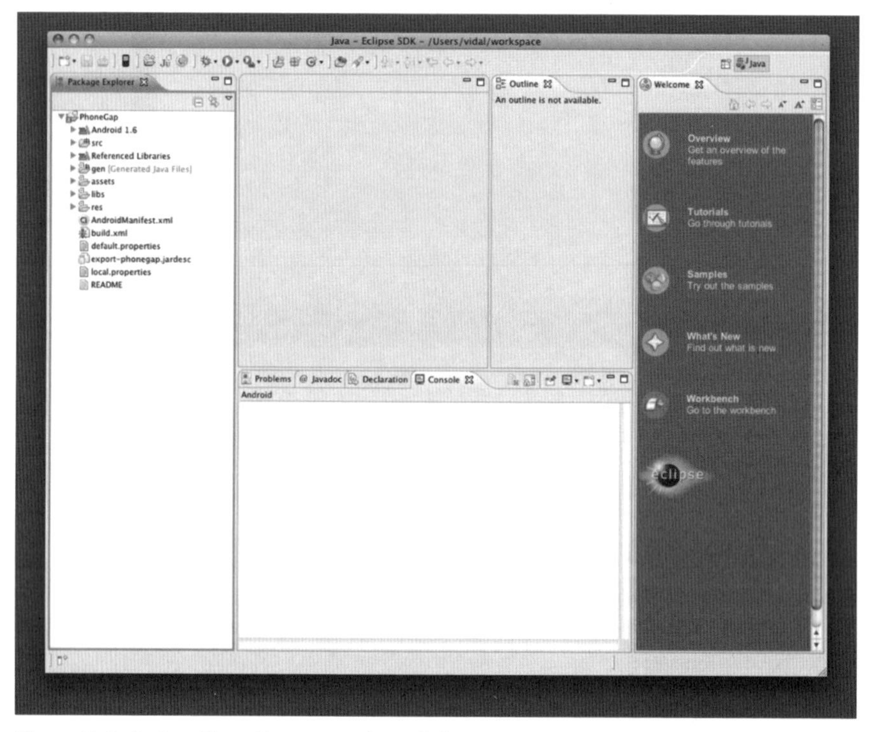

Figura 8–3. *Projeto PhoneGap carregado no Eclipse.*

Figura 8–4. *PhoneGap rodando no simulador Android 1.6.*

BlackBerry

Para desenvolver para o BlackBerry, você precisará de um PC Windows. Dirija-se ao wiki do PhoneGap para instruções detalhadas de instalação e configuração: `http://wiki.phonegap.com/w/page/16494777/Getting%20Started%with%20PhoneGap%20%28BlackBerry%29` Baixe e instale o Eclipse 3.4 ou 3.4.1. O necessário instalar o plugin BlackBerry JDE para o Eclipse e o pacote de componentes BlackBerry JDE v4.6.1 Component Pack para conseguir desenvolver aplicativos BlackBerry no Eclipse. Você pode baixar estes pacotes diretamente no site de desenvolvedores do BlackBerry.

Crie um projeto PhoneGap com Eclipse da seguinte forma:

1. Inicie o Eclipse, vá ao menu **File ➤ Import ➤ Existing BlackBerry project**.
2. Navegue até a pasta onde fez o download do código-fonte phonegap-blackberry e aponte-o no arquivo *phonegap.jdp* localizado em *blackberry/framework/*.
3. Antes de rodar, clique com o botão direito na raiz do projeto e certifique-se de que **Activate for BlackBerry** está selecionado.
4. Rode ou debug no Eclipse, como desejar.

PhoneGap Simulator

Você também pode testar seu aplicativo no simulador PhoneGap multiplataforma (Windows, Mac e assim por diante). O PhoneGap Simulator foi escrito com o Adobe Air e pode ser encontrado em `http://phonegap.com/download`. Para rodar seu aplicativo, o simulador usará o navegador WebKit, embarcado no Adobe Air. Inicie o simulador e selecione o seu arquivo principal – *index.html* (ou arquivo equivalente). Este simulador pode ser de grande valia já que quando usamos os simuladores nativos, o processo de fazer o build e o de testá-lo pode consumir muito tempo.

Você sempre deve testar seu aplicativo usando os simuladores e dispositivos reais para garantir compatibilidade total. Entretanto, usar o PhoneGap Simulator em partes do seu ciclo de desenvolvimento irá acelerar o processo de desenvolvimento. Veja as Figuras 8–5 e 8–6.

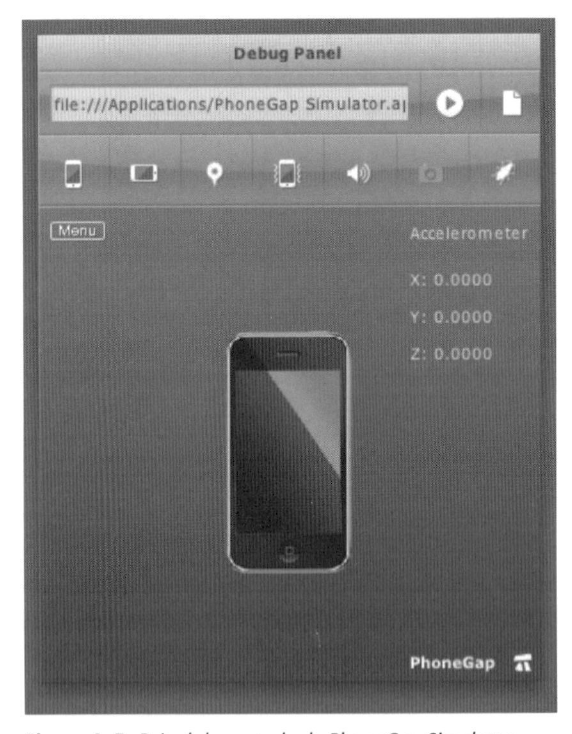

Figura 8–5. *Painel de controle do PhoneGap Simulator.*

Figura 8–6. *PhoneGap rodando no PhoneGap Simulator com layout BlackBerry.*

Escrevendo Hello World no PhoneGap

Agora que você já conseguiu fazer o build do aplicativo exemplo e verificou que o PhoneGap está instalado corretamente, pode criar seus próprios aplicativos. Comece apagando ou movendo o arquivo padrão *index.html* na pasta */www*, como faremos neste exemplo. O arquivo *index.html* é o ponto de entrada do seu aplicativo. Qualquer código, layout HTML ou imagem utilizada pelo seu aplicativo deve ser carregado, ou ao menos, ter um link para este arquivo.

Enquanto escrevemos este livro (PhoneGap 0.9), a pasta *www* está em um lugar diferente para cada uma das plataformas suportadas. Na Tabela 8–1 está a localização específica desta pasta para cada uma das plataformas (você pode localizá-la na linha de comando digitando: "`find . | grep www`").

Tabela 8–1. *Onde Colocar os Arquivos do Aplicativo em Cada Plataforma.*

Plataforma	Onde Colocar os Arquivos do Aplicativo
iPhone	/iphone/PhoneGap-based Application/www
Android	/android/framework/assets/www
BlackBerry	/blackberry/framework/src/www
Windows Mobile	/winmo/www
Symbian	/symbian.wrt/framework/www
Palm	/palm/framework/www

Edite o arquivo *www/index.html* de forma que ele contenha apenas as linhas mostradas na Listagem 8–2. Em seguida, faça o build e o rode no simulador. Veja na Figura 8–7 como deve ser a aparência deste aplicativo no simulador do iPhone. Perceba que se trata apenas de uma renderização simples da página web do arquivo *index.html.*

Listagem 8–2. *Código do Hello World.*

```
<html>
  <h1>Hello World</h1>
</html>
```

Figura 8–7. *Aplicativo Hello World rodando no simulador do iPhone.*

Escrevendo um Aplicativo PhoneGap

O PhoneGap não tem nenhuma estrutura rígida e não exige que você organize seu aplicativo em algum formato particular. Para começar, o mais fácil é que você escreva seu aplicativo usando as ferramentas com as quais está familiarizado. Neste exemplo, vamos escrever um aplicativo simples para divisão de contas e cálculo de gorjetas em um restaurante. Este é um aplicativo de uma única página que usa JavaScript para mudar o conteúdo da página de acordo com as interações com o usuário.

O código do seu aplicativo exemplo está na Listagem 8–3. Ele foi escrito para testes em ambiente desktop usando o Firefox e o Safari. Uma vantagem de escrever o aplicativo em um navegador desktop é que você poderá usar ferramentas de debug para o JavaScript, como o Firebug ou as ferramentas de desenvolvimento do Safari e verificar a consistência da sua lógica de programação. O navegador Safari no desktop é muito próximo funcionalmente dos navegadores baseados no WebKit usados em dispositivos móveis, notadamente o iPhone e o Android. Esta versão do aplicativo usa o jQuery, que é compatível com o iOS e Android mas não roda no BlackBerry (mais detalhes sobre o BlackBerry a seguir). O ponto crucial a ser considerado aqui é que poderíamos usar qualquer aplicativo web móvel. O exemplo nesta seção está aqui apenas para ilustrar este fato e para demonstrar como fazer o build de um aplicativo personalizado entre as diversas plataformas. O código em si não é importante.

Listagem 8–3. *Código do aplicativo Simple Tip Calculator para o WebKit.*

```
<html>
<head>
        <script src="jquery-1.3.2.min.js" type="text/javascript" charset=↵
"utf-8"></script>
        <script>

          $(document).ready(function() {
                        $("#amount").focus();
                        $("#click").click(function(){$('form')[0].reset();});
                        $("#split_form").submit(function(){
                                console.log($("#amount").val(), $("#gratuity").val(),↵
 $("#num_diners").val());
                                var result = $("#amount").val() * $("#gratuity").val()↵
 / $("#num_diners").val();
                                $("#result").text("$"+result.toFixed(2));
                                return false;
                                });
            });
        </script>

</head>
<body>
        <div id="index">
        <h1>Tip Calculator and Bill Splitter</h1>
        <form action="#" id="split_form">
                <p><label>Amount</label><input type="text" name="amount"↵
 id="amount"></p>
                <p><label># Diners</label><input type="text" name="num_diners"↵
 id="num_diners" value="1"></p>
                <p>
                        <label>Gratuity</label>
                        <select id="gratuity" name="gratuity">
```

```
                        <option value="1.0">None</option>
                    <option value="1.10">10%</option>
                    <option value="1.15" selected="1.15">15%</option>
                    <option value="1.18">18%</option>
                    <option value="1.20">20%</option>
                </select>
            </p>
            <p><span id="result"></span></p>
            <p><input type="submit" value="Calc"></p>
            <p><a href="#" id="click">Clear</a></p>
        </form>
        </div>
</body>
</html>
```

Para tornar esse aplicativo móvel, simplesmente apague o conteúdo do diretório *iphone/www* e copie os arquivos *index.php* e *jquery.js*, para este diretório. Selecione **Build and Run**. Observe que escolhemos usar o jQuery simplesmente porque ele torna o JavaScript mais simples. O jQuery é absolutamente dispensável e, na verdade, não funciona em alguns navegadores (como o do BlackBerry). Veja as Figuras 8–8 e 8–9.

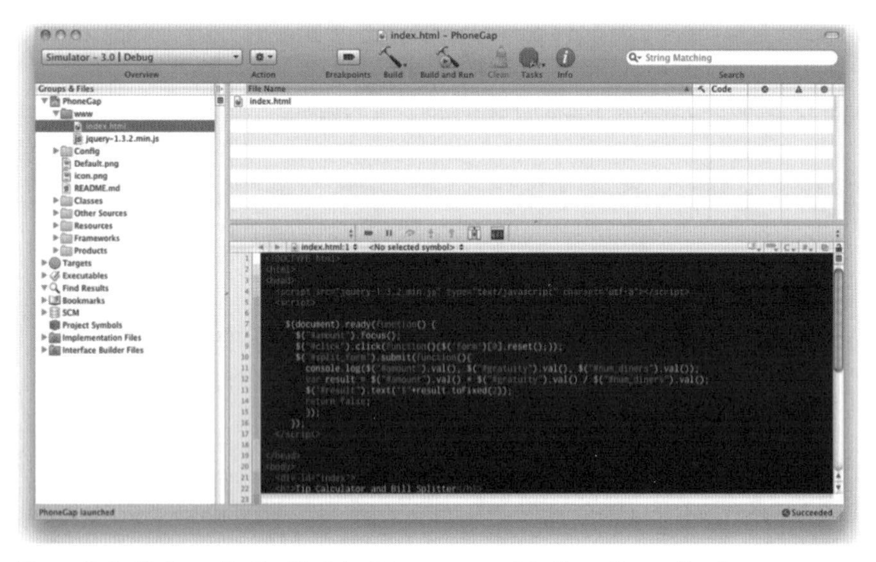

Figura 8–8. *Código aplicativo Tip Calculator em um projeto PhoneGap no Xcode.*

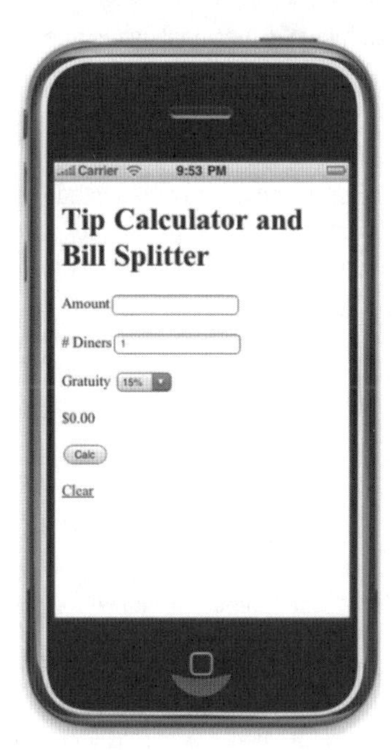

Figura 8–9. *Aplicativo Tip Calculator rodando no simulador do iPhone.*

Para fazer o build deste aplicativo para o Android, copie os mesmos arquivos *index.html* e *jquery.js* para o diretório *android/assets/www*. Depois rode a aplicação Android. Veja a Figura 8–10

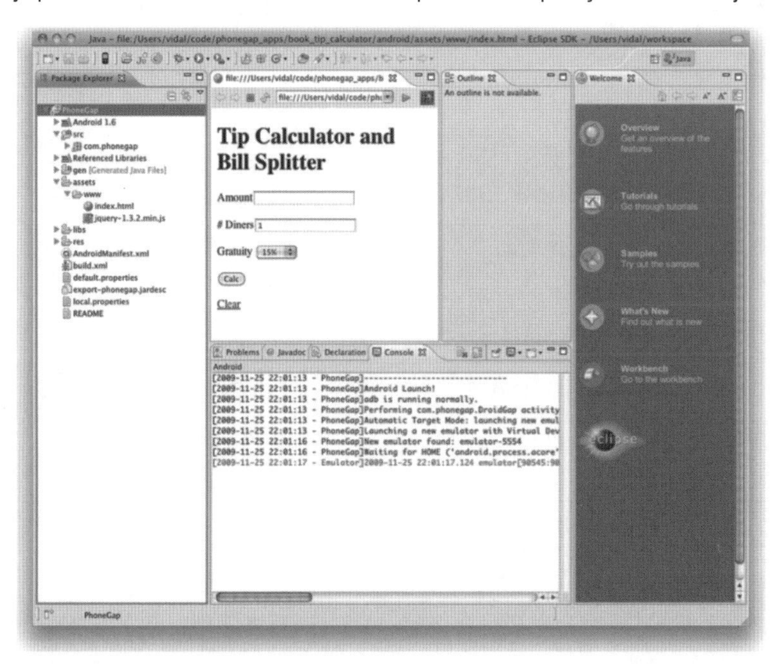

Figura 8–10. *Código do aplicativo Tip Calculator em um projeto Android no Eclipse.*

Você pode verificar que o aplicativo tem a mesma aparência e as mesmas funcionalidades nas duas plataformas usando uma única base de código.

Para o BlackBerry, o aplicativo precisa ser modificado de forma a não utilizar o jQTouch. Como será detalhado no capítulo 14, o navegador BlackBerry tem suporte limitado à JavaScript. A Listagem 8–4 mostra o aplicativo modificado para rodar no BlackBerry (como está apresentado nas figuras 8–11 e 8–12). Para criar este aplicativo, copie este código no diretório *phonegap/blackberry/framework/src/www/*, depois faça o build no Eclipse, como foi descrito anteriormente.

Listagem 8–4. *Código do aplicativo Simple Tip Calculator para o BlackBerry.*

```
<html>
<head>
        <script>

                window.onload = function() {
                        document.getElementById("amount").focus();
                        document.getElementById("clear").addEventListener('click',↩
 function(event){document.forms[0].reset();}, false);

                        document.getElementById("split_form").addEventListener↩
('submit', function(event){

                                try {
                                var result = document.getElementById("amount").value *
                                        document.getElementById("gratuity").value /↩
 document.getElementById("num_diners").value;
                                document.getElementById('result').value=↩
"$"+result.toFixed(2);
                        } catch(err)
                        {
                                txt="There was an error on this page.\n\n";
  txt+="Error description:\n\n" + err.message + "\n\n";
  txt+="Click OK to continue.\n\n";
  alert(txt);
                        }

                                return false;
                                }, false);
                };
        </script>

</head>
<body>
        <div id="index">
        <h1>Tip Calculator and Bill Splitter</h1>
        <form action="#" id="split_form">
                <p><label>Amount</label><input type="text" name="amount"↩
 id="amount"></p>
                <p><label># Diners</label><input type="text" name="num_diners"↩
 id="num_diners" value="1"></p>
                <p>
                        <label>Gratuity</label>
                        <select id="gratuity" name="gratuity">
                                <option value="1.0">None</option>
```

```
                        <option value="1.10">10%</option>
                        <option value="1.15" selected="1.15">15%</option>
                        <option value="1.18">18%</option>
                        <option value="1.20">20%</option>
                      </select>
              </p>
              <p><input type="text" name="result" id="result"></p>
              <p><input type="submit" value="Calc"></p>
              <p><a href="#" id="clear">Clear</a></p>
        </form>
        </div>
</body>
</html>
```

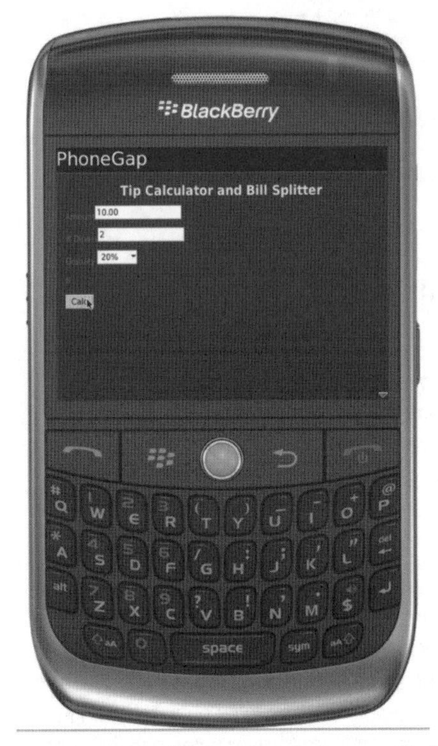

Figura 8–11. *Aplicativo Tip Calculator no BlackBerry.*

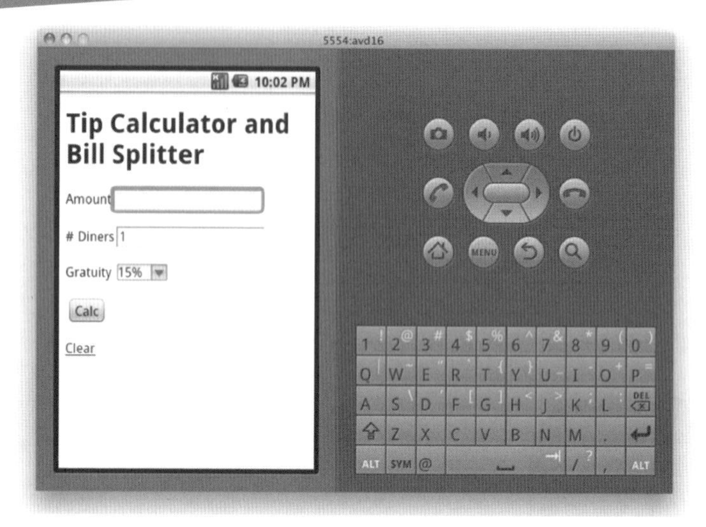

Figura 8–12. *Aplicativo Tip Calculator no Android Simulator.*

Exemplo de Agenda Telefônica

No próximo exemplo, iremos demonstrar o uso de chamadas as APIs nativas do dispositivo que são ofertadas pelo PhoneGap. Todos os smartphones possuem um aplicativo de gestão de contatos (agenda de telefones), o PIM – Personal information Mangement. Ele permite que os usuários armazenem os números de telefone e os endereços dos seus contatos. Em geral, as plataformas smartphones permitem que outros aplicativos acessem estes dados através de APIs. Estas diferem de plataforma para plataforma mas, na maior parte das vezes, oferecem as mesmas funcionalidades.

Nesta seção, percorreremos o processo de criação de um aplicativo que permitirá o acesso e a edição de dados de contatos registrados no PIM usando a API do PhoneGap para o iPhone. Este exemplo também usa o jQTouch para estilo e, por causa disto, só irá funcionar no iPhone. Por favor, consulte o capítulo 12 para mais informações sobre o jQTouch. Observe que a API de acesso ao PIM irá funcionar em todas as plataformas, mas o estilo das telas é diferente entre as plataformas. O PhoneGap não fornece qualquer infraestrutura para facilitar o compartilhamento de código entre as plataformas. Você terá que usar técnicas padrão de desenvolvimento web móvel para facilitar o suporte em todas as plataformas-alvo.

Crie um novo projeto PhoneGap para iPhone, usando os passos dos exemplos anteriores. Nomeie o projeto como *pg_contacts*. O código-fonte completo deste aplicativo está disponível online em: `http://github.com/VGraupera/PhoneGap-Contacts-Sample`.

Substitua o arquivo *index.html* gerado no diretório *www* pelo código a seguir:

```
<!doctype html>
<html>
  <head>
    <script src="jqtouch/jquery.1.3.2.min.js" type="text/javascript" charset=↵
```

```
"utf-8"></script>
    <script src="jqtouch/jqtouch.js" type="text/javascript" charset="utf-8"></script>
    <link rel="stylesheet" href="jqtouch/jqtouch.css" type="text/css" media=↩
"screen" title="no title" charset="utf-8">
    <link rel="stylesheet" href="themes/apple/theme.css" type="text/css" media=↩
"screen" title="no title" charset="utf-8">

    <script type="text/javascript" charset="utf-8" src="phonegap.js"></script>

    <script type="text/javascript">
// initialize jQTouch with defaults
    var jQT = $.jQTouch();

    function getContacts(){
      var fail = function(){};
      var options = {pageSize:10};
      var nameFilter = $("#some_name").val();
      if (nameFilter) {
        options.nameFilter = nameFilter;
      }
      navigator.contacts.getAllContacts(getContacts_callback, fail, options);
    };

    function getContacts_callback(contactsArray)
    {
      var ul = $('#contacts');
      // remove any existing data as we resuse this function to update contact list
      ul.find("li").remove();

      for (var i = 0; i < contactsArray.length; i++) {
        var contact = contactsArray[i];
        var li = $("<li><a href='#'>"+contact.name+'</a></li>');
        li.find('a').bind('click', function(e) {showContact(contact.recordID);});
        ul.append(li);
      }
    };

        function showContact(contactId)
                {
                var options = { allowsEditing: true };
                navigator.contacts.displayContact(contactId, null, options);
      $('a').removeClass('loading active');
                        return false;
                }

                function submitForm() {
                        var contact = {};

                        contact.firstName = $('#first_name').val();
                        contact.lastName = $('#last_name').val();

                        navigator.contacts.newContact(contact, getContacts, {
                            'gui': false
                        });

                        jQT.goBack();
                        $('#add form').reset();
```

```
                    return false;
                };

    function preventBehavior(e) {
      e.preventDefault();
    };

    PhoneGap.addConstructor(function(){
                    // show initial data
                    getContacts();

                    // hook the add form
                    $('#add form').submit(submitForm);
                    $('#add .whiteButton').click(submitForm);

      $("#some_name").keyup(getContacts);

      document.addEventListener("touchmove", preventBehavior, false);
    });

    </script>
  </head>
  <body>
    <div id="home">
     <div class="toolbar">
        <h1>Contacts</h1>
                    <a class="button add slideup" href="#add">+</a>
      </div>
        <ul class="edit rounded">
            <li><input type="search" name="search" placeholder="Search" id="some_name"➥
style="border:none; margin:0; padding:0;font-size:16px;"/></li>
        </ul>
      <ul id="contacts" class="edgetoedge">
      </ul>
    </div>
    <div id="add">
        <form>
            <div class="toolbar">
                <h1>New Contact</h1>
                <a href="#" class="cancel back">Cancel</a>
            </div>
            <ul class="edit rounded">
              <li><input type="text" name="first_name" placeholder="First Name"➥
id="first_name" /></li>
              <li><input type="text" name="last_name" placeholder="Last Name"➥
id="last_name" /></li>
              <li><input type="text" name="email_address" placeholder="Email Address"➥
id="email_address" type="email" /></li>
              <li><input type="text" name="business_number" placeholder="Business➥
Number" id="business_number" type="tel" /></li>

            </ul>
            <a href="#" class="whiteButton" style="margin: 10px">Add</a>
        </form>
    </div>
  </body>
</html>
```

Código Explicado

Começamos o exemplo incluindo as bibliotecas JavaScript jQuery e jQTouch, e o CSS. Fizemos assim por conveniência e estilo, já que estas bibliotecas não são indispensáveis. Já o arquivo *phonegap.js*, que também incluímos, é indispensável. No código anterior, seguimos os seguintes passos:

1. Iniciamos a biblioteca jQTouch. Por favor, verifique o capítulo 12 para mais detalhes sobre o jQTouch.
2. Definimos uma função chamada "getContacts" que usa a função "navigator. contactsgetAllContacts" fornecida pela API do PhoneGap. A função getAllContacts usa três argumentos, sendo os dois últimos opcionais. Passamos uma função callback para os casos de sucesso e falha nos dois primeiros argumentos. Nossa função callback para o caso de falha é uma função trivial, definida inline, chamada "fail". Nossa função callback para o caso de sucesso "getContacts_callback" está descrita a seguir. Como o número total de contatos no smartphone pode ser muito grande, limitamos o resultado em apenas 10 registros, usando a opção pageSize. Para ver mais que os dez primeiros contatos, passamos um parâmetro de filtro em nameFilter. O valor do nameFilter vem do campo de texto some_name, definido posteriormente.
3. A função getContacts_callback, limpa a lista de contatos que temos na tela e, usando o array de contatos, que é devolvido em caso de sucesso pela API getAllContacts, recria-se esta lista. Usando o JavaScript, acrescentamos uma nova linha <li> na nossa lista de contatos e registramos os callbacks para cada evento onClick. Desta forma, se o usuário clicar em um destes contatos, a função "showContact" será chamada para aquele ID específico.
4. A função showContact usa "navigator.contacts.displayContact" da API do PhoneGap para, de forma nativa, mostrar os registros de um contato. E não precisamos criar nenhum formulário HTML para isso. Legal!
5. Definimos a função submitForm. Esta função será chamada quando criarmos um contato novo e utilizarmos a função "navigator.contacts.newContact" da API do PhoneGap. Esta função lê os valores do formulário new contact, definido posteriormente e limpa o formulário sempre que termina de ser executada.
6. Finalmente, chamamos PhoneGap.addConstructor que adiciona nossa função de inicialização a uma fila que garante que ela irá rodar e inicializar apenas uma vez, após o PhoneGap ter sido inicializado. Dentro da nossa função de inicialização, pegamos a lista de contatos (por padrão apenas os 10 primeiros) e registramos os handlers para nossa caixa de busca (search) do formulário new contact descrito posteriormente.
7. Nosso código HTML consiste de duas partes principais: a primeira DIV com o id= "home" que mostra a lista de contatos. Existe um botão Contacts e uma caixa de busca para

recarregar a lista baseado no que for digitado. Ligamos o evento onKeyUp a esta caixa de busca de forma que a busca seja executada enquanto o usuário digitar. A segunda DIV é um formulário web (form) usado para registrar novos contatos. Neste exemplo, incluímos apenas os campos básicos.

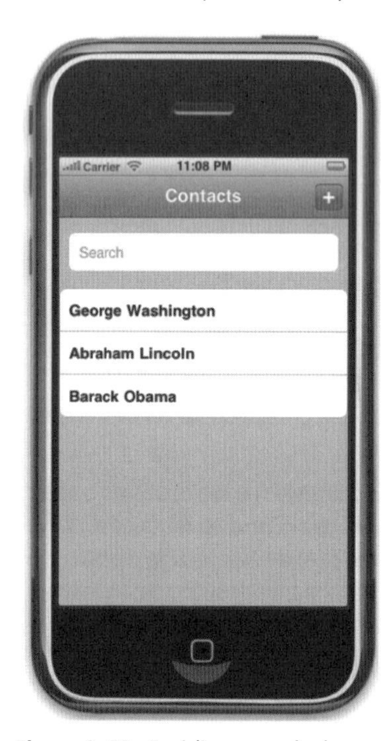

Figura 8–13. *O código exemplo da agenda em ação.*

Exemplo com Câmera

Neste exemplo, percorreremos o processo de criação de um aplicativo que permitirá a você tirar fotos usando a câmera do smartphone, usando para isso as APIs do PhoneGap para o iPhone.

Crie um novo projeto PhoneGap iPhone, usando os passos discutidos nos exemplos anteriores. Nomeie o projeto como *pg_camera*. O código-fonte completo deste aplicativo está disponível online em: `http://github.com/VGraupera/PhoneGap-Photos-Sample`.

Substitua o código gerado no arquivo *index.html* pelo código a seguir:

```
<!DOCTYPE HTML PUBLIC "-//W3C//DTD HTML 4.01//EN"
"http://www.w3.org/TR/html4/strict.dtd">
<html>
  <head>
  <meta name="viewport" content="width=default-width; user-scalable=no" />
  <meta http-equiv="Content-type" content="text/html; charset=utf-8">

  <script src="jqtouch/jquery.1.3.2.min.js" type="text/javascript" charset=↩
```

```
"utf-8"></script>
  <script src="jqtouch/jqtouch.js" type="text/javascript" charset="utf-8"></script>
  <link rel="stylesheet" href="jqtouch/jqtouch.css" type="text/css" media="screen"↵
 title="no title" charset="utf-8">
  <link rel="stylesheet" href="themes/apple/theme.css" type="text/css" media="screen"↵
 title="no title" charset="utf-8">

  <script type="text/javascript" charset="utf-8" src="phonegap.js"></script>
  <script type="text/javascript" charset="utf-8">
  // initialize jQTouch with defaults
  var jQT = $.jQTouch();

function onBodyLoad()
        {
                document.addEventListener("deviceready",onDeviceReady,false);
        }

function dump_pic(data)
  {
    document.getElementById("test_img").src = "data:image/jpeg;base64," + data;
  }

  function fail() {
    alert('problem');
  };

  function takePicture() {
    navigator.camera.getPicture(dump_pic, fail, { quality: 50 });
  };

  </script>
  </head>
  <body onload="onBodyLoad()">
    <div id="home">
     <div class="toolbar">
        <h1>Pictures</h1>
        <a class="button add" href="#" onClick="takePicture();">+</a>
      </div>
      <img id="test_img" style="width:100%" src="" />
    </div>
  </body>
</html>
```

Código Explicado

O código é similar, porém mais simples do que o *pg_contacts* do exemplo anterior. Começamos configurando e carregando as bibliotecas jQTouch e PhoneGap. Depois definimos a função “takePicture”, que usa a função “navigator.camera.getPicture”, fornecida pela API do PhoneGap. Isto chamará a interface nativa com a câmera. Você precisará rodar este aplicativo em um dispositivo iPhone real, já que não pode testar a câmera desta forma em um simulador. Finalmente, no callback dump_pic, para o caso de sucesso, determinamos o src da nossa tag img com os dados originados da câmera. Figura 8–14 mostra o resultado final.

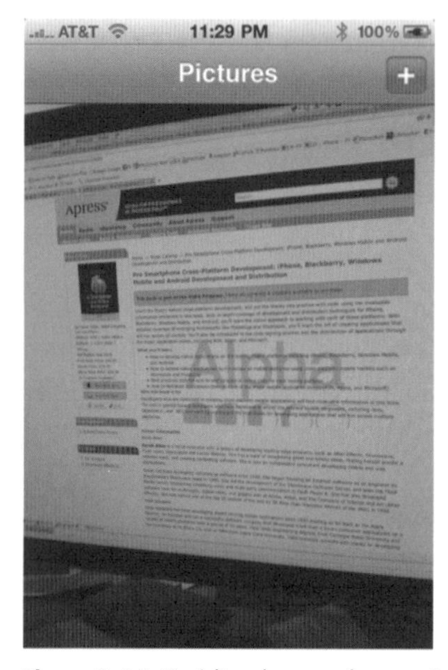

Figura 8–14. *O código do exemplo com câmera em ação.*

Capítulo 9

Titanium Mobile

Neste capítulo discutiremos como fazer o build de aplicativos nativos para o iPhone e Android usando o framework Titanium Mobile da Appcelerator. O Titanium é uma plataforma de código aberto, comercialmente suportada, para o desenvolvimento de aplicativos nativos multiplataforma, usando tecnologias web. O código-fonte é distribuído sob a licença Apache 2. A Appcelerator, Inc. (www.appcelerator.com/), uma startup de Mountain View, CA, apresentou esta plataforma em dezembro de 2008. A Appcelerator já anunciou que em breve estará distribuindo uma versão do Titanium Mobile que também suportará o BlackBerry.

O Titanium consiste de um SDK que fornece: APIs, compiladores e ferramentas necessárias para desenvolvimento, além de um ambiente visual para a gestão dos projetos baseados no Titanium, chamado de Titanium Developer. O Titanium Developer provê uma forma totalmente visual de fazer o build dos seus projetos. Contudo, para editar estes códigos, você precisará do seu editor de códigos-fonte favorito. O Titanium está disponível para Mac, Linux e Windows. Para desenvolver para o iPhone (ou iPad), você precisará rodar o Titanium em um Mac usando o iPhone SDK. Já o desenvolvimento para o Android requer o Android SDK e pode ser realizado usando o Mac, o Windows ou o Linux.

O Titanium fornece uma API independente de plataforma para acessar os componentes UI nativos, incluindo barras de navegação, menus, caixas de diálogo e alertas. Além disso, a API do Titanium oferece acesso às funcionalidades nativas de cada plataforma, incluindo: sistema de arquivos, sons, rede e banco de dados local. Seu código em JavaScript pode ser compilado nas contrapartes nativas como parte do processo de construção do aplicativo.

O Titanium oferece uma edição livre comunitária que pode ser usada tanto para fazer o build quanto para a distribuição dos aplicativos. Os desenvolvedores também podem, se assim desejarem, fazer a assinatura do Titanium Professional Edition ou do Titanium Enterprise Edition, que oferecem suporte e serviços adicionais. O site do Titanium inclui documentação e vídeos básicos para treinamento. Os desenvolvedores podem comprar vídeos avançados ou fazer a inscrição em cursos de treinamento no próprio site da Appcelerator.

Conhecendo o Titanium Mobile

Para começar, você deve baixar os SDKs do iPhone e Android, caso ainda não os tenha. Eles não estão incluídos no Titanium. Mesmo assim, precisará destes SDKs para fazer o build dos seus aplicativos. (Veja os capítulos 3 e 4, respectivamente, para mais detalhes de como configurar os ambientes para iPhone e Android. Você precisará também do Eclipse para o Android. Todas as outras dependências são idênticas.)

Baixe e instale o Titanium do site da Appcelerator em `www.appcelerator.com/`. Rode o Titanium Developer. O Titanium Developer irá baixar o SDK mais recente do Titanium. Você precisará se inscrever em uma conta gratuita no Appcelerator Developer Center (veja a Figura 9–1).

Figura 9–1. *Processo de assinatura do Titanium Developer.*

Uma vez que tenha feito a assinatura, clique no ícone **New Project** na parte superior da tela. Clique em **Project Type** e selecione **Mobile**. O Titanium Developer deverá automaticamente detectar os SDKs do iPhone e Android, se os tiver instalado. Se ele não conseguir fazer esta detecção, poderá indicar onde eles estão instalados. O Titanium Developer também irá baixar de forma automática o Titanium Mobile SDK, se ainda não o tiver instalado.

Na tela a seguir (Figura 9–2), preencha os campos **Name**, **Application ID**, **Directory** e **Publisher URL**. Com estes dados, o Titanium Developer irá criar seu projeto em um subdiretório do diretório que escolheu, utilizando o nome do seu aplicativo.

Clique na aba **Test and Package**, e a seguir no botão **Launch**, na base da tela. Se tudo estiver configurado corretamente, isto fará o build do seu aplicativo e o rodará. Por padrão, o Titanium irá gerar um aplicativo com duas janelas que você pode acessar usando as abas.

Figura 9–2. *Criando um projeto novo.*

Escrevendo o Hello World

Para mudar o comportamento do aplicativo exemplo, abra e edite o arquivo *app.js*. Este pode ser encontrado no diretório Resources do seu projeto. Aqui você deve substituir o conteúdo padrão por alguma coisa mais simples, como mostrado na Listagem 9–1.

Listagem 9–1. *Criando um novo projeto.*

```
// this sets the background color of the master UIView (when there are no windows/tab↵
 groups on it)
Titanium.UI.setBackgroundColor('#000');

var win = Titanium.UI.createWindow({backgroundColor:'#fff'});

var myLabel = Titanium.UI.createLabel({
        color:'#999',
        text:'Hello World',
        font:{fontSize:20,fontFamily:'Helvetica Neue'},
        textAlign:'center',
        width:'auto'
});

win.add(myLabel);

win.open({animated:true});
```

Volte ao **Test and Package** e clique novamente em **Launch**. As figuras 9–3 e 9–4 ilustram como o Hello World aparece nos simuladores do iPhone e do Android.

Figura 9–3. *Hello World no iPhone.*

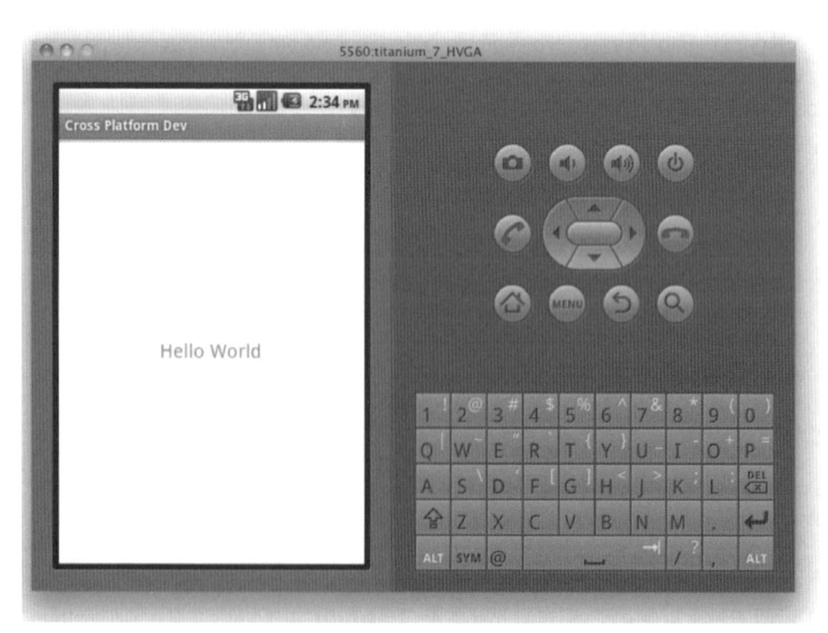

Figura 9–4. *Hello World no Android.*

Usando o JavaScript, você criou sua interface programaticamente, ao criar os containers e elementos UI como objetos. Então, os conectou e os arranjou em uma estrutura hierárquica.

A API do Titanium é organizada em módulos. Por exemplo, o Titanium.UI é o módulo principal da interface e o responsável pelos componentes nativos, pela interação entre eles e pela interação com o próprio Titanium. No Titanium.UI irá encontrar várias classes de interface UI: Titanium.UI.Alert.Dialog, Titanium.UI.Button etc. As funcionalidades específicas da UI do iPhone/iPad estão no módulo Titanium.UI.iPhone. Já as funcionalidades específicas da UI do Android estão no módulo Titanium.UI.Android.

A lista completa dos módulos e classes da API do Titanium está disponível no site da Appcelerator. A API do Titanium é bem diversificada. Na versão 1.3, esta API é composta de 24 módulos com 67 objetos diferentes.

Fazendo o Build para um Dispositivo

O processo de build dos aplicativos Titanium Mobile para dispositivos iPhone é direto e simples. Baixe seus certificados de desenvolvimento e perfil de provisionamento diretamente do Apple Provisioning Portal. Você precisará entrar com esta informação na tela denominada "Run on Device". O Titanium fará o build, assinará seu aplicativo, irá colocar o iTunes e disparará um processo de sincronismo que instalará seu aplicativo no dispositivo. O único detalhe é que é preciso fazer isto tudo em um Mac, configurado para sincronizar com o iPhone.

Alternativamente, navegue até o subdiretório build/iphone do seu projeto e abra o arquivo *.xcodeproj*. Isto rodará o Xcode e você poderá clicar em **Build and Run**.

Capacidades do Dispositivo Titanium Mobile

A plataforma Titanium oferece uma rica coleção de funcionalidades nativas, incluindo:

- Vibração
- Geolocalização e mapeamento
- Acelerômetro
- Sons
- Galeria de fotos (ver e salvar)
- Orientação
- Câmera. Isto inclui sobreposição na superfície de visualização da câmera e realidade aumentada (combina geolocalização reversa e direta)
- Captura de Tela
- Balanço (shake)
- Gravação de vídeo

- Eventos de proximidade
- Notificações Push

Todas estas funcionalidades são acessadas de uma forma independente na plataforma, quando usamos o SDK do Titanium a partir do JavaScript. O framework também inclui fragmentos de código que simplificam a integração com as APIs do Twitter, Facebook, RSS e SOAP, além do acesso a soquetes, conexões http, sistema de arquivos nativo e bancos de dados locais.

Para encontrar exemplos completos destas funcionalidades de dispositivos, por favor, visite o demo Titanium Mobile Kitchen Sink (`http://github.com/appcelerator/KitchenSink`). O projeto Kitchen Sink (veja a Figura 9–5) inclui uma grande quantidade de exemplos dos usos das chamadas disponíveis na API do Titanium Mobile.

Figura 9–5. *O aplicativo The Kitchen Sink.*

Exemplo com Câmera

Neste exemplo, você irá fazer o build de um simples aplicativo de tela cheia que irá tirar uma fotografia usando a câmera. No iPhone você precisará testar este aplicativo em um dispositivo real, já que não pode testar esta funcionalidade no simulador.

Crie um novo projeto Titanium Mobile e substitua o conteúdo do *app.js* pelo código mostrado na Listagem 9–2.

Listagem 9–2. *Exemplo com câmera.*

```
var tabGroup = Titanium.UI.createTabGroup();
var winMain = Titanium.UI.createWindow({title:'Camera Example', tabBarHidden:true});
var tabMain = Titanium.UI.createTab({title:'', window:winMain});
tabGroup.addTab(tabMain);

var buttonSnap = Titanium.UI.createButton({
title:'Snap',
height:40,
width:145,
top:160,
right:10
});

winMain.rightNavButton=buttonSnap;

buttonSnap.addEventListener('click', function() {
        Titanium.Media.showCamera({

                success:function(event)
                {
                        var cropRect = event.cropRect;
                        var image = event.media;

                        // set image view
                        var imageView = Ti.UI.createImageView({top:0,↩
image:event.media});
                        winMain.add(imageView);
                },
                cancel:function()
                {
                },
                error:function(error)
                {
                        // create alert
                        var a = Titanium.UI.createAlertDialog({title:'Camera'});

                        // set message
                        if (error.code == Titanium.Media.NO_CAMERA)
                        {
                                a.setMessage('Please run this test on device');
                        }
                        else
                        {
                                a.setMessage('Unexpected error: ' + error.code);
                        }

                        // show alert
                        a.show();
                },
                allowImageEditing:true
        });

});

tabGroup.open();
```

Antes de conseguir uma janela ocupando toda a tela com um controle de navegação no topo, você precisa criar um tab group (grupo de abas) e garantir que a propriedade tabBarHidden esteja definida como verdadeiro (true). Depois, deve adicionar um botão no lado direito da barra de navegação (navBar) e criar um event handler para o evento onClick. Este handler chama a câmera, permite tirar uma foto e cria uma view para visualizar esta foto na tela (veja a Figura 9–6). O código para tirar fotos foi tirado do exemplo Kitchen Sink.

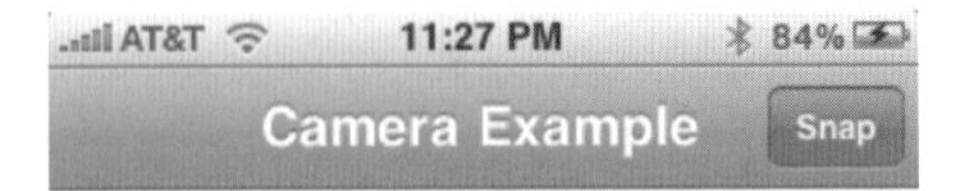

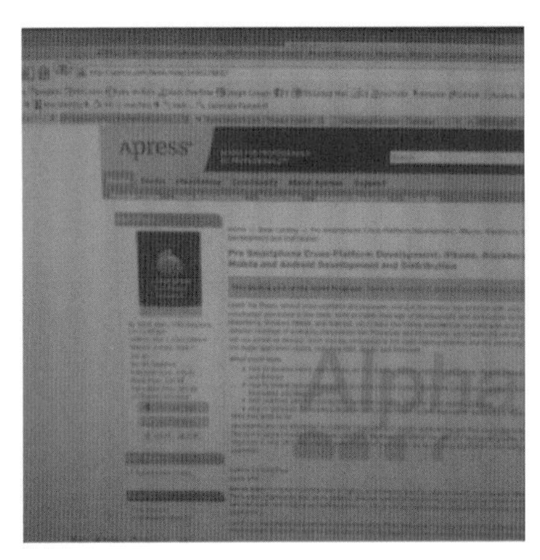

Figura 9–6. *Exemplo com câmera rodando no iPhone.*

Parte 3

Interfaces HTML

Os capítulos de 10 a 14 fornecem exemplos de como trabalhar com HTML e CSS móveis. Ambos com exemplos de código de baixo nível (nos capítulos 10 e 14) e se aprofundando em três frameworks para a criação de aplicativos com visuais nativos para iPhone e Android.

Capítulo 10

HTML e CSS Móveis

Antes de entender os passos necessários à criação de HTML e CSS que tenham o mesmo visual e o mesmo comportamento das interfaces móveis nativas, apresentaremos os padrões comuns do desenvolvimento das interfaces visual e de interação em ambiente móvel. Destacaremos também os widgets disponíveis em cada plataforma. Este capítulo também apresenta códigos HTML e CSS específicos para conseguir os efeitos de transição, comuns em navegadores baseados no WebKit. No momento em que escrevemos esse texto, o BlackBerry ainda possui severas limitações nas capacidades do seu navegador, e o capítulo 14 é dedicado apenas ao detalhamento de como criar HTML para os dispositivos que estão disponíveis atualmente. Quando a RIM apresentar o seu sistema operacional novo, com um navegador baseado no WebKit, as técnicas que serão apresentadas neste capítulo serão muito úteis.

Desenvolvedores, iniciantes nestes conceitos poderiam perguntar por que é relevante aprender sobre os detalhes da construção de componentes UI em HTML e CSS quando existem frameworks, tais como: iWebKit, jQTouch e Sencha Touch, que serão estudados nos capítulos seguintes. Existem três razões para justificar este estudo: entendimento dos fundamentos, relação tamanho/eficiência e marca. Primeiro, é muito importante que os desenvolvedores entendam como estes frameworks foram construídos para conseguir fazer uso efetivo de suas capacidades. Todos frameworks e bibliotecas discutidas neste livro são de código aberto e estão em desenvolvimento ativo. Algumas vezes a documentação carece de detalhes sobre como atingir os efeitos desejados. Neste caso, precisará mergulhar no código-fonte. Segundo, se você não estiver desenvolvendo um aplicativo realmente simples, não poderá se dar ao luxo de absorver os custos da relação tamanho/eficiência de uma biblioteca inteira. Neste caso, as técnicas apresentadas neste capítulo irão ajudá-lo a criar uma interface específica para as suas necessidades. Por fim, e mais importante, a tendência em design visual de aplicativos móveis é a de fazer com que este visual esteja relacionado com a marca da sua empresa, e não com o visual nativo dos sistemas operacionais. Muito provavelmente, vai querer modificar a estrutura e o visual de todas as folhas de estilo CSS do aplicativo. Por isso, é mais sábio entender os fundamentos antes de começar a efetuar essas modificações de estilo.

Visão Geral das Plataformas

Esta seção detalhará que navegador está disponível em cada plataforma e incluirá uma visão geral de alto nível das funcionalidades e limitações de cada plataforma.

iOS para iPhone, iPad, iPod Touch

O sistema operacional iOs (para dispositivos iPhone, iPad, e iPod Touch) inclui um navegador móvel baseado no WebKit, também disponível como um componente de navegador, o UIWebView, que pode ser embarcado em aplicativos. O componente de navegador é, na realidade, um navegador completo com todas as funcionalidades de um autônomo. No que diz respeito a navegadores móveis, o navegador do iOS adota o CSS 3 de forma mais robusta e bem desenvolvida do mercado. Esta adoção permite criar elementos de tela que são visualmente idênticos aos usados na UI nativa, normalmente sem a necessidade de incluir imagens no código CSS.

O navegador móvel iOS WebKit abre as páginas web em uma "view port" de dimensões fixas. Podemos imaginar a "view port" como sendo uma janela que permite que veja o que acontece dentro do aplicativo. Você pode usar a interface de toque e mover o que está dentro desta janela para fora, ou para dentro, da área de visualização. O navegador executa esta tarefa fazendo a renderização de uma página web completa, e depois permite que se possa mover esta página para cima ou para baixo da área de visualização. Este comportamento é similar ao de um navegador desktop (se você ignorar o controle de resize - redimensionamento). Apesar disso, a renderização de um zoom ou deslocamento é muito mais suave, já que estas operações são mais comuns em dispositivos com interface de toque.

O componente de navegador também oferece algoritmos sofisticados de detecção de texto, permitindo o reconhecimento de números de telefone, endereços, datas de eventos, rastreamento de números e endereços de e-mail. Outra forma de conseguir esta mesma funcionalidade seria adicionar atributos especiais ao início da propriedade href das suas tags link (por exemplo: mailto:, sms: etc.). O navegador também redireciona links específicos para GoogleMaps, YouTube ou para os aplicativos nativos correspondentes no próprio dispositivo.

Todos os dispositivos iPhone incluem uma tela sensível ao toque de alta resolução e um acelerômetro. O novo iPhone 4 acrescenta ainda um giroscópio e a tela "Retina Display". A uniformidade entre dispositivos iPhone simplifica a criação e os testes das interfaces dos seus aplicativos.

Android

O sistema operacional Android também inclui um navegador baseado no WebKit e um componente WebView, que pode ser embutido em um aplicativo. Este componente também dispõe das mesmas funcionalidades de um navegador completo. O do Android, baseado no WebKit, apresenta, na sua maioria, as mesmas funcionalidades do navegador móvel do iOS. Contudo, ele não é tão robusto quanto a versão desenvolvida pela Apple e suporta menos funcionalidades do CSS2. Ainda assim, é muito superior aos utilizados no Windows Mobile e BlackBerry.

Empresas como a HTC, Motorola e Google possuem dispositivos Android no mercado. A maioria deles com capacidades de hardware bem diferenciadas. Esta heterogeneidade dificulta o desenvolvimento de aplicativos que trabalhem uniformemente em telefones baseados no Android. Estes problemas de compatibilidade de hardware não só afetam o telefone, mas também o sistema operacional. O Android é uma plataforma de código aberto que possibilita a modificação do sistema operacional pelos desenvolvedores. Em geral, os fornecedores criam uma marca personalizada e um design único para a tela principal do dispositivo, incluindo botões específicos tanto em hardware quanto em software. Sendo assim, não é raro que existam grandes alterações funcionais. O hardware mais comum para a maioria dos dispositivos inclui tela sensível ao toque (touch screen), acelerômetro, GPS, câmera e wifi.

BlackBerry

A Research in Motion (RIM), fabricante dos dispositivos BlackBerry, anunciou o suporte para o WebKit. Mesmo assim, todos os dispositivos BlackBerry disponíveis no mercado possuem apenas um navegador proprietário com severas limitações (veja o capítulo 14, para mais detalhes). Existem dois componentes de navegador que podem ser encontrados no SO do BlackBerry: o primeiro possui limitações extremas no suporte HTML e CSS, já o segundo possui melhor suporte para HTML e CSS, mas exige que seja utilizado um cursor parecido com os dos mouses para navegação, mesmo quando o usuário não está usando um dispositivo com tela sensível ao toque. Ainda mais importante, o controle de navegador que você pode embutir nos seus aplicativos não possui o mesmo conjunto de funcionalidade do navegador autônomo do dispositivo.

A BlackBerry possui uma grande variedade de dispositivos com resoluções de tela diferentes. A diferença mais significativa entre dispositivos está no uso do Track Ball e na tela sensível ao toque como dispositivo de interação com o usuário. Já com o BlackBerry Storm, a RIM apresentou ao mercado um dispositivo de tela sensível ao toque e teclado virtual. Infelizmente, a baixa eficiência do dispositivo e a sensação de estranheza provocada pelo sensor de toque (que move a tela inteira em ações de clique), levaram a restrições diversas em dispositivos diferentes com os aplicativos criados.

Windows Mobile

Escrever aplicativos em HTML e CSS para Windows Mobile é um verdadeiro desafio. O Windows Mobile possui tanto um navegador autônomo quanto um controle de navegador que são compatíveis com o Internet Explorer 5.5. Ele é capaz de fazer a renderização da maioria das páginas web de forma correta, contudo, suporta apenas uma versão incompleta do padrão CSS 2.

O Windows Mobile também está disponível em uma grande variedade de dispositivos vendidos por vários fornecedores, resultando em um grande nível de incompatibilidade entre aparelhos. Por cima de tudo isso, alguns fornecedores de hardware, como a HTC, criaram uma interface com o usuário totalmente proprietária para os dispositivos que vendem. Além disso, o usuário também pode instalar kits de interface que mudarão completamente o visual, tornando a interface completamente inconsistente.

A interface com o usuário do Windows Mobile mudou muito ao longo dos anos. Existe uma barra de botões na base da tela que, por padrão, apresenta um menu iniciar e um botão de lançamento rápido. Espera-se que o Windows Phone 7 apresente melhorias significativas na interface com o usuário, proporcionando assim uma melhor experiência de uso.

Design Patterns Comuns

Existem padrões de design (design patterns) comuns entre os sistemas operacionais dos dispositivos móveis. São estes padrões que tornam possível nossa abordagem de desenvolvimento de interface multiplataforma.

Abordagem Baseada em Telas

A abordagem de desenvolvimento baseada em telas é uma aproximação de interface adequada ao tamanho reduzido das telas da maior parte dos dispositivos móveis. Estes dispositivos mínimos apresentam telas reduzidas que tornam muito difícil a exibição de muito conteúdo de cada vez. Nesta abordagem, a interface do aplicativo é segmentada em várias views com escopo limitado. Existem vários padrões de projeto de interação para o design em várias telas, objetivando acomodar uma interface que não cabe em uma tela.

- *Scroll view*: A abordagem mais simples para acomodar informações que não cabem em uma única tela é permitir ao usuário que role a view para baixo ou para o lado. Por padrão, apresentamos apenas a parte superior da tela.
- *Scalable View*: Dispositivos com telas sensíveis ao toque usam, frequentemente, os controles de Zoom e pan (deslocamento) para permitir a visualização de documentos ou views grandes. A abordagem pan/zoom é mais comum para apresentação de mapas e páginas web.
- *Wizard*: Padrão de interface emprestado dos desktops. Alguns aplicativos móveis usam a abordagem wizard sempre que o usuário precisa completar vários passos em uma série de telas para finalizar uma tarefa.
- *Progressive Disclosure*: Frequentemente, quando mostramos uma grande quantidade de informação, é útil dividir estas informações por categorias e subcategorias. Ou mesmo simplesmente mostrar uma lista de títulos que levem à apresentação de itens individuais. Geralmente, isto envolve um tipo de sistema de navegação hierárquico. Neste padrão, você irá encontrar uma lista de categorias, quando clicar em uma destas para alcançar uma ou mais subcategorias. Quando entrar em uma das subcategorias, finalmente encontrará o conteúdo desejado.

Navegação

Controles de navegação são muito úteis já que, geralmente, aplicativos móveis possuem muitas telas. Neste caso, podemos usar várias abordagens diferentes para ajudar a localização do conteúdo desejado. Acrescentados aos paradigmas de navegação inferidos dos padrões de design discutidos na seção anterior – a abordagem baseada em telas – a maioria dos dispositivos disponibiliza barras de ferramentas, abas, ou mesmo menus.

Menus

Windows Mobile, BlackBerry e Android possuem um menu padrão para ajudar seus usuários na navegação no aplicativo. Um menu é um elemento que deve ser consistente em todos os aplicativos. Em geral, eles fornecem opções gerais de navegação tais como: página "**Home**" ou "**Settings**", mas também podem conter ações como "**Create**" ou "**Save**". Normalmente são utilizados como se fossem barras de abas onde são incluídas poucas opções de navegação. Na maior parte dos aplicativos multiplataforma BlackBerry–iOS, verá que os do BlackBerry inclui os mesmos itens da barra de abas (tab bar) do iOS. Já o Android oferece tanto o menu quanto a tab bar, provendo flexibilidade ao designer do aplicativo.

Tab Bars

As barras de abas (tab bars) estão disponíveis no iOS e no Android (veja as Figuras 10–1 e 10–2). Elas podem ser posicionadas tanto na base quanto no topo da tela. A maior parte das plataformas possui um número limite máximo que podem ser apresentadas ao mesmo tempo. Cada aba ou tab contém uma view totalmente preenchida para permitir a comutação rápida entre conteúdos. Geralmente elas são usadas para destacar áreas importantes ou para segmentar a arquitetura de informações do aplicativo.

Figura 10–1. *Barra de abas – tab bar – do iOS.*

Figura 10–2. *Barra de abas – tab bar – do Android.*

Toolbars

iOS, Android, BlackBerry e Windows Mobile possuem toolbars (barras de ferramentas). Veja as Figuras 10–3 e 10–4. As barras de ferramentas ou toolbars ficam na base da tela no Android e no iOS, e em locais personalizados no BlackBerry e no Windows Mobile.

Figura 10–3. *Barra de ferramentas – tool bar – do iOS.*

Figura 10–4. *Barra de ferramentas – tool bar – do Android.*

Navigation Bars

São similares às barras de ferramentas e normalmente possuem itens específicos de navegação. Podem incluir um título e botões de navegação à esquerda e à direita (veja as Figuras 10–5 e 10–6). Geralmente as barras de navegação ficam no topo da tela.

Figura 10–5. *Barra de navegação – navigation Bar – do iOS.*

Figura 10–6. *Barra de navegação – navigation bar – do Windows Mobile.*

Buttons Bars e Context Menus

Da mesma forma que os menus popups, no sentido de que eles também podem incluir navegação geral, as buttons bars (barras de botões, veja a Figura 10–7) também podem conter funções de tela específicas como "new" ou "edit". Em geral, estas barras ficam na base da tela como uma barra de ferramentas.

Figura 10–7. *Barra de botões – Button bar – do Android.*

O BlackBerry usa menus de contexto – context menus (veja a Figura 10–8) no lugar de barras de navegação para o controle do fluxo do aplicativo.

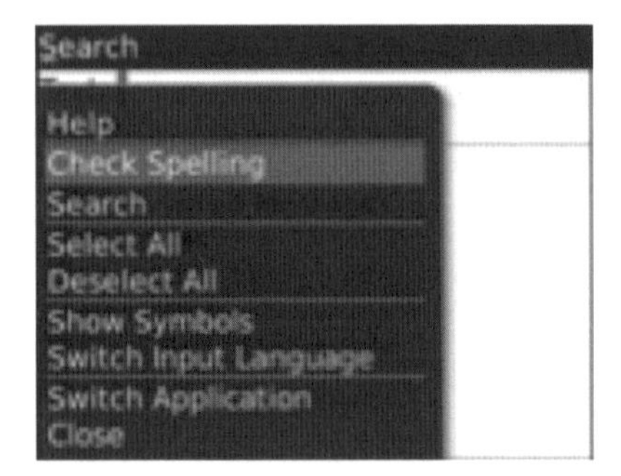

Figura 10–8. *Menu de contexto – context menu – do BlackBerry.*

Widgets de Interface de Usuário

Os widgets de interface de usuário são controles UI que representam informações que podem ser modificadas pelo usuário. Eles aparecem em várias formas e cores em cada plataforma móvel. Por exemplo: um check box e um radio button podem ser considerados widgets UI (veja a Figura 10–9). Ambos são controles padrões de interface que representam um estado que pode ou deve ser selecionado pelo usuário. Os sistemas operacionais Android e iOS possuem, com larga vantagem, a maior coleção de widgets de UI quando comparados às outras plataformas.

Figura 10–9. *Radio Buttons e Check Boxes no iOS.*

Esta seção do livro irá, fundamentalmente, apresentar os Widgets de Ui nativos que podem ser encontrados em um navegador e como sobrescrever suas funcionalidades para dar ao seu usuário a sensação de usar um aplicativo nativo.

Check Boxes

Todas as plataformas smartphones móveis fornecem Widgets de interface para a função de check box – caixas de seleção – representando os valores booleanos de ligado/desligado (on/off). Todos possuem o mesmo conceito de uma caixa de seleção e muitos são contornados por uma caixa. Este é o método tradicional de criação de caixas de seleção (check boxes) pelos navegadores tradicionais. Tenha em mente que estamos falando de componentes nativos. Para sobrescrever estas funcionalidades nos navegadores móveis do iOS, baseados no WebKit; usando o CSS, verifique a Listagem 10–1. Este exemplo de código assume que você está usando uma imagem para caixa de seleção que se parece com a da Figura 10–10. Você precisa ter um aplicativo que esteja usando um componente UIWebView (veja o capítulo 3).

Listagem 10–1. *Check boxes em CSS3 para o WebKit no iOS.*

```
HTML
<form action="#">
   <input type="checkbox" name="checkboxiPhone" value="checkboxiPhone" />
</form>

CSS
```

```
form input[type="checkbox"] {
   -WebKit-appearance: none;
    background: url('switch.png') no-repeat center;
    background-position-y: -27px;
    height: 27px;
    width: 94px;
}

form input[type="checkbox"]:checked {
    background-position-y: 0;
}
```

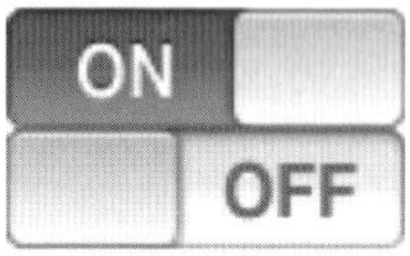

ON
OFF

Figura 10–10. *Imagem para o check box da Listagem 10–1.*

A Listagem 10–1 mostra como construir um formulário HTML que contém um check box. Para sobrepor a aparência padrão do widget, você pode fazer uso da propriedade *appearence* do CSS3 no WebKit. Esta propriedade pode alterar a aparência padrão de componentes HTML. Determinar o valor desta propriedade como "none" permitirá que você remova todos os estilos padrão de um determinado elemento.

Além de adicionar uma imagem de fundo, mudamos sua aparência de forma a ter um deslocamento negativo. Isto irá apresentar a posição off (desligado) por padrão. Você também precisará determinar a largura (width) do elemento para concordar com a largura da imagem, e a altura (height) para ser a metade da altura da imagem. Quando o check box é selecionado, deveremos mover o eixo y da imagem para 0 mostrando o estado on (ligado) do check box.

O uso deles no Android é diferente do iOS e usa um processo mais tradicional (veja a Figura 10–11). Para sobrepor este comportamento no Android usando o controle de navegador do WebKit, veja a Listagem 10–2.

Checkbox2
Checkbox3
Radio Buttons
Radio Butto...
Radio Butto...
Radio Butto...

Figura 10–11. *Check Boxes e Radio Buttons no Android.*

Listagem 10–2. *Criação dos check boxes no Android.*

```
HTML
<form action="#">
    <input type="checkbox" name="checkboxDroid" value="checkboxDroid" />
</form>
CSS
form input[type="checkbox"] {
    -webkit-appearance: none;
    background: url(btn_check_off.png) no-repeat;
    height: 31px;
    width: 31px;
}
input[type="checkbox"]:checked {
    background: url(btn_check_on.png) no-repeat;
}
```

Neste exemplo, temos novamente um formulário (form) que contém um elemento input do tipo checkbox. Você precisará forçar a propriedade -webkit-appearance para "none" e dar ao elemento uma largura (width) e altura (height) específicas. Neste caso, você simplesmente irá alterar a imagem que será apresentada como background do elemento para mostrar os estados de selecionado (on) ou não selecionado (off).

Nem o Windows Mobile nem o BlackBerry suportam navegadores compatíveis com o CSS3. Isto significa que não existe uma forma de, verdadeiramente, sobrepor a aparência padrão deles.

Selection Boxes

As plataforma iOS e Android fornecem controles de navegador com um elemento padrão de seleção chamado selection box ou caixas de seleção. Clicando em um selection box, em qualquer uma destas plataformas, irá resultar na revelação de um controle nativo de seleção, como no iOS (Figura 10–12), ou em uma view modal composta de radio buttons, como no Android (Figura 10–13).

Figura 10–12. *Caixas de seleção – Selection box – no iOS.*

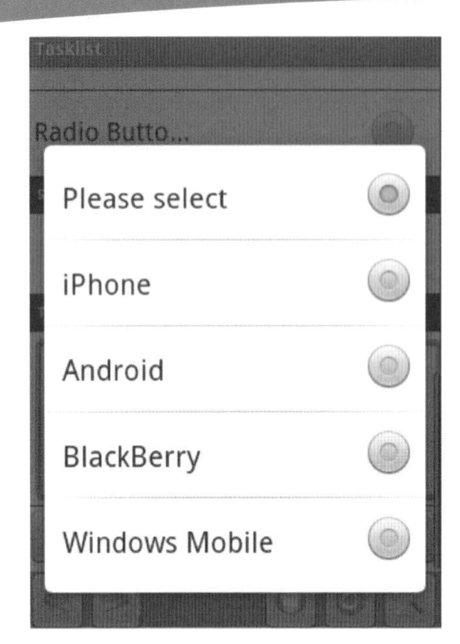

Figura 10–13. Depois de clicada, *a caixa de seleção do Android irá abrir uma lista de opções para se escolher uma delas.*

Como foi dito anteriormente, esta funcionalidade está disponível no controle de navegador do iOS. Neste caso, qualquer caixa de seleção que o usuário for usar, irá apresentar a lista de seleção nativa (chamada selection picker). Contudo, você ainda precisará estilizar a caixa de seleção apresentada pelo controle de navegador, para que ela tenha o mesmo efeito visual de um componente nativo. Por padrão, este componente se parece com uma caixa de seleção de navegador web (veja a Listagem 10–3).

Listagem 10–3. *Exemplo de caixa de seleção para o iOS.*

```
HTML
<form action="#">
         <select name="select_box">
             <option selected>Please select</option>
             <option value="apple">iPhone</option>
             <option value="android">Android</option>
             <option value="blackberry">BlackBerry</option>
             <option value="winmo">Windows Mobile</option>
         </select>
</form>

CSS
form select {
  -webkit-appearance: none;
  background: url('select.png') no-repeat right;
  border: 0px;
  width:100%;
  height:40px;
  font-size: medium;
  font-weight: bold;
}
```

Na Listagem 10–3, criamos um formulário HTML contendo uma caixa de seleção para um navegador móvel WebKit. Uma vez mais, precisará substituir a aparência padrão usando a propriedade webkit-appearance. Por fim, adicionará o indicador de revelação, à direita da caixa. Este indicador mostra ao usuário que esta é uma caixa de seleção e que alguma coisa irá aparecer abaixo dela. Veja um exemplo deste indicador de revelação na Figura 10–14. O Android segue o mesmo padrão, exceto que teremos que modificar a propriedade background para que esta aponte para outra imagem (veja a Figura 10–15).

Figura 10–14. *Indicador da caixa de seleção do iOS.*

Figura 10–15. *Indicador da caixa de seleção do Android.*

Novamente o BlackBerry e o Windows Mobile não possuem esta capacidade e apresentarão apenas a caixa de seleção padrão do navegador.

Text Boxes

Todas as plataformas smartphones abordadas neste livro usam as caixas de texto (text boxes) de forma praticamente padrão. Este elemento, no Android, no Windows Mobile e no BlackBerry, possui um label seguido, à direita, de uma caixa de texto. O iOS não utiliza este label padrão. Em substituição, emprega o atributo placeholder do elemento input do tipo text, do HTML 5. Veja a Figura 10–16 para um exemplo de como é o visual deste elemento no iOS, e a Listagem 10–4 para um exemplo do uso do atributo placeholder em um controle de navegador também do iOS.

Figura 10–16. *Caixa de Texto para edição no iOS.*

Listagem 10–4. *Código-fonte HTML para exemplo do atributo placeholder.*

```
<form action=”#”>
    <input type="text" name=" title" placeholder=”Title” />
</form>
```

Como apresentado na Figura 10–17, o Android faz uso de um label justificado à esquerda e caixas de texto justificadas à direita.

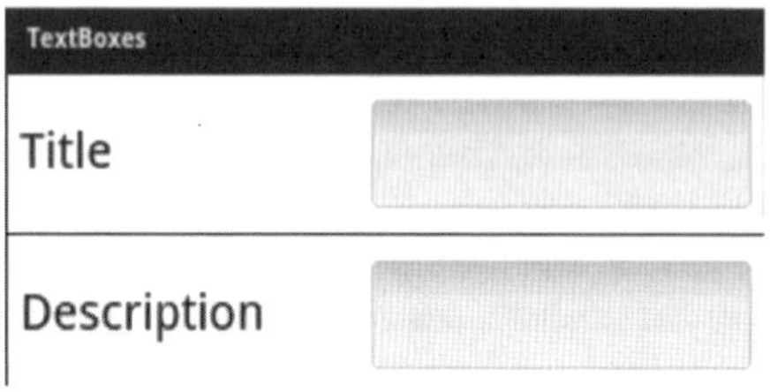

Figura 10–17. *Caixas de texto no Android.*

Text Areas

Text areas (áreas de texto) são componentes padrões multiplataforma que serão discutidos nesta seção. A maior diferença visual entre as text areas nas diversas plataformas é o sombreamento de fundo e o uso dos cantos arredondados, tanto no iOS quanto no Android, contra o fundo plano e os cantos retos do BlackBerry e do Windows Mobile. Por padrão, o iOS não possui o sombreamento de fundo, enquanto o Android possui um degradê em tons de cinza. Ambas áreas possuem cantos arredondados. Você pode ver um exemplo de uma área de texto do iOS na Listagem 10–5 e na Figura 10–18.

Listagem 10–5. *Criação de uma área de textos no iOS.*

```
HTML
<form action="#">
   <textarea name="thing[text_area]" rows="5" cols="30" >Some great text</textarea>
</form>
CSS
form textarea {
        -webkit-appearance: none;
        border: 1px solid #878787;
        -webkit-border-radius: 8px;
        font-size: medium;
        width:280px;
        line-height:20px;
        background-color:white;
}
```

Figura 10–18. *Área de textos no iOS.*

Na Figura 10–18, você removerá primeiro o estilo padrão do WebKit, aplicado à área de texto. Depois adicionará uma borda cinza de um pixel no lado externo e fará com que o raio da borda seja igual a oito pixels. Você deve também aplicar os valores de tamanho da fonte e da altura da linha para os valores font-size e line-height respectivos, conforme mostrados no exemplo.

O uso no Android é muito similar ao do iOS, exceto que ele terá uma cor de fundo (background color). Veja a Listagem 10–6 para criação da área de textos e a Figura 10–19 para o resultado.

Listagem 10–6. *Criação de uma área de textos no Android.*

```
HTML
<form action="#">
   <textarea name="thing[text_area]" rows="5" cols="30" >Some great text</textarea>
</form>
CSS
form textarea {
        -webkit-appearance: none;
        border: 1px solid #878787;
        -webkit-border-radius: 8px;
        font-size: medium;
        width:280px;
        line-height:20px;
        background-color:white;
}
```

Figura 10–19. *Área de textos – text area – no Android.*

Na Listagem 10–6, a primeira coisa que fazemos é remover o estilo padrão do WebKit da área de textos. Depois você precisará adicionar um degradê cinza claro para o background e uma borda também cinza claro. As bordas não são tão arredondadas como no iOS. Defina um raio de 4 pixels, aplique o estilo de texto padrão, a margem (margin) externa, o deslocamento (padding), e termine com uma leve sombra (shadow) para dar profundidade à área de textos.

Radio Buttons

Os radio buttons (botões de rádio, botões de seleção) permitem que você escolha um item de uma lista de opções. O BlackBerry e o Windows Mobile usam radio buttons padrão que apresentam um círculo vazio quando a opção não está selecionada e um círculo cheio quando a opção está selecionada. O Android usa o mesmo conceito do BlackBerry e do Windows Mobile, porém, em vez de encher o círculo todo, quando selecionado, preenche apenas o seu centro. O iOS possui o mesmo conceito de radio buttons. Entretanto, no seu guia de criação de interfaces (Apple Human Interface Guidelines), a Apple sugere o uso dos pickers (seletores). Como por exemplo, veja os seletores de data. Se você realmente quiser usar um radio button em um aplicativo para o iOS, deve considerar que eles possuem um conceito ligeiramente diferente do utilizado nas outras plataformas. Usam símbolos de marcadores de verificação à direita ou à esquerda de um label para indicar se a opção foi selecionada ou não. Observe a Figura 10–20, nela apresentamos um exemplo para o iOS.

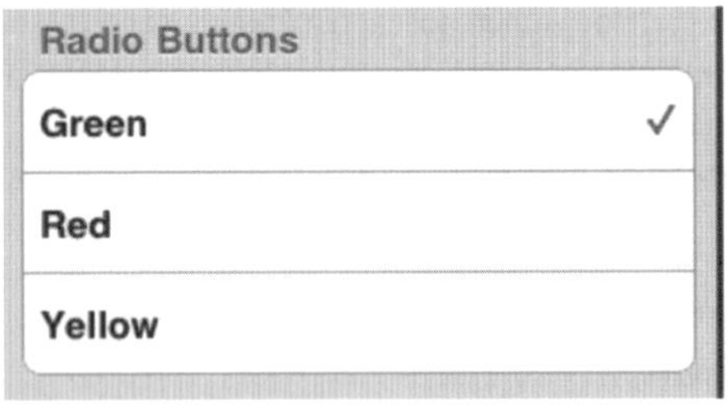

Figura 10–20. *Radio Buttons no iOS.*

Para criar este radio button, você precisará recorrer a alguns truques de CSS. Seu objetivo final será ter um label dentro dele com uma marca de verificação aparecendo à direita, como na Figura 10–20. Primeiro é necessário modificar o estilo do radio button removendo os estilos da sua aparência padrão. O comportamento inicial será o de não selecionado. Quando for selecionado, você usará os atributos de posicionamento da imagem de background para reposicionar a imagem de fundo totalmente à direita e 50% para baixo. Além disso, para posicionar a marca de verificação, ligeiramente à direita, você deve acrescentar uma margem (margin) direita transparente. Definindo o atributo position como relative, permitirá a determinação de um valor para o atributo z-index grande o suficiente para que o label apareça por cima de tudo. Em geral, queremos que o radio button ocupe 100% da largura e da altura da célula onde ele está para que toda esta área possa ser clicada. Veja a Listagem 10–7.

Listagem 10–7. *Criação de um radio button.*

```
HTML
<form action="#">
    <label for="thing[radio_button]">Radio Button1</label>
    <input type="radio" name="thing[radio_button]" value="radio1"/>
</form>
CSS
form input[type="radio"] {
   -webkit-appearance: none;
   position: relative;
   display:block;
   width:100%;
   height: 40px;
   line-height:40px;
   margin:0;
   -webkit-border-radius: 8px;
}

form input[type="radio"]:checked {
    background: url('radiobutton.png') no-repeat;
    background-position-x: 100%;
    background-position-y: 50%;
}

form label {
    float: left;
    display:block;
    color: black;
    line-height: 40px;
    padding: 0;
```

```
        margin: 0 20px 0 10px;
        width: 40%;
        overflow: hidden;
        text-overflow: ellipsis;
        white-space: nowrap;
        font-weight:bold;
}
```

Já a criação de radio buttons no Android (Figura 10–21 e Listagem 10–8) não é muito diferente da criação dos mesmos para BlackBerry ou Windows Mobile, e irá utilizar o mesmo HTML usado no iOS. A maior diferença é que, no iOS, você poderá selecionar qualquer ponto da célula para ativá-la. No Android, no Windows Mobile e BlackBerry, você só será capaz de selecionar uma opção quando clicar no próprio radio button. Esta abordagem não funciona muito bem em dispositivos dotados de tela sensível ao toque.

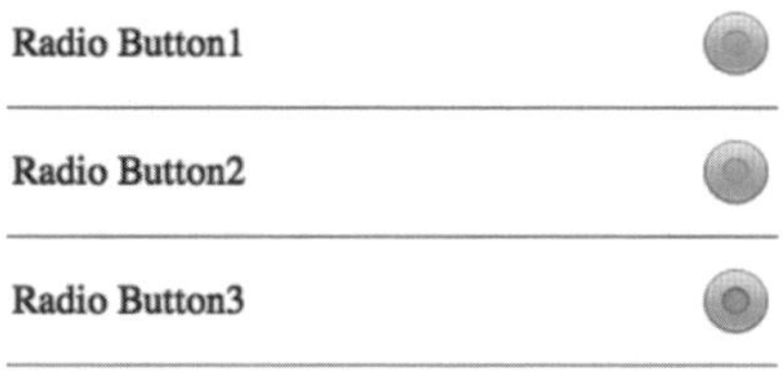

Radio Button1

Radio Button2

Radio Button3

Figura 10–21. *Radio button no Android.*

Listagem 10–8. *Criação do radio button no Android.*

```
HTML
<form action="#">
     <label for="thing[radio_button]">Radio Button1</label>
     <input type="radio" name="thing[radio_button]" value="radio1"/>
</form>
CSS
form input[type="radio"] {
   -webkit-appearance: none;
   position: relative;
   display:block;
   width:100%;
   height: 40px;
   line-height:40px;
   margin:0;
   -webkit-border-radius: 8px;
}

form input[type="radio"]:checked {
    background: url('radiobutton.png') no-repeat;
    background-position-x: 100%;
    background-position-y: 50%;
}

form label {
    float: left;
    display:block;
    color: black;
    line-height: 40px;
    padding: 0;
```

Componentes Adicionais

Além dos controles padrão do HTML, muitas plataformas de smartphones possuem widgets de alto nível específicos para a seleção de datas e mapas. Como você não pode adicionar estes controles usando apenas o HTML, eles estão disponíveis em alguns frameworks multiplataforma, com extensões nativas especiais para que possa usufruir destas funcionalidades.

WebKit Web Views

As Web Views do iOS e do Android funcionam de forma muito parecida. Basicamente, porque ambas foram desenvolvidas usando o WebKit. Tente pensar na Web View como uma janela que permite ver uma dada porção de uma página web em um dado momento. O motor (engine) de navegação do WebKit faz a renderização completa da página web, colocando o resultado atrás desta janela. A janela permanece estática e você consegue mover o conteúdo que está por baixo dela. É possível mover a página para cima e para baixo como se fosse um carretel de filmes.

A compreensão do funcionamento de uma Web View é importante, já que ela torna algumas estruturas de CSS mais complicadas. Por exemplo: nem o navegador do Android nem o navegador do iOS são capazes de manusear a propriedade CSS "Display: Fixed;" de forma correta. Normalmente, esta propriedade é usada para posicionar um elemento de forma estática na página e permitir que o resto do conteúdo se mova. Em ambos os casos, os navegadores abrirão apresentando o elemento com esta propriedade de forma correta. Mas, quando você mover a página por baixo da janela da Web View, este elemento será movido junto com o resto da página, deixando a sua posição original. Este é o caso típico da barra de botões na base da tela. Se sua página for suficientemente longa, a barra de botões acabará sendo movida para cima, ficando posicionada completamente fora da janela.

Criando Listas

Listas são uma parte integral dos sistemas operacionais móveis. As listas (lists) são os condutores primários usados para todas as informações segmentadas. Além disso, permitem a criação de estruturas hierárquicas de navegação.

Quando mostramos elementos em uma lista à interface web móvel, geralmente, usamos listas do tipo não-ordenadas (<ul>), itens de lista (<li>) e propriedades CSS para acrescentar estilo. A Listagem 10–9 mostra como criar uma lista com indicadores de revelação de subníveis. Veja a Figura 10–22 para conhecer a aparência de quando o HTML é renderizado. Observe que esta aproximação irá funcionar no iOS, no Android e no Windows Mobile (embora este código específico não tenha sido testado em todos os navegadores móveis). No BlackBerry, é frequentemente mais fácil empregar um layout baseado no elemento table.

Listagem 10–9. *Criando uma lista com indicadores de subnível.*

```
<!DOCTYPE html SYSTEM "http://www.w3.org/TR/xhtml1/DTD/xhtml1-transitional.dtd">
<html xmlns="http://www.w3.org/1999/xhtml">
    <head>
        <title>HTML LIST</title>
        <style type="text/css">

            body {
                margin: 0;
            }

            .list {
                border-top: 1px solid #ccc;
            }

            .list ul {
                padding: 0;
                margin: 0;
            }
```

```
        .list li {
            width: 100%;
            height: 75px;
            list-style-type: none;
            }

        .list a {
            display: block;
            text-decoration: none;
            color: #000;
            font-size: 20px;
            height: 100%;
            width: 100%;
            background-color: #eef;
        }

        .list a:active {
            background-color: #cce;
            border-bottom: 1px solid #fff;
            border-top: 1px solid #ccc;
        }

        ul.simple_disclosure_list li {
            border-bottom: 1px solid #ccc;
            border-top: 1px solid #fff;
        }

        ul.simple_disclosure_list li a {
            background-image: url(arrow.png);
            background-repeat: no-repeat;
            background-position: center right;
        }

        ul.simple_disclosure_list li a span.title {
            margin-left: 30px;
            font-weight: bold;
            float: left;
            position: relative;
            top: 40%;
        }
    </style>
</head>
<body>
    <div class="list">
        <ul class="simple_disclosure_list">
            <li>
                <a href="#">
                    <span class="title">Title 1</span>

                </a>
            </li>
            <li>
                <a href="#">
                    <span class="title">Title 2</span>

                </a>
            </li>
```

```
                <li>
                    <a href="#">
                        <span class="title">Title 3</span>

                    </a>
                </li>
            </ul>
        </div>

    </body>
</html>
```

Title 1 ›

Title 2 ›

Title 3 ›

Figura 10–22. *Criando uma lista com revelação progressiva de subníveis.*

Construído uma Barra de Navegação

As barras de navegação (navigations bars) podem ser encontradas nos dispositivos iOS, Android e Windows Mobile. No iOS e no Windows Mobile a barra de navegação é representada por uma barra de elementos que fica no topo da página. No Android, é mais parecida com uma barra de botões que fica na base de cada página. A versão Android é um pouco mais difícil de ser construída. Anteriormente, explicamos como uma Web View funciona no Android e no iOS. Isto é muito importante já que irá tornar muito mais difícil construir uma barra de navegação para o Android que funcione corretamente. Como já explicamos, o valor "fixed" da propriedade "display" não funciona para fixar a barra de navegação na base da página. Como podemos contornar este problema? Existem algumas opções para isso, mas nenhuma delas é melhor do que as outras. Primeiramente, você pode aguardar que a equipe de desenvolvimento do Android libere uma atualização para resolver este problema. Segundo, pode criar uma barra de navegação flutuante que funcione de forma semelhante à barra do Android, mas que se mova junto com a página. Nenhuma destas duas opções está sequer próxima do ideal. Alguns desenvolvedores criaram soluções próprias específicas para contornar este problema. Por exemplo, a biblioteca iScroll, da Cubiq (`http://cubiq.org/iscroll`), oferece a possibilidade de permitir o deslocamento da página e ainda manter a barra de ferramentas e outros widgets fixos na base da tela.

A Listagem 10–10 e a Figura 10–23 mostram a criação de uma barra de navegação básica. Ela pode ser modelada como uma réplica da barra de navegação do iOS, se fornecermos os recursos e atributos apropriados do CSS3.

Listagem 10–10. *Criação simples de uma barra de navegação do iOS.*

```
<!DOCTYPE html SYSTEM "http://www.w3.org/TR/xhtml1/DTD/xhtml1-transitional.dtd">
<html xmlns="http://www.w3.org/1999/xhtml">
    <head>
        <title>Navigation Bar</title>
        <style type="text/css">
            body {
                margin: 0;
            }

            div#navbar {
                height: 40px;
                line-height:40px;
                background-color:gray;
            }

            div#navbar div {
                margin: 0 10px 0 10px;
            }

            div#navbar div a {
                text-decoration:none;
                color:black;
            }

            div#navbar div#navLeft {
                float: left;
            }

            div#navbar div#navRight {
                float:right;
            }

            div#navbar div#navTitle {
                width: 100%;
                height: inherit;
                position: absolute;
                text-align:center;
                margin: 0;
            }

        </style>
    </head>
    <body>
        <div id="navbar">
            <div id="navLeft"><a href="#">Back</a></div>
            <div id="navTitle">Nav Bar</div>
            <div id="navRight"><a href="#">Home</a></div>
        </div>
    </body>
</html>
```

Back Nav Bar Home

Figura 10–23. *Criação simples da barra de navegação do iOS.*

A Listagem 10–11 detalha a criação de uma réplica simples de uma barra de botões com a aparência típica da barra de botões nativa do Android. Neste caso, usamos um elemento table para que, quando adicionarmos ou removermos botões, este elemento se encarregue de ajustar seu redimensionamento.

Listagem 10–11. *Criação de uma barra de botões simples no Android.*

```
<!DOCTYPE html SYSTEM "http://www.w3.org/TR/xhtml1/DTD/xhtml1-transitional.dtd">
<html xmlns="http://www.w3.org/1999/xhtml">
    <head>
        <title>Navigation Bar</title>
        <style type="text/css">
            body {
                margin: 0;
            }

            div#navbar {
                height: 40px;
                width: 100%;
                line-height:40px;
                background-color:gray;

                  display: table;
            }

            div#navbar div {
                display: table-cell;
                text-align:center;
                border: 1px solid blue;
            }

            div#navbar div.row {
                display: table-row;
                margin:0;
                padding: 0;
            }

            div#navbar div a {
                text-decoration:none;
                color:black;
            }

        </style>
    </head>
    <body>
        <div id="navbar">
            <div class="row">
                <div id="navLeft"><a href="#">Back</a></div>
                <div id="navTitle">Nav Bar</div>
                <div id="navRight"><a href="#">Home</a></div>
            </div>
        </div>
    </body>
</html>
```

Figura 10–24. *Barra de botões simples no Android.*

Capítulo 11

iWebKit

O framework iWebKit permite que você crie código HTML com a mesma aparência e o mesmo comportamento de aplicativos nativos do iPhone. Como o nome implica, o iWebKit é voltado para navegadores baseados no mecanismo de código aberto WebKit. Mais especificamente para o navegador móvel do iPhone: o Safari. Ele foi desenvolvido seguindo as regras do Apple Human Interface Guidelines para reproduzir tanto a aparência quanto o comportamento dos aplicativos do sistema operacional iOS.

O iWebKit foi originalmente desenvolvido para adaptar sites para visualização em dispositivos móveis.[1] Contudo, o mesmo se destaca no mercado principalmente por ser muito prático adaptar os kits de ferramentas desenvolvidos para portar sites para o ambiente móvel no desenvolvimento de aplicativos que usem controles de navegação (WebUI view) baseados em HTML. Neste caso, ele pode ser facilmente integrado em aplicativos desenvolvidos em Objective-C, ou nos desenvolvidos usando os frameworks Rhodes e PhoneGap.

Como foi discutido anteriormente, as plataformas Rhodes e PhoneGap permitem que você crie aplicativos nativos do iPhone que poderão ser distribuídos via iTunes App Store. Entretanto, aplicativos baseados na WebUIView, em geral, não possuem a mesma aparência, nem o mesmo comportamento de um aplicativo nativo do iPhone. Neste cenário, o iWebKit oferece uma forma simples e fácil de aplicar os estilos necessários para desenhar a interface com o usuário com estas características.

O iWebKit é fácil de ser usado por qualquer um que tenha familiaridade com HTML e CSS para criar formulários, listas hierárquicas e muito mais, de forma simples e integrada, resultando em um aplicativo leve e rápido. Ele tira vantagem das novas propriedades do CSS3 suportadas pelo navegador móvel Safari: como gradientes de background, formulários, propriedades de bordas, além dos cantos arredondados que não requerem o uso de imagens.

Este capítulo fornece uma visão geral das funcionalidades disponíveis em vários exemplos que ilustram como integrá-lo em cada um dos ambientes multiplataforma discutidos neste livro.

[1] A documentação completa sobre o uso do iWebKit para sites móveis pode ser encontrada em http://iwebkit.net.

Trabalhando com o Framework iWebKit

O framework iWebKit é composto por um grande conjunto de folhas de estilo CSS, ícones, JavaScript, além de páginas de teste que servem como as estruturas básicas para qualquer view que você deseje adicionar ao seu aplicativo.

Você pode baixar o iWebKit no site do projeto em *http://snippetspace.com/projects/iwebkit/*[2]. Além do framework propriamente dito, este download inclui um diretório de exemplos (demos) contendo amostras de código para todas as funcionalidades descritas neste capítulo. Você pode ver os demos abrindo o arquivo *index.html* em um navegador WebKit (como o Safari ou o Chrome) e, em seguida, redimensionar a janela para o tamanho do conteúdo. Mais tarde, em um exemplo ainda neste capítulo, mostraremos como criar um aplicativo nativo partindo de um dos códigos de demonstração. Se você não conseguir esperar para ver como o código demo ficará no iPhone, poderá visitar o endereço `http://snippetspace.com/iwebkit/demo/` usando o navegador do seu dispositivo móvel.

As páginas que integram o framework iWebKit são em HTML padrão que incluem CSS e JavaScript. Contudo, alguns elementos da estrutura da página podem divergir dos padrões, dependendo de quais elementos do mesmo você optar por usar. O código exemplo da Listagem 11–1 ilustra o tipo de estrutura de documento que você deve esperar ver em aplicativos que sejam integrados no iWebKit.

Listagem 11–1. *Estrutura de documentos do iWebKit.*

```
<!DOCTYPE html PUBLIC "-//W3C//DTD XHTML 1.0 Strict//EN"↵
 "http://www.w3.org/TR/xhtml1/DTD/xhtml1-strict.dtd">
<html xmlns="http://www.w3.org/1999/xhtml">
<head>
<meta content="minimum-scale=1.0, width=device-width, maximum-scale=0.6667,↵
 user-scalable=no" name="viewport" />
<link href="css/style.css" rel="stylesheet" media="screen" type="text/css" />
<script src="javascript/functions.js" type="text/javascript"></script>
<title>Demo App</title>
</head>
<body class="list">
<div id="topbar">
                <div id="title">Demo App</div>
                <div id="bluerightbutton">
                        <a href="#" class="noeffect">New</a>
                </div>
        </div>
<div class="searchbox">
        <form action="" method="get">
        <fieldset>
                <input id="search" placeholder="search" type="text" />
                <input id="submit" type="hidden" />
        </fieldset>
        </form>
</div>
<div id="content">
```

[2] A última versão, até a data de produção deste livro, é a WebKit 5.04.

```
        <ul>
                <li class="title">Task Categories</li>
                <li><a class="noeffect" href="#"><span class="name">Work</span><span➥
class="arrow"></span></a></li>
                <li><a class="noeffect" href="#"><span class="name">School</span><span➥
class="arrow"></span></a></li>
                <li><a class="noeffect" href="#"><span class="name">Home</span><span➥
class="arrow"></span></a></li>
        </ul>
</div>
</body>
</html>
```

Figura 11–1. *Aplicativo iWebKit.*

Algumas Palavras de Precaução

Na maior parte das vezes que estiver usando o iWebKit, seu código HTML deverá seguir a estrutura dos exemplos que serão mostrados a seguir para que consiga a aparência desejada nos seus aplicativos. Isto significa que, geralmente, tudo que você precisará fazer será editar um código HTML já existente para criar a aparência desejada. Observe que esta é uma abordagem radicalmente oposta à que você tomaria se estivesse criando seus próprios CSS e código HTML. A não ser que a discussão sobre um dos exemplos seguintes explicitamente se refira a uma tag ou estilo aplicado como opcional, todos os códigos de exemplo que virão a seguir representam a estrutura necessária e requerida.

Note também que o iWebKit usa arquivos de folhas de estilo e JavaScript comprimidos para aumentar a velocidade de carregamento dos aplicativos dos quais os arquivos incluídos no seu aplicativo serão muito difíceis para ler e entender. Entretanto, seu download também inclui os arquivos de folhas de estilo (CSS) e JavaScript em formato inelegível por humanos para que seja possível efetuar o debug e o entendimento do que se passa por baixo dos panos quando o código é executado.

Header Requerido

Assumindo que o framework iWebKit tenha sido incluído no diretório de recursos do seu projeto, precisará incluir os links para os arquivos necessários na seção <head> do seu documento HTML padrão (Listagem 11–2).

Listagem 11–2. *Links requeridos pelo iWebKit.*

```
<head>
<link href="css/style.css" rel="stylesheet" type="text/css" />
<script src="javascript/functions.js" type="text/javascript"></script>
</head>
```

Body

A seção <body> de um documento iWebKit inclui uma tag <div> estilizada com a classe *topbar*, seguida de outra <div> estilizada com a classe `content`. A seção `topbar`, na parte superior da tela, conterá o título e as informações de navegação, enquanto a *content* possuirá os formulários, listagens e telas personalizadas do seu aplicativo. Note que existem muitos outros estilos disponíveis para uso nas tags <div> filhas da tag <body>: `searchbox`, `duobutton`, `tributton` e `footer`.

Para incluir uma caixa de busca (searchbox) no seu aplicativo, como a que segue, acrescente um formulário iWebKit contendo uma `div` estilizada com a classe *searchbox*, filha da tag <body>, como no exemplo. Você deverá ver um campo texto formatado para ter a mesma aparência da caixa de buscas nativa do iPhone. Veja o código deste exemplo na Listagem 11–1 acima.

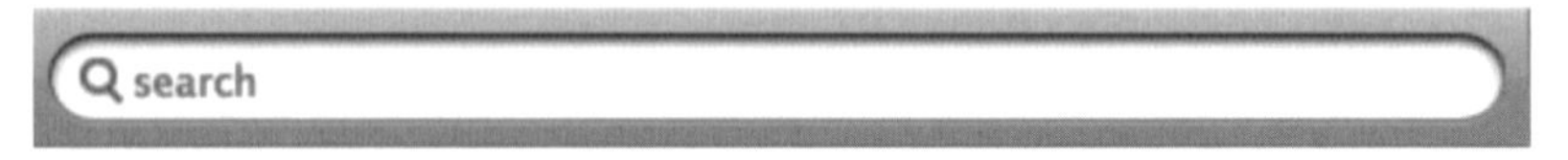

Figura 11–2. *Caixa de buscas, classe searchbox.*

Esteja você fazendo a reengenharia de um aplicativo já existente com o iWebKit ou usando um framework multiplataforma para gerar seu aplicativo HTML, precisará antes modificar de forma manual seu código HTML para incluir as classes apropriadas nas tags de conteúdo. No framework Rhodes, que pode armazenar código repetitivo em um layout, você precisará mover a tag <body> para esta página. Normalmente, o iWebKit requer classes diferentes para tags <body> diferentes. Alternativamente, você pode incluir uma função JavaScript que irá colocar a classe (class) correta na tag <body> durante a renderização da página.

Organizando Dados com Listas

As listas são um dos componentes mais utilizados em aplicativos iPhone. Elas oferecem uma forma simples de fazer o layout estrutural e visual para vários tipos de informação. Também podem, de forma opcional, fornecer uma estrutura organizacional hierárquica que permite uma estrutura de navegação com sublistas. O iWebKit fornece várias opções de formatação para as listas do seu aplicativo. Você poderá fazer o estilo de suas listas usando o estilo clássico (classic), que suporta imagens e comentários; o estilo clássico do iTunes, contendo capas de álbuns, artista, título e informação de classificação; o estilo derivado da App Store, contendo classificação e preços; o estilo iTunes, contendo classificação e capas de álbuns; ou o estilo derivado do iPod/Music, que contém uma lista numerada de músicas com suas durações.

Nos formulários iWebKit, assim como em vários elementos de interfaces web móveis, as tags `<ul>` e `<li>` são usadas de forma muito diferente do que normalmente é visto na web. Quando consideramos a área útil real da tela, disponível em dispositivos móveis, entendemos que faz sentido ter uma única coluna que ocupe toda a área da tela. Por esta razão, também faz sentido usar listas não ordenadas verticais para organizar seu conteúdo em substituição as divs e outros containers.

Adicionalmente, antes de utilizar um dos estilos personalizados do iWebKit, você precisa se certificar de ter declarado corretamente o tipo de lista no local requerido. A maior parte dos tipos de listas requer que você aplique uma classe especial para a tag `<body>` ou para a tag `<ul>`. Além disso, alguns estilos ainda requerem que os itens sejam de uma classe específica. É possível ter uma visão geral dos estilos de lista disponíveis e das classes body correspondentes na Tabela 11–1.

Use os exemplos de código fornecidos a seguir como guia para de seleção de classes.

Tabela 11–1. *Tipos de listas e classes <body> do iWebKit.*

Tipo de Lista	Grupo	Exemplo
Classic	`List`	 List Group List Item › SAMPLE List Item With Image › Comment
App Store	`applist`	 List Group List Item › SAMPLE List Item With Image › Comment
iTunes Music	`musiclist`	 List Group List Item › SAMPLE List Item With Image › Comment

Tipo de Lista	Grupo	Exemplo
iTunes Classic	`Não disponível`	List Group / List Item / List Item With Image, Comment
iPod	`Ipodlist`	List Group / List Item / List Item With Image, Comment

Classic Lists

Existem duas formas principais de se formatar conteúdo em uma lista clássica do tipo Classic List.

- *Formato simples* (*simple format*): Os itens da lista não possuem uma classe para apresentação de texto (Figura 11–3 e Listagem 11–3).
- *Formato bonito* (*pretty format*): Os itens da lista possuem a classe *withimage*. Inclui imagem, texto principal e texto de comentário (Figura 11–4 e Listagem 11–4).

Em adição aos formatos simples e bonitos, disponíveis para células de conteúdo, você ainda pode incluir uma ou mais células de título (title) em uma lista para agrupar seus itens de forma lógica. Por exemplo, em um aplicativo Lista de Funcionários, você poderá desejar apresentar os funcionários agrupados por departamento. Cada departamento deverá, então, ter uma célula de título (Title) no topo do grupo. Em seguida, os funcionários deste grupo deverão estar ordenados alfabeticamente. Todas estas opções necessitam que você use tags de listas não ordenadas `<ul>` e itens `<li>` dentro da sua `<div>` de conteúdo.

Tecnicamente é possível misturar todos os três tipos de itens de lista em uma única lista. Contudo, esta mistura pode criar uma interface que não obedeça ao padrão, o que pode afetar negativamente a usabilidade do seu aplicativo. Ou mesmo impedir que o usuário tenha a capacidade de avaliar visualmente os dados contidos na lista. Assim sendo, se o seu caso de uso requerer que os itens sejam apresentados usando formatos múltiplos na mesma página, você deve considerar o uso de uma célula de título para separar sua lista em grupos lógicos.

Figura 11–3. *Lista clássica - formato simples.*

Listagem 11–3. *Lista clássica - formato simples.*

```
<body class="list">
<div id="content">
        <ul>
                <li class="title">Title Bar</li>
                <li><a class="noeffect" href="#">
                        <span class="name">List Item</span>
                        <span class="arrow"></span></a>
                </li>
                <li><a class="noeffect" href="#">
                        <span class="name">List Item</span>
                        <span class="arrow"></span></a>
                </li>

                <li><a class="noeffect" href="#">
                        <span class="name">List Item</span>
                        <span class="arrow"></span></a>
                </li>
        </ul>
</div>
</body>
```

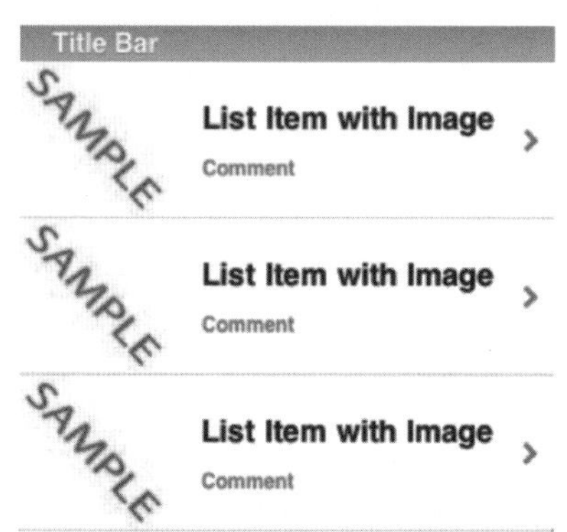

Figura 11–4. *Lista clássica – formato bonito.*

Listagem 11–4. *Lista clássica com imagens em iWebkit.*

```
<body class="list">
<div id="content">
        <ul>
                <li class="title">Title Bar</li>
                <li class="withimage">
                                <a class="noeffect" href="#">
                                        <img alt="Sample" src="sample_image-1.jpg" />
                                        <span class="name">List Item with Image</span>
                                        <span class="comment">Comment</span>
                                        <span class="arrow"></span>
                                </a>
                </li>
                <li class="withimage">
                                <a class="noeffect" href="#">
                                        <img alt="Sample" src="sample_image-1.jpg" />
                                        <span class="name">List Item with Image</span>
                                        <span class="comment">Comment</span>
```

```
                                        <span class="arrow"></span>
                                </a>
                        </li>
                        <li class="withimage">
                                <a class="noeffect" href="#">
                                        <img alt="Sample" src="sample_image-1.jpg" />
                                        <span class="name">List Item with Image</span>
                                        <span class="comment">Comment</span>
                                        <span class="arrow"></span>
                                </a>
                        </li>

                </ul>
</div>
</body>
```

Listas do Estilo iTunes Classic

Listas do estilo iTunes Classic são como as listas do estilo Classic, exceto que os itens não ocupam toda a largura da tela. Adicionalmente, o topo e a base de cada célula têm cantos arredondados.

Figura 11–5. *Listas em estilo iTunes Classic com título e item de exemplo.*

Para incluir qualquer uma das opções disponíveis para as células em uma lista de estilo App Store, basta adicionar uma tag <span> estilizada com uma classe apropriada dentro da lista de itens da tag <a> (Listagem 11–5).

Listagem 11–5. *Exemplo de lista do tipo Store.*

```
<li>
        <a class="noeffect" href="#">
                <span class="image" style="background-image:➥
                 url(/public/img.jpg)"></span>
                <span class="comment">This is a Comment</span>
                <span class="name">Cell Title</span>
                <span class="stars4"></span>
                <span class="starcomment">100 Ratings</span>
                <span class="arrow"></span>
                <span class="price">$1.99</span>
        </a>
</li>
```

Você também pode exibir um título acima da sua lista store pela inclusão de uma tag <span> com a classe `graytitle` imediatamente acima da tag <ul class="pageitem">

Embora as listas do tipo iTunes Classic não requeiram que uma classe seja adicionada à tag <body>, você deve incluir a classe `pageitem` na tag <ul>, como mostrado na Listagem 11–6.

Listagem 11–6. *Exemplo da lista store*

```
<body>
<div id="content">
<span class="graytitle">Store lists</span>
<ul class="pageitem">
        <li class="store">
                <a class="noeffect" href="#">
                        <span class="image" style="background-image:↵
 url('images/sample.png')"></span>
                        <span class="comment">Comment</span>
                        <span class="name">Sample Title</span>
                        <span class="stars5"></span>
                        <span class="starcomment">151 Ratings</span>
                        <span class="arrow"></span>
                </a>
        </li>
</ul>
</div>
</body>
```

Listas do Estilo App Store

Listas do estilo App Store suportam imagens de fundo, classificação por estrelas de comentários, número de classificação e preço do produto.

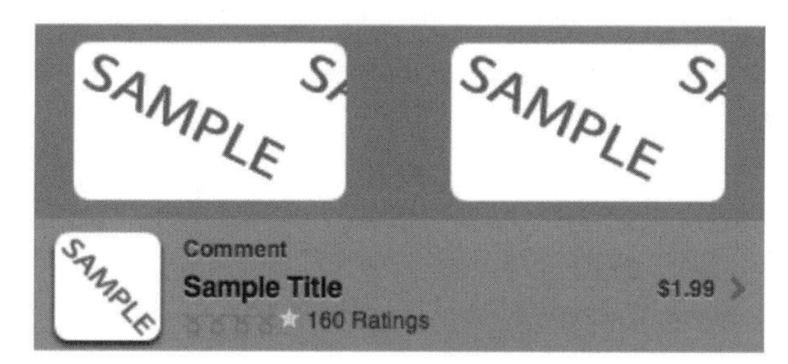

Figura 11–6. *Itens de uma lista do tipo app store.*

Listas do tipo app store podem, opcionalmente, incluir anúncios na parte superior da lista. Para incluir anúncios na parte superior, crie um item estilizado com a classe doublead. Cada item doublead tem espaço para dois links de anúncios. Observe que os anúncios têm largura e altura fixas, e não serão redimensionados mesmo que apenas um anúncio seja incluído, fazendo com que a parte superior da página pareça desbalanceada.

Para incluir uma imagem de fundo para seus links, simplesmente aplique um estilo inline à tag <a>. A Listagem 11–7 ilustra como criar um elemento de anúncio de topo para uma lista do tipo App Store.

Listagem 11–7. *Anúncio de link duplo.*

```
<ul>
        <li id="doublead">
                <a href="http://iwebkit.mobi" style="background-image:➥
                  url('pics/ad1.png')"></a>
                <a href="http://iwebkit.mobi" style="background-image:➥
                  url('pics/ad2.png')"></a>
        </li>
</ul>
```

As listas do tipo app store são estruturadas da mesma forma que as outras listas regulares. Veja a Listagem 11–8 para um exemplo.

Listagem 11–8. *Exemplo de lista do estilo app store.*

```
<body class="applist">
<div id="content">
        <ul>
                <li id="doublead">
        <a href="http://iwebkit.mobi" style="background-image: url('pics/ad1.png')"></a>
        <a href="http://iwebkit.mobi" style="background-image: url('pics/ad2.png')"></a>
                </li>
                <li>
                <a class="noeffect" href="http://itunes.apple.com/us/app/➥
bejeweled-2/id284832142?mt=8">
                        <span class="image" style="background-image:➥
 url('/images/bejeweled.jpg')"></span>
                        <span class="comment">Games</span>
                        <span class="name">Bejeweled 2</span>
                        <span class="stars5"></span>
                        <span class="starcomment">16924 Ratings</span>
                        <span class="arrow"></span><span class="price">$2.99</span>
                </a>
                </li>
                <li>
                <a class="noeffect" href="#">
                        <span class="image" style="background-image:➥
 url('images/sample.png')"></span>
                        <span class="comment">Comment</span>
                        <span class="name">Sample Title</span>
                        <span class="stars5"></span>
                        <span class="starcomment">151 Ratings</span>
                        <span class="arrow"></span>
                </a>
                </li>
        </ul>
</div>
</body>
```

Listas do Estilo iTunes

Listas do estilo iTunes são listas simples que podem apresentar número, título e horário de comentário. O fundo das células nesta classe alterna entre cinza claro e cinza escuro (veja a Figura 11–7 e a Listagem 11–9).

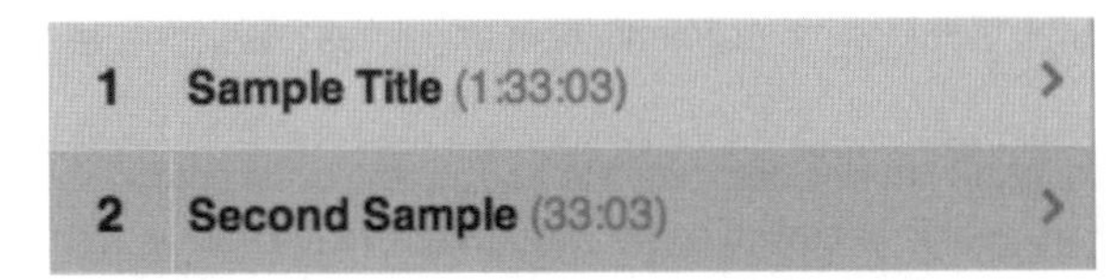

Figura 11–7. *Lista com estilo iTunes com células de cores alternantes.*

Listagem 11–9. *Exemplo de itens de listas do tipo iTunes.*

```
<body class="musiclist">
<div id="content">
<ul>
        <li>
                <a class="noeffect" href="#">
                <span class="number">1</span>
                <span class="name">Sample Title</span>
                <span class="time">(1:33:03)</span>
                <span class="arrow"></span></a>
        </li>
        <li>
                <a class="noeffect" href="#">
                <span class="number">1</span>
                <span class="name">Second Sample</span>
                <span class="time">(33:03)</span>
                <span class="arrow"></span></a>
        </li>
</ul>
</div>
</body>
```

Listas do Estilo iPod

Listas do estilo iPod usam a mesma estrutura básica das outras listas, mas são desenhadas com um ícone de play que indica que a música está sendo executada (Figura 11–8).

Figura 11.8. *Lista do estilo iPod mostrando uma célula selecionada e outra não.*

Para que seja possível executar uma música usando essa lista, cada item dela deve conter um link para uma chamada JavaScript que executará a música e comutará o ícone entre play e pause.[3]

Para incluir uma lista, a tag <body> deve ser estilizada com a classe ipodlist.

Assim como nas listas do estilo ITunes, você é responsável por definir os números das trilhas de cada item da sua lista dentro de tags <span class=”number”>. Os números de trilha podem ser gerados dinamicamente com o JavaScript, incluídos manualmente com os valores desejados na tag <span class=”number”>.

Adicionalmente, cada item da lista deve incluir um filho com uma tag <span> estilizada com a classe auto (veja a Listagem 11–10). Este container servirá como um local reservado para a exibição do botão play sempre que o usuário selecionar aquela célula.

Listagem 11–10. *Lista do estilo iPod do iWebKit.*

```
<body class="ipodlist">
<div id="content">
<ul>
        <li>
                <a class="noeffect" href="javascript:document.sample.Play();">
                        <span class="number">1</span>
                        <span class="auto"></span>
                        <span class="name">Sample Song</span>
                        <span class="time">4:11</span>
                </a>
        </li>
</ul>
</div>
</body>
```

Navegação

Como a maior parte dos aplicativos inclui mais que uma tela, muito provavelmente você terá que incluir uma barra de navegação no seu aplicativo (Figura 11–9). Para adicioná-lo, inclua uma tag <div> com a classe topbar filha da tag <body>.

Figura 11–9. *Exemplo de barra de navegação.*

Você pode incluir até três tags <div> na sua div da classe topbar que permitirão aos usuários navegar pelo seu aplicativo. Muitos deles incluem o título da página e um elemento que permite ao usuário se mover para esquerda/para trás. É muito menos usual ver elementos que permitam que o usuário se mova para direita para frente já que, em geral, o movimento para frente é provocado pela interação com um item de lista ou outro componente do conteúdo.

[3] O JavaScript padrão do iWebKit não inclui funções para tocar música em streaming. Você precisará incluir o seu próprio código JavaScript personalizado. Contudo, nos exemplos do iWebKit existe um código JavaScript que utiliza parte destas funcionalidades para sua referência.

As convenções do padrão de interface exigem que o botão home esteja localizado no lado esquerdo da barra de navegação.

Tabela 11–2. *Elementos da barra superior do iWebKit.*

Elemento	Código exemplo
Title	<div id=”title”>This is a Title</div>
Botão home	<div id=”leftnav”> <a href=”index.html”><img alt=”home” src=”images/home.png” /></a> </div>
Navegar à esquerda	<div id=”leftnav”><a href=”#”>Left Nav Button</a></div>
Navegar à direita	<div id=”rightnav”><a href=”#”>Right Nav Button</a></div>
Botão esquerda	<div id=”leftbutton”><a href=”#”>Left Button</a></div>
Botão direita	<div id=”rightbutton”><a href=”#”>Right Button</a></div>
Botão azul direita	<div id=”bluerightbutton”><a href=”#” class=”noeffect”>Blue Right Button</a></div>
Botão azul esquerda	<div id=”blueleftbutton”><a href=”#” class=”noeffect”>Blue Left Button</a></div>

Formulários

Os formulários podem ser estilizados usando itens de lista que agrupem os elementos do formulário. Use as tags padrão `<form>` e `<fieldset>` para criar o formulário, como mostrado na Figura 11–10 e Listagem 11–11.

Figura 11–10. *O aplicativo do exemplo número 5 do iWebKit.*

Listagem 11–11. *Exemplo de formulário do iWebKit.*

```
<!DOCTYPE html PUBLIC "-//W3C//DTD XHTML 1.0 Strict//EN"↵
 "http://www.w3.org/TR/xhtml1/DTD/xhtml1-strict.dtd">
<html xmlns="http://www.w3.org/1999/xhtml">
<head>
<meta content="minimum-scale=1.0, width=device-width, maximum-scale=0.6667,↵
 user-scalable=no" name="viewport" />
<link href="css/style.css" rel="stylesheet" media="screen" type="text/css" />
<script src="javascript/functions.js" type="text/javascript"></script>
<title>iWebKit Demo - Easy form elements!</title>
</head>
<body>
<div id="topbar">
                <div id="title">iWebKit 5 Demo</div>
</div>
<div class="searchbox">
        <form action="" method="get">
                <fieldset>
                                                <input id="search" placeholder="search"↵
 type="text" />
                                        <input id="submit" type="hidden" />
```

```
                                </fieldset>
                </form>
        </div>
        <div id="content">
                <form method="post">

                        <fieldset>
                        <ul class="pageitem">
                                <li class="bigfield"><input placeholder="Username" type="text"➥
/></li>
                                <li class="bigfield"><input placeholder="Password"➥
type="password" /></li>
                        </ul>
                        <ul class="pageitem">
                                <li class="textbox">
                                        <span class="header">Insert text</span>
                                        <textarea name="TextArea" rows="4"></textarea>
                                </li>
                        </ul>
                        </fieldset>
                </form>
        </div>
        </body>
        </html>
```

O iWebKit fornece campos de login, campos input para nomes e números de telefone, radio buttons, caixas de seleção, áreas de texto e botões de entrada pré-estilizados. Uma lista dos componentes de interface que estão disponíveis e o código necessário para incluí-los na sua view podem ser encontrados na Tabela 11–3.

Tabela 11–3. *Lista de classes de itens de interface.*[4]

Classes dos Itens		Descrição
Bigfield	<input type="text">	Cria um campo texto que ocupa toda largura disponível, frequentemente utilizado para campos username e password.
Smallfield	<input type="text"> <input type="tel">	Campos small fields, ou narrow fields, mostram labels. Este campo de entrada ocupa metade da largura da célula e é justificado à direita.

[4] Nota: o campo <input type="tel"> é um campo personalizado do iPhone que abre uma caixa de discagem quando selecionado.

Classes dos Itens		Descrição
Checkbox	`<input type="checkbox">`	No iPhone, campos checkbox tem a aparência de chaves on/off. 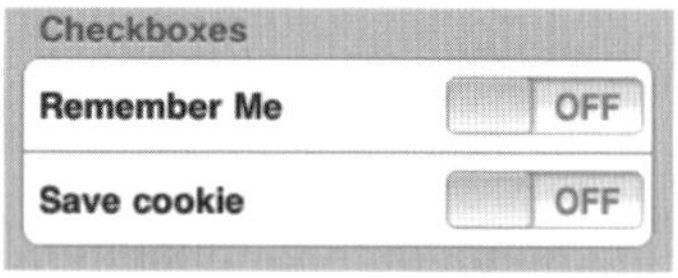 Os labels são justificados à esquerda e a "chave On/Off", à direita.
Radiobutton	`<input type="radio">`	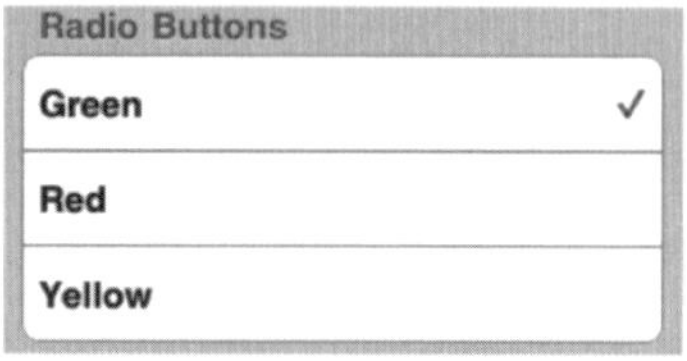 Campos radio buttons possuem um label. Quando clicados, eles criam uma marca de verificação justificada à direita.
Select	`<select>`	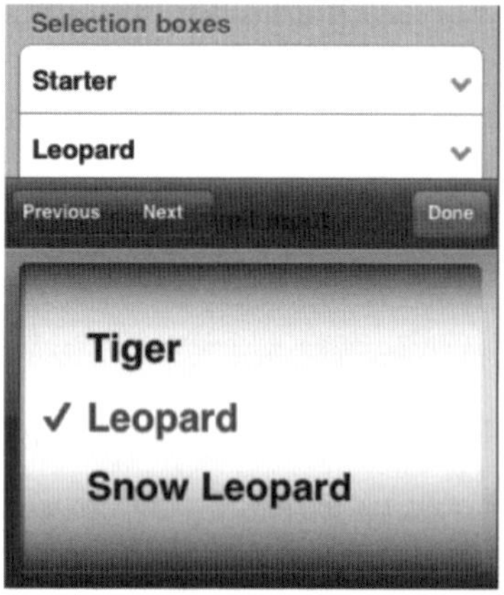 Caixas de seleção possuem um label justificado à esquerda com uma seta para baixo, justificada à direita. Quando clicados eles revelam uma caixa do tipo UISelection do iPhone.

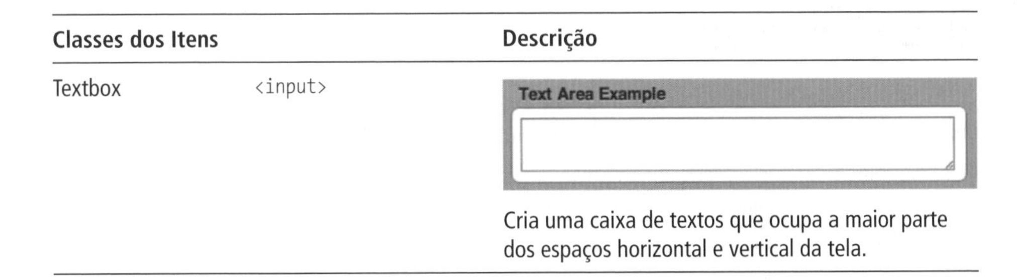

Classes dos Itens		Descrição
Textbox	<input>	Text Area Example Cria uma caixa de textos que ocupa a maior parte dos espaços horizontal e vertical da tela.

Em formulários, na maior parte das interfaces de aplicativos web móveis, usará as tags <ul> e <li> de uma forma um tanto diferente da forma convencional que você encontra em aplicativos web. Para criar um grupo, crie uma lista não ordenada estilizada com a classe pageitem. Para incluir elementos de formulário no grupo, insira cada elemento entre tags <li> estilizadas com a classe apropriada, como mostrado na Listagem 11–12.

Listagem 11–12. *Exemplo de formulário do iWebKit.*

```
<form method="post">
        <fieldset>
                <ul class="pageitem">
                        <li class="bigfield"><input placeholder="Big Field" type=↵
"text" /></li>
<li class="smallfield"><input placeholder="enter text" type="text" /></li>
                        <li class="checkbox">
                                <span class="name">Title</span>
                                <input name="Checkbox Name" type="checkbox" />
                        </li>

                </ul>
        </fieldset>
</form>
```

Títulos nos Conjuntos de Campos

Para acrescentar títulos a conjuntos de campos, deve acrescentar uma tag <span class="graytitle"> como primeiro filho da tag <fieldset> (Listagem 11–13).

Listagem 11–13. *Exemplo de títulos para conjunto de campos.*

```
<form method="post">
        <fieldset>
                <span class="graytitle">Fieldset Title</span>
        </fieldset>
</form>
```

Figura 11–11. *Exemplo de título para um conjunto de campos.*

Modo Paisagem

O iWebKit também oferece os modos retrato e paisagem para todas as telas. Quando a orientação do dispositivo mudar, o layout dos elementos de tela se adaptará à nova orientação.

Observe que, enquanto a modificação do layout é manipulada pela CSS do iWebKit, o UIWebView é responsável pela rotação do conteúdo. Para impedir a rotação, você precisará modificar a sua view, programaticamente, no Xcode.

Integração com o Telefone

O iWebKit oferece várias formas simples de disparar funções do dispositivo e lançar outros aplicativos. A Tabela 11–4 mostra como formatar links de forma que o aplicativo associado a eles seja aberto quando o usuário seguir o link.

Tabela 11–4. *Integrando com as funcionalidades do iPhone.*

Aplicativo	Link para...	Formato da URL
Novo e-mail	mailto:[emailaddress]	<a class=”noeffect” href=”mailto:example@example.com”>
iTunes Store	URL para o item na loja do iTunes	<a class=”noeffect” href=”http://itunes.apple.com/us/album/thee-n-d-the-energy-never-dies/id318390146”/>
Appstore	URL para o item na loja de aplicativos	<a class=”noeffect” href=”http://www.itunes.com/app/CameraBag”/>
SMS	sms:[phonenumber]	<a class=”noeffect” href=”sms:12125551212”/>
Telefone Inicia um diálogo que pergunta se você gostaria de ligar para um número fornecido	tel:[phonenumber]	<a class=”noeffect” href=”tel:408-555-5555”/>
Youtube	URL para um vídeo no Youtube	<a class=”noeffect” href=”http://www.youtube.com/watch?v=DWmQEvOoF08”/>
Google Maps	Uma URL de busca do Google Maps. Ex.: http://maps.google.com?q=New+York,+NY	<a class=”noeffect” href=”http://maps.google.com?q=New+York,+NY” />

Se você está familiarizado com a API do Google Maps, deve notar que não existe necessidade de incluir uma chamada a esta API na sua requisição.

Integrando o iWebKit em Aplicativos Móveis

Nesta seção, você verá como integrar o iWebKit no seu aplicativo móvel baseado na UIWebView, de forma a satisfazer as expectativas dos usuários do iPhone no que diz respeito ao visual e ao comportamento. As seções a seguir o guiarão através do processo de integração do iWebKit em um aplicativo construído no Xcode, usando Objective-C ou usando os frameworks Rhodes e PhoneGap. Estes exemplos serão construídos sobre as fundações criadas nos capítulos anteriores, então se for necessário, tire alguns minutos pra refrescar sua memória antes de continuar.

Criando um Aplicativo iPhone Nativo com iWebKit em Objective-C

Use as instruções do capítulo 2 para criar um aplicativo nativo baseado no UIWebView novo.

Para incluir o iWebKit em um aplicativo, precisará colocar uma cópia do framework no seu diretório de projeto. Neste exemplo, você irá fazer o build de um aplicativo usando o exemplo de código de demonstração das funcionalidades do iWebKit.

No diretório raiz do iWebKit que você baixou anteriormente, localize a pasta nomeada *Demo*. Arraste os conteúdos desta pasta para a pasta *Resource* do Xcode. Uma caixa de diálogo deve aparecer perguntando se deseja importar estes arquivos no seu projeto: Selecione **Copy items into destination group's folder (if needed)** e **Create Folder References for any added folders**. A opção **Create Folder References** irá preservar a estrutura de diretórios tanto no Xcode quanto no dispositivo, substituindo a estrutura que o Xcode normalmente usa.

A opção **Xcode groups** cria grupos que ajudarão a organizar seus arquivos durante o desenvolvimento. Observe que estes grupos não serão automaticamente transformados em diretórios durante o build. No seu aplicativo compilado, todos os arquivos serão encontrados no nível da raiz.

Verifique se a caixa de diálogo se parece com a mostrada na Figura 11–12 e clique no botão **Add** para continuar.

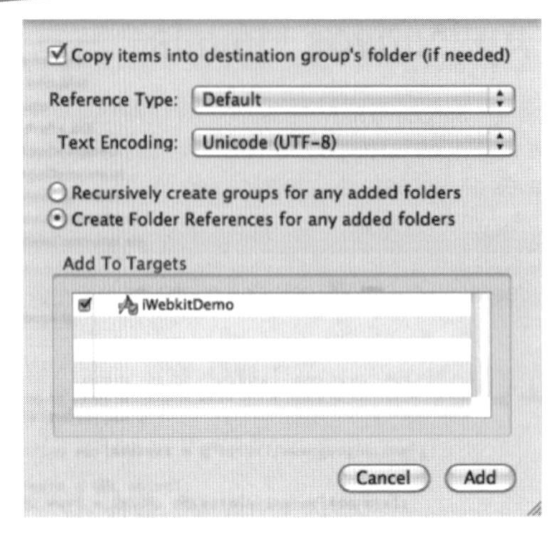

Figura 11–12. *Caixa de diálogo de cópia do Xcode.*

Para testar todas as funcionalidades disponíveis no iWebKit, coloque o código da Listagem 11–14 no método viewDidLoad.

Listagem 11–14. *O Método viewDidLoad.*

```
- (void)viewDidLoad {

    // String representation of the URL
    NSString *urlAddress = [[NSBundle mainBundle] pathForResource:@"index"↵
 ofType:@"html"];

    //Create an URL object.
    NSURL *url = [NSURL fileURLWithPath:urlAddress];

    //URL Request Object
    NSURLRequest *requestObj = [NSURLRequest requestWithURL:url];

    //Load the request in the UIWebView.
    [webView loadRequest:requestObj];
}
```

Siga as instruções no capítulo 2 para fazer o build e testar seu aplicativo. Ele deve parecer com o que está na Figura 11–13.

Figura 11–13. *Exemplo do iWebKit em uma UIWebView configurada no Rhodes.*

Criando um Aplicativo com o Rhodes

Configurar o Rhodes para usar o iWebKit é um processo simples. A primeira coisa que precisa fazer é gerar um aplicativo (Listagem 11–15).

Listagem 11–15. *Método viewDidLoad.*

```
> rhogen app iWebKit

Generating with app generator:
     [ADDED]  iWebKit/rhoconfig.txt
     [ADDED]  iWebKit/build.yml
     [ADDED]  iWebKit/app/application.rb
     [ADDED]  iWebKit/app/index.erb
     [ADDED]  iWebKit/app/layout.erb
     [ADDED]  iWebKit/app/loading.html
     [ADDED]  iWebKit/Rakefile
     [ADDED]  iWebKit/app/helpers
     [ADDED]  iWebKit/icon
     [ADDED]  iWebKit/app/Settings
     [ADDED]  iWebKit/public
```

O Rhodes gera a CSS, o HTML e o JavaScript padrões. Embora você possa apagar o CSS padrão do Rhodes, certifique-se de deixar o JavaScript intacto, pois algumas funcionalidades dependem do JavaScript autogerado para funcionar.

Copie a pasta *Framework* do diretório raiz do iWebKit para o diretório *public,* do seu aplicativo Rhodes. Se desejar, pode renomear o *Framework* para "iWebKit" ou qualquer outro nome que seja coerente com seu fluxo de trabalho. A pasta *Framework* contém tudo que precisa para construir um aplicativo.

Adicionando o Framework iWebKit ao Template do Aplicativo

O arquivo *iWebKit/app/layout.erb* contém o header e o layout básico do seu aplicativo. Este arquivo contém as referências para todos os arquivos CSS de cada dispositivo alvo. Para garantir que o framework realmente funcione, você precisa remover todas as referências globais para as folhas de estilo autogeradas do header original do seu aplicativo.

Adicionalmente, ainda no header, você verá uma série de declarações condicionais. Elas definem que arquivos HTML, CSS e JavaScript serão carregados em tempo de execução. Neste caso, você deve modificar as instâncias "Apple" para que fique como está na Listagem 11–16.

Listagem 11–16. *Arquivo layout.erb do iWebKit.*

```
<% if System::get_property('platform') == 'APPLE' %>
   <meta name="viewport" content="width=device-width; initial-scale=1.0;↩
 maximum-scale=1.0; user-scalable=0;"/>

  <!-- iWebkit CSS and JavaScript -->
   <link href="/public/Framework/css/style.css" rel="stylesheet" media="screen"↩
 type="text/css" />
   <script src="/public/Framework/javascript/functions.js"↩
 type="text/javascript"></script>

   <!-- Rhodes JavaScript -->
   <script src="/public/js/jquery-1.2.6.min.js"></script>
   <script src="/public/js/rho.js"></script>
   <script src="/public/js/application.js"></script>
<% end %>
```

O iWebKit espera que os recursos estejam na pasta */images.* Neste cenário, ele será incapaz de localizá-los nos seus locais padrão. Para resolver este problema, você deve atualizar o path de todos os recursos referenciados nos arquivos CSS do iWebKit.

Faça o build do aplicativo normalmente usando o Rhodes. Verifique os exemplos anteriores de código para inserir componentes iWebKit no seu aplicativo.

O HTML autogerado incluído no seu aplicativo Rhodes não é compatível com o framework iWebKit. Para utilizar seus componentes em uma view, precisará substituir o código autogerado pelo equivalente iWebKit. Se você estiver usando os estilos de listas em qualquer lugar do seu aplicativo, certifique-se de remover a tag `<body>` do arquivo *iWebKit/app/layout.erb* e colocá-la mais externa em todas as views do seu aplicativo.

Para inspiração, verifique os exemplos de código anteriormente apresentados neste capítulo.

Para testar seu aplicativo, faça o build como está descrito no capítulo 6, Rhodes.

Configurando o PhoneGap para o iWebKit

Usar o iWebKit com PhoneGap é muito simples.

Detalhes completos de como criar um projeto PhoneGap para o iPhone estão disponíveis no Capítulo 8. Você precisará usar o Xcode. Copie os conteúdos do diretório demo do iWebKit na pasta *www* do seu projeto PhoneGap, substituindo o arquivo *index.html* existente. Escolha o simulador do iPhone e, para fazer o build, selecione **Build and Run**.

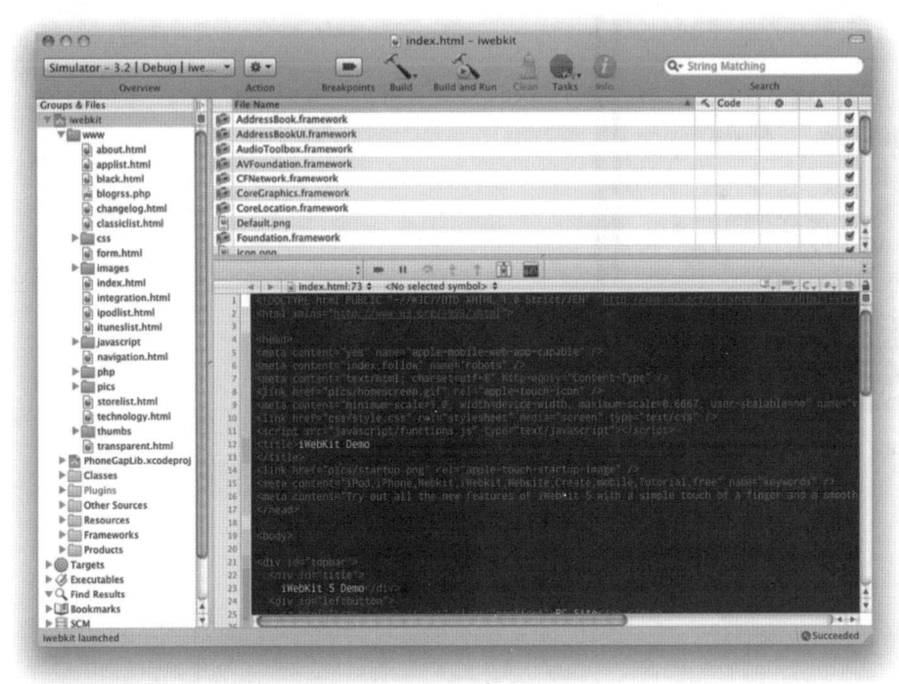

Figura 11–14. *Exemplo do iWebKit em um projeto PhoneGap.*

Figura 11–15. *Aplicativo demo do iWebKit rodando no PhoneGap.*

Capítulo 12

Interface Animada com jQTouch

O jQTouch é um plugin do jQuery para desenvolvimento web móvel, originalmente desenvolvido para iPhone e iPod Touch[1]. O jQTouch permite transições animadas, detecção de choque e o uso de temas para aplicativos HTML baseados no iWebKit. A funcionalidade mais interessante e excitante do jQTouch é permitir que você possa, muito rapidamente, fazer com que páginas HTML tenham a aparência de um aplicativo iPhone nativo.

O jQTouch possibilita o desenvolvimento rápido de aplicativo que tiram vantagem de padrões comuns de interface, aprimorando os conhecimentos de JavaScript que muitos desenvolvedores já possuem. O jQTouch está em desenvolvimento ativo e, graças a sua API simples e limpa, está ganhando popularidade.

Além de poder usar o jQTouch hospedado em um aplicativo móvel e acessado no dispositivo via navegador web, você também pode usá-lo em um aplicativo nativo, produzido por vários outros frameworks multiplataforma. Para usar o jQTouch em um aplicativo nativo, deverá incluí-lo diretamente em um controle de navegador, como discutido em toda a Parte 1, ou usá-lo em um framework multiplataforma, como Rhodes ou PhoneGap (Capítulos 6 e 8), que permita o uso de interfaces HTML em aplicativos nativos. Os temas visuais e a estilização do jQTouch são adequadas aos navegadores web baseados no WebKit. Contudo, as transições animadas, por enquanto, só funcionam no iOS.

Neste capítulo, iremos abordar como usar o jQTouch no navegador do seu dispositivo e como incluí-lo nos frameworks Rhodes e PhoneGap. A informação apresentada é baseada no jQTouch 1.0 beta 2, versão corrente no momento da redação deste livro.

Antes de efetivamente conseguir trabalhar com o jQTouch, você precisará ser versado em JavaScript, CSS e HTML. Em particular, deverá sentir-se confortável com aplicativos AJAX, entender seu funcionamento, requisições assíncronas, além das modificações do DOM (Document Object Model) de uma página HTML baseada nas respostas de requisições.

[1] O jQTouch é um projeto de código aberto inicialmente desenvolvido para aplicativos web móveis por David Kaneda. Você tem toda a liberdade de uso sob uma licença MIT. É possível encontrar mais informações sobre o jQTouch em `HTTP://www.jqtouch.com`

Conhecendo o jQTouch

O jQTouch é uma biblioteca de código-fonte que inclui JavaScript e CSS. Ele requer (e inclui) o jQuery, uma biblioteca JavaScript muito popular. Antes que o jQTouch possa controlar a aparência e o comportamento do seu aplicativo, o mesmo requer que estruture seu código HTML em um formato específico e que siga padrões específicos de codificação que ainda não estão claramente documentados. Esta seção explica estes padrões e pressupostos que o jQuery e o jQTouch fazem sobre como seu código deverá funcionar. Neste capítulo, usaremos os termos *aplicativo* e *tela* com os seguintes sentidos:

- *Tela*: O que o usuário vê de página a página. Cada tela é presumida como sendo um elemento DIV que é filho da tag HTML body.
- *Aplicativo*: A página HTML que inclui o JavaScript jQTouch, CSS e também todas as telas (algumas das quais podem ser carregadas dinamicamente).

Começar um aplicativo novo que use o jQTouch é simples. Contudo modificar um aplicativo web já existente é complicado e trabalhoso, já que ele deverá funcionar dentro das limitações impostas pelo jQTouch. Estas limitações ficarão claras ao longo dos exemplos deste capítulo.

- Nunca saia da página única do aplicativo.
- URLs devem ter paths completos (ou ser relativas à raiz do aplicativo web).
- Nem todas as telas são páginas web completas. Na maior parte das vezes, são DIVs filhas diretas da tag body do aplicativo.
- Tenha certeza de não usar IDs, exceto para identificar telas.

Rodando o Código de Exemplo

Quando baixar o código-fonte do jQTouch,[2] perceberá que existem vários exemplos de aplicativos, que você pode examinar e analisar todas as funcionalidades do jQTouch. Mesmo que possa ver todos os exemplos em qualquer navegador, para ver as animações, terá que rodar os exemplos do jQTouch usando o simulador do iPhone ou um navegador desktop baseado no WebKit.

Para carregar estes exemplos no simulador do iPhone, clique com o botão direito em qualquer um dos arquivos *index.html* nas pastas das demonstrações usando o Finder e selecione **Open With ➤ iPhone Simulator.app**. Isto irá carregar o HTML, o CSS e o JavaScript no navegador do simulador do iPhone e, desta forma, poderá testar os exemplos e ver como eles se comportarão no iPhone. Para ver a mesma página em um dispositivo iOS, precisará hospedar esta página em um servidor que possa ser acessado via HTTP.

---

[2] O código fonte e documentação adicional estão disponíveis em `http://code.google.com/p/jqtouch`

Criando um Aplicativo jQTouch Simples

O usuário visitará uma página que será o aplicativo jQTouch. Esta página inclui JavaScript jQuery e jQTouch, CSS jQTouch e um tema para aparência do aplicativo. Mesmo que não precise, e não deva, modificar o arquivo CSS do jQTouch é muito útil para entender que este arquivo contém as classes de transição (tais como slide, pop e assim por diante) e define as animações WebKit de cada transição. Tipicamente, usará os estilos jQTouch simplesmente atribuindo estas classes aos elementos HTML desejados. Você pode certamente criar seus próprios estilos que estendam e modifiquem os estilos atuais, colocando-os nos seus próprios arquivos CSS e carregando os mesmos após os arquivos CSS do jQTouch.

O aplicativo inicializa com uma ou mais telas já carregadas. Em outras palavras, o código-fonte do seu aplicativo (sua página HTML principal) pode declarar uma ou mais DIVs como filhas da tag body, onde cada uma irá atuar como tela. Se uma tela já não estiver marcada como corrente, através da declaração do atributo HTML *class="current"*, o jQTouch irá entender que a primeira DIV da tag BODY será também a primeira tela. Somente a tela corrente é visível. Pressupõe-se que cada tela seja um único elemento DIV. Telas pré-carregadas devem ter IDs definidas de forma que seja possível a criação de transições usando links no documento que contenham âncoras internas que representem as IDs das telas.

A Listagem 12–1 mostra um aplicativo introdutório para o jQTouch. Suas bibliotecas devem ser incluídas e inicializadas. Se você já estiver usando-o no seu projeto, certifique-se de incluir o arquivo do jQuery que foi baixado recentemente, para evitar erros de versão. Para começar, copie o jQTouch e os diretórios de temas para a raiz do seu aplicativo web (ou faça seus testes na raiz da pasta criada quando baixou e descomprimiu o jQTouch).

Adotando uma prática comum, este exemplo inicializa o jQTouch dentro de uma tag script entre as tags head do HTML. (Parâmetros opcionais de inicialização serão discutidos posteriormente ainda neste capítulo). Este exemplo usa uma barra de ferramentas (toolbar), que, apesar de ser um componente opcional, é frequentemente usada em aplicativos móveis. Para começar, copie-o, assim como os diretórios de temas, para a raiz do seu aplicativo com o tema apple.

Listagem 12–1. *Aplicativo de introdução ao jQTouch.*

```
<html xmlns="http://www.w3.org/1999/xhtml">
    <head>
        <script src="jqtouch/jquery.1.3.2.min.js" type="text/javascript"></script>
        <script src="jqtouch/jqtouch.js" type="text/javascript"></script>
        <link rel="stylesheet" href="jqtouch/jqtouch.css" type="text/css"/>
        <link rel="stylesheet" href="themes/apple/theme.css" type="text/css"/>
        <script>
            var jqt = $.jQTouch();
        </script>
    </head>
    <body>
        <div id="page-home">
            <div class="toolbar">
                <h1>Home</h1>
            </div>
```

A Figura 12–1 mostra a aparência do seu aplicativo rodando este exemplo em um navegador Safari desktop recomendado para desenvolvimento rápido e interativo.

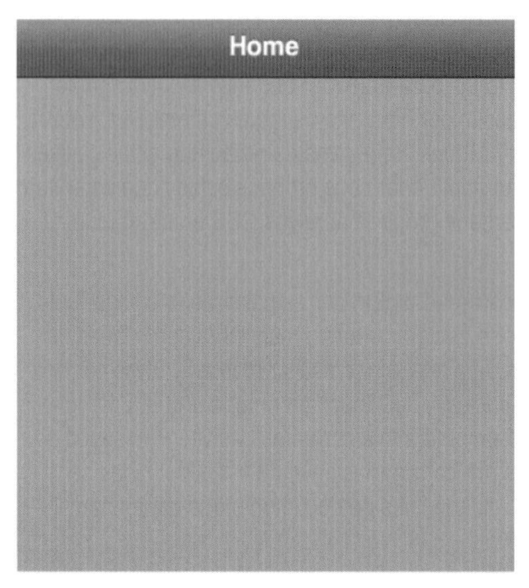

Figura 12–1. *Aplicativo de introdução ao jQTouch.*

O jQTouch vem com um tema alternativo chamado "jqt". Você pode mudar toda a aparência do seu aplicativo simplesmente especificando um tema alternativo, como mostrado na Listagem 12–2. A Figura 12–2 mostra a aparência deste exemplo rodando no navegador Safari com o tema "jqt".

Listagem 12–2. *Incluindo o tema "jqt".*

```
<link rel="stylesheet" href="themes/jqt/theme.css" type="text/css"/>
```

Figura 12–2. *Aplicativo de introdução ao jQTouch com o tema jqt.*

Um tema é um diretório constituído de um arquivo CSS e imagens. O tema jqt[3] dará ao seu aplicativo a aparência específica do jQTouch. Este é o tema usado na maior parte dos exemplos. O tema apple[4] simula a interface nativa do iPhone. O comportamento do aplicativo é sempre o mesmo, independente do tema escolhido.

Adicionando Telas

A seguir, adicionaremos algumas telas ao exemplo anterior, para ilustrar como o jQTouch modifica o DOM para conseguir seus efeitos de transição (veja a Listagem 12–3).

Listagem 12–3. *Aplicativo de introdução com três telas e links entre elas.*

```
<html xmlns="http://www.w3.org/1999/xhtml">
    <head>
        <script src="jqtouch/jquery.1.3.2.min.js" type="text/javascript"></script>
        <script src="jqtouch/jqtouch.js" type="text/javascript"></script>
        <link rel="stylesheet" href="jqtouch/jqtouch.css" type="text/css"/>
        <link rel="stylesheet" href="themes/apple/theme.css" type="text/css"/>
        <script>
            var jqt = $.jQTouch();
        </script>
    </head>
    <body>
        <div id="page-home">
            <div class="toolbar">
                <h1>Home</h1>
            </div>
            <ul>
                <li class="arrow"><a href="#page-1" class="slide">Go to page 1</a></li>
                <li class="arrow"><a href="#page-2" class="cube">Go to page 2</a></li>
            </ul>
        </div>
        <div id="page-1">
            <div class="toolbar">
                <h1>Page 1</h1>
                <a class="back" href="#">Back</a>
            </div>
            <ul>
                <li class="arrow"><a href="#page-home" class="pop">Go home</a></li>
                <li class="arrow"><a href="#page-2" class="cube">Go to page 2</a></li>
            </ul>
        </div>
        <div id="page-2">
            <div class="toolbar">
                <h1>Page 2</h1>
                <a class="cancel" href="#">Cancel</a>
            </div>
            <ul>
                <li class="arrow"><a href="#page-home" class="pop">Go home</a></li>
```

---

[3] Pode ser encontrado em *themes/jqt/theme.min.css*

[4] Pode ser encontrado em *themes/apple/theme.min.css*

```
                <li class="arrow"><a href="#page-1" class="slide">Go to page 1</a></li>
            </ul>
        </div>
    </body>
</html>
```

Para entender o que está acontecendo com seu aplicativo, você terá que abrir o Safari Inspector, como mostrado na Figura 12–3. Para fazer isto, selecione **Show Web Inspector** no menu **Develop**. (Se não estiver vendo o menu **Develop**, abra **Preferences** e, na aba **Advanced**, selecione **Show Develop menu in menu bar**).

Observe como o código fica diferente uma vez que esteja carregado. Em particular, preste bastante atenção em como as telas **page-home, page-1** e **page-2** são modificadas em tempo de execução. Na primeira vez que seu aplicativo for carregado, ele modificará o DOM e incluirá o atributo *class="current"* na div **page-home**. Quando clicar em um link, verá uma transição animada para a tela selecionada, em seguida, verá uma div diferente com o atributo *class="current"* e a div **page-home** não terá mais este atributo.

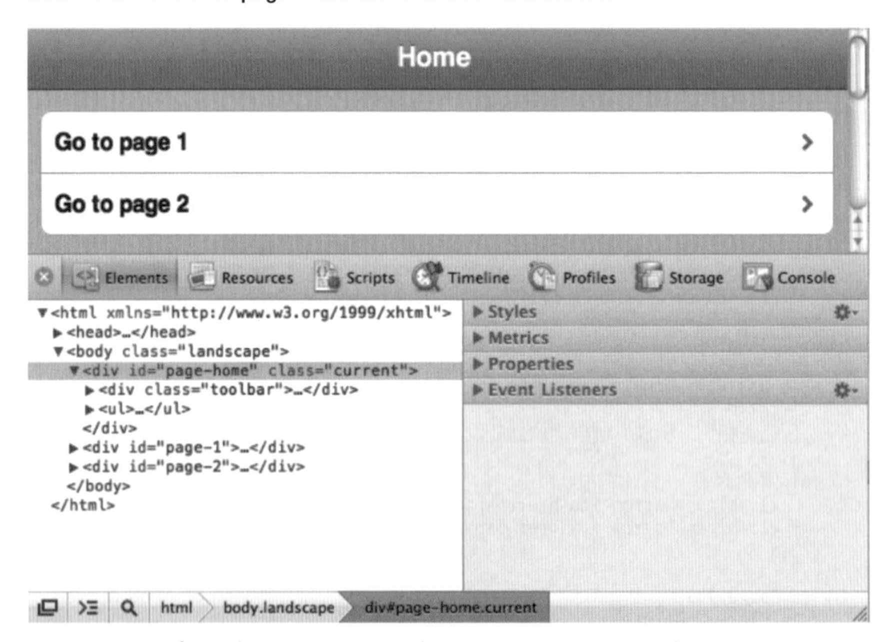

Figura 12–3. *Safari web inspector mostrando a primeira página com a classe current.*

Carregando Telas Adicionais com Ajax

Para que as transições do jQTouch funcionem, as telas devem estar pré-carregadas no DOM. O jQTouch se encarrega deste carregamento, usando requisições AJAX, desde que seu aplicativo esteja de acordo com suas especificações (não documentadas).

Antes de conseguir os efeitos visuais para as transições de páginas animadas, as telas que não estiverem presentes no HTML inicial do aplicativo devem ser carregadas via requisições Ajax. Ele detecta quais links são internos, inspecionando o atributo HREF do link. Supõe-se que a tela já está carregada se o HREF se referir a uma âncora interna, com *#screen-1*. Se o HREF contém um path, será realizada uma requisição Ajax para a URL que o link apontar e, sendo otimista, incluirá qualquer fragmento HTML que seja devolvido por esta requisição. O conteúdo devolvido deve ser um ou mais elementos DIV onde cada elemento DIV represente uma tela.

> **Nota:** É um erro de padrão HTML incluir um documento completo em outro documento HTML. Se uma página HTML completa for devolvida pelo serviço web, seu aplicativo não funcionará. Especificamente, uma tela vazia será apresentada. Além disso, se o seu serviço web devolver outro elemento HTML, diferente da DIV, os estilos do jQTouch podem não ser corretamente aplicados.

O conteúdo da requisição Ajax será anexado ao documento, a cada uma das divs será atribuído um id (como: **page-1, page-2** etc.). Se uma das telas recebidas tiver a classe "current", o jQTouch fará a transição para esta tela assim que o conteúdo externo seja inserido. Se há apenas uma DIV na estrutura de resposta, sendo esta a tela desejada, então não será necessário atribuir a classe "current". Ele fará a suposição correta e alterará o DOM assim que a resposta seja recebida. A alteração que ele faz no DOM é modificar o atributo HREF do link que iniciou a requisição AJAX, incluindo uma âncora que aponta para o id da nova tela corrente. A Listagem 12–4 mostra um fragmento de código de um aplicativo jQTouch onde foi carregado apenas uma tela. A Listagem 12–5 mostra a resposta Ajax, que simplesmente inclui um fragmento HTML com uma única DIV e não uma página inteira. A Listagem 12–6 mostra a página do aplicativo modificada.

Listagem 12–4. *Corpo do aplicativo antes que o link /Beatles tenha sido clicado.*

```
<body>
<div id="page-1" class="current">
    <a href="/beatles">Get Beatles</a>
</div>
</body>
```

Listagem 12–5. *Resposta Ajax.*

```
<div>
    <ul>
        <li>John</li>
        <li>Paul</li>
        <li>George</li>
        <li>Ringo</li>
    </ul>
</div>
```

Listagem 12–6. *Corpo do aplicativo depois que o link foi clicado.*

```
<body>
<div id="page-1">
    <ul>
        <li><a href="#page-2">Get Beatles</a></li>
    </ul>
</div>

<div id="page-2" class="current">
    <ul>
        <li>John</li>
```

```
            <li>Paul</li>
            <li>George</li>
            <li>Ringo</li>
        </ul>
</div>
</body>
```

A nova tela foi inserida no DOM com um id e uma classe. O atributo HREF que originalmente era *"/beatles"* foi alterado para *"#page-2"*. Consequentemente, se o usuário clicar neste link outra vez, nenhuma requisição será feita ao servidor.

> **Cuidado:** Todos os paths devem ser URLs completas ou estar relativos à raiz do seu aplicativo.

No fim, todo o seu aplicativo será uma única página. Graças a esta arquitetura todos os links precisam ser URLs completas ou relativas à raiz do seu aplicativo.

Para visitar links fora do seu aplicativo, inclua o argumento *target="_webapp"* no link desejado, como mostrado na Listagem 12–7.

Listagem 12–7. *Links para fora do aplicativo.*

```
<a href="http://www.thewho.com" target="_webapp">The Who</a>
```

Cancelar, Voltar e Histórico de Navegação

Você pode reverter uma animação de tela incluindo as classes *back* ou *cancel* nos seus links. Estes links serão estilizados como botões e irão aparecer na parte superior esquerda do aplicativo. Veja a Listagem 12–8 para um exemplo de como colocar um botão Back (voltar) em uma página. A Figura 12–4 apresenta esta página com o tema apple.

Listagem 12–8. *Botão Back em uma barra de ferramentas.*

```
<div id="page-1">
    <div class="toolbar">
        <h1>Page 1</h1>
        <a class="back" href="#">Back</a>
    </div>
    <ul>
        <li class="arrow"><a href="#page-home" class="pop">Go home</a></li>
        <li class="arrow"><a href="#page-2" class="cube">Go to page 2</a></li>
    </ul>
</div>
```

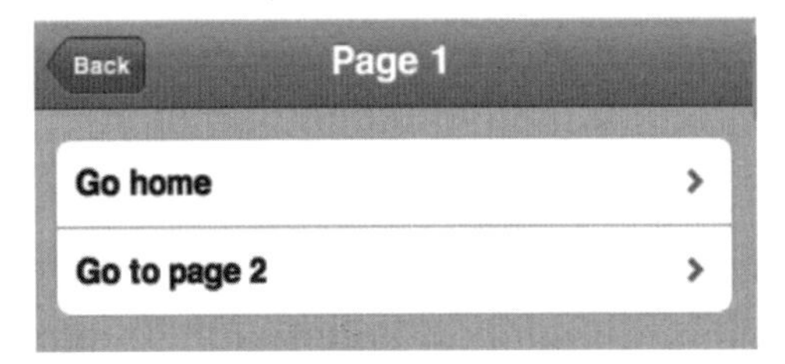

Figura 12–4. *Página com um botão Back, renderizada com o tema apple.*

O jQTouch não interage muito bem com o histórico de navegação. O botão Back (voltar) simplesmente mostra a página anterior da pilha interna onde não existe nenhuma implementação para a ação "ir para frente". Considere isto como se você tivesse escondido os botões Back e Forward (para trás e para frente, respectivamente) do seu navegador web e os substituído pelos botões Back e Cancel (voltar e cancelar, respectivamente). O movimento para frente se dará apenas em função dos cliques em botões e links no conteúdo do aplicativo.

Outros Botões

Normalmente os botões aparecem na parte superior direita da tela. Para definir um botão, simplesmente adicione a classe "button":

```
<a href="/home" class="button">Home</a>
```

Se desejar forçar que este botão fique à esquerda, adicione tanto a classe *button* quanto a classe *leftButton*:

```
<a href="/home" class="button leftButton">Home on the left</a>
```

Opções de Inicialização do jQTouch

O jQTouch deve ser inicializado chamando-se *$.jQTouch()*, como mostrado na Listagem 12–9. Uma vez inicializado, ele retornará um objeto com métodos públicos que permitirão que interaja com ele via JavaScript.

- getOrientation
- goBack
- goTo

Se desejar ou precisar interagir com um destes métodos públicos programaticamente, pode salvar a sua instância em uma variável, caso contrário, ignore-os.

Você também pode passar opções para a função de inicialização.

Listagem 12–9. *Inicializando o jQTouch com opções.*

```
$.jQTouch({
        icon: 'jqtouch.png',
        statusBar: 'black-translucent',
        preloadImages: [
            'themes/jqt/img/chevron_white.png',
            'themes/jqt/img/bg_row_select.gif',
            'themes/jqt/img/back_button_clicked.png',
            'themes/jqt/img/button_clicked.png'
            ]
    });
```

As opções de inicialização do jQTouch estão listadas na Tabela 12–1.

Tabela 12–1. *Opções de inicialização do jQTouch.*

Valor	Padrão	Significado
addGlossToIcon	TRUE	Marque com false para evitar o efeito button glossy (botão polido) nos links.
backSelector	.back, .cancel, .goback'	Um seletor CSS para links e botões Back. Quando clicado o histórico da página volta uma posição revertendo qualquer animação de entrada que tenha sido usada.
cacheGetRequests	TRUE	Armazena automaticamente as requisições GET, de forma que os próximos cliques referenciem os dados já carregados.
cubeSelector	.cube'	Seletor de link para a animação em cubo.
dissolveSelector	.dissolve'	Seletor de link para a animação de dissolver.
fadeSelector	.fade'	Seletor de link para a animação de desvanecer (fade).
fixedViewport	TRUE	Remove a habilidade de alterar a escala da página. Garante que o site se comporte como um aplicativo.
flipSelector	.flip'	Seletor de link para animação de cambalhota (flip) em 3D.
formSelector	form'	Determina quais formulários são submetidos automaticamente via Ajax.
fullScreen	TRUE	O site se tornará um aplicativo de tela cheia quando for salvo em uma tela home do usuário. Marque como falso para desabilitar.
fullScreenClass	fullscreen'	Adiciona uma classe ao <body> quando estiver sendo executado em tela cheia para facilitar a identificação e a estilização. Marque como falso para desabilitar.
Icon	FALSE	Determina o ícone da tela home do usuário para o aplicativo. Para utilizar esta opção passe o path completo em uma string de uma imagem PNG com 57X57px. Exemplo: 'images/appicon.png'.
initializeTouch	a, .touch'	Seletor para itens para os quais serão atribuídos eventos de toque para expansão. Isto torna os links comuns mais rápidos e dispara eventos como o swipe.
popSelector	'.pop'	Seletor de link para a animação do tipo pop.
preloadImages	FALSE	Passa um array de paths de imagens para que estas sejam carregadas antes que a página carregue. Exemplo: ['images/link_over.png', 'images/link_select.png'].

Valor	Padrão	Significado
slideSelector	'body > * > ul li a'	Seletor de link para a transição padrão (deslizar para esquerda). Por padrão, aplica-se a todos os links de uma lista não ordenada. Aceita qualquer seletor compatível com o jQuery: 'li > a, a:not(.dontslide)', etc.
slideupSelector	.slideup'	Seletor de link para a animação de deslizar para cima.
startupScreen	null	Passa um path de uma tela de inicialização de 320px X 480px para aplicativos de tela cheia. Use uma imagem de 320px X 460px se marcar a opção "statusBar" como Black-translucent.
statusBar	'default'	Estilos da barra de status quando o aplicativo está rodando em tela cheia. As outras opções são black e black-translucent.
submitSelector	'.submit'	Seletor que quando clicado submeterá seu formulário pai (fechar o teclado se este estiver aberto).
swapSelector	'.swap'	Seletor de link para uma animação de swap 3D.
useAnimations	true	Marque como falso para desabilitar todas as animações.

[Fonte: `http://code.google.com/p/jqtouch/wiki/InitOptions`]

Views Básicas

Como vimos aqui nos exemplos, o aplicativo jQTouch consiste de um único arquivo HTML usado para criar as views individuais do seu aplicativo. Você pode criar views adicionais através da criação de novas DIVs como filhas da tag body.

A seguir está um exemplo retirado de um aplicativo com duas views:

```
<body>
  <div id="jqt">
    <div id="index">
      <div class="toolbar">
        <h1>My Application</h1>
        <a class="button flip" href="#about">About</a>
      </div>
      <p>Hello I am the index page</p>
    </div>

    <div id="about">
      <div class="toolbar">
        <h1>About</h1>
        <a class="back" href="#">Back</a>
      </div>
      <p>Hello I am the about page</p>
    </div>
  </div>
</body>
```

O jQTouch também suporta a organização do seu aplicativo em arquivos HTML separados. Você pode usar o argumento target _webapp para dividir as seções do seu aplicativo e, desta forma, se referir a elas da mesma forma que os links externos. Neste caso, seu link deve referenciar um arquivo novo e, quando apropriado, uma tag âncora (por exemplo: *<a class="button flip" target="_webapp" href="/about_us.html#about">About</a>*).

Personalizando as Animações do seu Aplicativo jQTouch

Especifique a transição que você deseja aplicar em um link adicionando a classe CSS correta a este link. Ele inclui oito animações padrão: *slide*, *slideup*, *dissolve*, *fade*, *flip*, *pop*, *swap* e *cube*.[5] Sempre que o usuário clicar o botão Back, ele tratará automaticamente a reversão da animação.

Barra de Navegação (The Toolbar)

O jQTouch inclui uma classe CSS especial chamada *toolbar,* que transformará uma DIV em um elemento equivalente a barra de navegação do iPhone no topo da tela (veja a Figura 12–5). A barra de ferramentas do jQTouch é, simplesmente, um estilo gerado na CSS do jQTouch e não pode ser confundida com o elemento toolbar nativo, disponível nos aplicativos criados com o Objective-C.

```
<div class="toolbar">
   <h1>My Application</h1>
   <a class="button flip" href="#about">About</a>
 </div>
```

Figura 12–5. *Barra de navegação.*

Tabelas ou listas

No jQTouch, você pode criar listas que terão a aparência praticamente idêntica àquelas encontradas nos aplicativos iPhone nativos (veja a Figura 12–6). Crie uma lista não ordenada *<ul>* e aplique uma das seguintes classes ao elemento *ul*: *edgetoedge, plastic, ou metal*, para estilizar sua lista. Depois disto, você pode adicionar itens na sua lista, como faria normalmente, usando tags *<li>*.

```
<div id="jqt">
  <div id="index">
    <div class="toolbar">
 <h1>Tables</h1>
    </div>
    <ul class="edgetoedge">
```

[5] Caso estas oito animações não sejam suficientes, a documentação do jQTouch inclui detalhes de como adicionar sua própria animação personalizada.

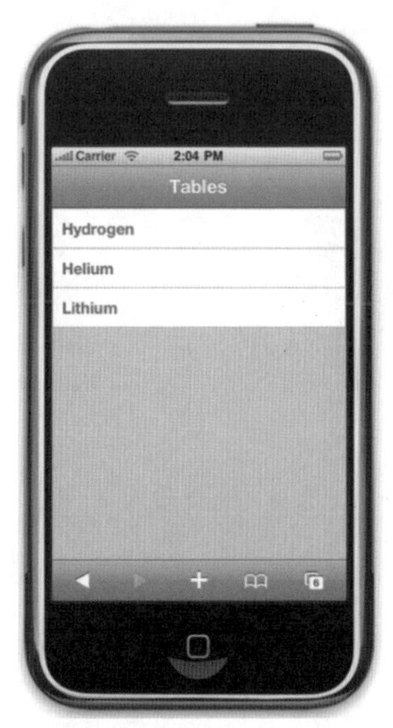

Figura 12–6. *Listas.*

Para arredondar os cantos da sua lista aplique a classe *"rounded"* (Figura 12–7).

```
<div id="jqt">
  <div id="index">
    <div class="toolbar">

      <h1>Tables</h1>

    </div>
    <ul class="rounded">
      <li>Hydrogen</li>
      <li>Helium</li>
      <li>Lithium</li>
    </ul>
  </div>
</div>
```

Figura 12–7. *Lista com cantos arredondados.*

Para adicionar um indicador de revelação (disclosure) a um item da sua lista, adicione a classe *"arrow"* ao item <*li*>.

```
<div id="jqt">
  <div id="index">
    <div class="toolbar">
      <h1>Email</h1>
    </div>
    <ul class="edgetoedge">
      <li class="arrow"><a href="#">dev@example.com</a><small↵
class="counter">3</small></li>
      <li class="arrow"><a href="#">marketing@example.com</a><small↵
class="counter">221</small></li>
      <li class="arrow"><a href="#">webmaster@example.com</a><small↵
class="counter">37</small></li>
    </ul>
  </div>
</div>
```

Finalmente, você também pode adicionar números no lado direito dos seus elementos (veja a Figura 12–8) incluindo um elemento <small> com a classe *"counter"*. Observe que o corpo do elemento *li* deve ser uma tag âncora para que isto seja mostrado corretamente. Por exemplo, este estilo é usado no aplicativo Apple Mail.

Figura 12–8. *Lista com indicadores de revelação (disclosure) e números adicionados.*

Personalizando suas Views com Temas

Por padrão, o jQTouch é distribuído com dois temas. O primeiro, como já vimos, reproduz os controles da interface nativa do iPhone. O segundo, é muito parecido com o primeiro, mas o esquema de cores utilizado é dominado pela cor preta (veja a Figura 12–9). Você pode mudar de um para outro escolhendo um arquivo *theme.css* diferente. Além disso, é possível criar o seu próprio tema. Para modificar os estilos existentes, pode adicionar suas próprias classes CSS ao incluir arquivos adicionais ou definir estilos adicionais no header do arquivo HTML, depois do arquivo do tema usando:

```
using <link rel="stylesheet" href="themes/jqt/theme.css" type="text/css"↵
 media="screen" title="no title" charset="utf-8">
```

Figura 12–9. *Modificando o tema.*

Existem algumas funcionalidades adicionais que você pode usar para personalizar um aplicativo web autônomo usando o jQTouch, mas nós recomendamos que sejam usados os métodos de personalização do Rhodes e do PhoneGap para funcionalidades, tais como ícones de aplicativos, geolocalização e caching.

Integração com Rhodes

No Rhodes 2.1,[6] a integração com jQTouch é nativa. Por padrão, o código iOS e Android gerados incluem transições animadas. Além disso, a biblioteca jQTouch é distribuída junto com o Rhodes foi modificada para ser compatível com o Android.[7]

Integração com PhoneGap

Para usar as funcionalidades do jQTouch em um aplicativo PhoneGap, copie os diretórios */jQTouch* e *themes/* para o diretório *www* do seu aplicativo PhoneGap.

---

[6] No momento da edição deste livro, o Rhodes 2.1 ainda estava na versão beta

[7] Como tanto o Rhodes quanto o jQTouch são licenciados sob a licença MIT, espera-se que estas modificações sejam adotadas oficialmente pelo projeto jQTouch.

No arquivo *index.html*, substitua todas as referências aos arquivos CSS e JavaScript, na seção HEAD, pelo seguinte código:

```
<link rel="stylesheet" href="jqtouch/jqtouch.min.css" type="text/css" media="screen"↵
title="no title" charset="utf-8">
<link rel="stylesheet" href="themes/apple/theme.min.css" type="text/css"↵
media="screen" title="no title" charset="utf-8">

<script src="jqtouch/jquery.1.3.2.min.js" type="text/javascript" charset=↵
"utf-8"></script>
<script src="jqtouch/jqtouch.min.js" type="text/javascript" charset="utf-8"></script>

<script>
  var jQT = $.jQTouch();
</script>
```

Capítulo 13

Sencha Touch

O Sencha Touch (`www.sencha.com/products/touch`) é um framework JavaScript para a criação de aplicativos voltados ao uso em dispositivos com telas sensíveis ao toque (touch screen). O Sencha Touch é o principal produto da Sencha (anteriormente conhecido como Ext JS), uma empresa lançada em 2007, em Palo Alto, Califórnia, especializada na criação de frameworks. O Sencha Touch combina as bibliotecas ExtJs, jQTouch e Raphaël. Ao contrário do jQTouch, ele não é dependente do jQuery, além de ser compatível tanto com o iPhone quanto com o Android. O Sencha Touch é distribuído sob uma licença de código aberto GPL v3. No momento da edição deste livro, o Sencha Touch estava em sua versão beta, ainda não disponível para distribuição comercial. Espera-se que, em sua versão final, este framework seja distribuído também sob uma licença comercial.

O Sencha Touch permite que seus aplicativos web tenham visuais e comportamentos consistentes tanto no iPhone quanto no Android. Na maioria dos casos, o framework não faz nenhum esforço para obter um visual nativo. Em vez disso, eles criaram um conjunto de widgets que não se parece com nenhum sistema operacional específico (exceção seja feita para algumas barras de ferramentas que se parecem com as do iPhone).

O Sencha Touch é desenvolvido sobre HTML5 e CSS3. Diferentemente do iWebKit e do jQTouch, a API do Sencha Touch é em JavaScript puro. Os desenvolvedores precisam ter muita experiência com JavaScript para conseguir tirar vantagem do framework. Como a versão mais recente do Sencha Touch ainda é uma versão beta, o principal objetivo deste capítulo é fornecer os fundamentos do layout de interfaces e de programação, e não fornecer receitas para o desenvolvimento de aplicativos.

Conhecendo o Sencha Touch

No Sencha Touch, você escreve todo o código do seu aplicativo em JavaScript. No desenvolvimento para os navegadores móveis baseados no WebKit, para iOS e Android, obterá os melhores resultados se, durante o desenvolvimento, fizer os testes no navegador Safari para desktop, antes de testar em um simulador. Assim como em qualquer outro desenvolvimento para dispositivos móveis, não se esqueça de testar no dispositivo antes de distribuir seu aplicativo e não fique limitado ao simulador.

Se estiver desenvolvendo o design visual e o processo de interação do lado cliente para testar no seu desktop, basta abrir o arquivo HTML no Safari. Contudo, quando estiver integrando a interface no seu aplicativo web, terá que fazer requisições AJAX que exigem que seu HTML esteja hospedado em um servidor (por exemplo: sendo acessado via “http://...” em vez de "`file://...`"). Além disso, para rodar seu aplicativo em um simulador, precisará acessar este aplicativo via servidor web (que pode até estar rodando na máquina local, mas precisa ser acessado via servidor web, através da rede).

Não existem exigências sobre como você deve organizar seus arquivos. Entretanto, para acompanhar o código deste capítulo, o diretório principal do aplicativo deve se parecer com o que está na Figura 13–1 (a lista completa de arquivos está na tabela 13–1). Em todas as demonstrações e exemplos da Sencha, o arquivo JavaScript principal do aplicativo é chamado de *index.js* e é mantido na raiz do diretório do aplicativo, acompanhando o *index.html*. Mesmo assim, neste capítulo, seguimos a convenção de ter subdiretórios separados para JavaScript e CSS. Convenção esta que é praticamente padrão para o desenvolvimento web.

Durante o desenvolvimento incluímos o arquivo *ext-touch-debug.js*, mas para fins de distribuição, você deverá trocar este arquivo pelo *ext-touch.js*. A versão debug ajuda na detecção e correção de erros, além disso, ajuda a isolar problemas no código do seu aplicativo, permitindo que veja exatamente em qual biblioteca o erro está acontecendo. Por conveniência, incluímos o arquivo *debug-with-comments.js*.

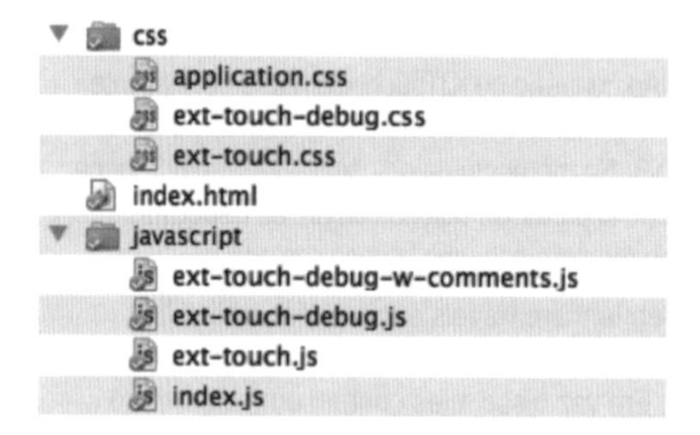

Figura 13–1. *Uma estrutura de diretórios típica de um aplicativo Sencha Touch.*

Existe um determinado número de arquivos padrão que são incluídos na árvore de diretórios dos aplicativos Sencha. Eles estão listados na Tabela 13–1, lado a lado com a explicação do seu propósito.

Tabela 13–1. *Arquivos padrão de um aplicativo Sencha Touch.*

Arquivo	Propósito
index.html	Trata-se do ponto de entrada do seu aplicativo. Você pode ter vários arquivos HTML, representando várias páginas do seu aplicativo ou várias telas no seu dispositivo móvel.
index.js	Será usado para o código do seu aplicativo.
application.css	Será usado para o CSS do seu aplicativo.
ext-touch.js	A biblioteca JavaScript da Sencha. Durante o desenvolvimento, você deve usar o *ext-touch-debug.js*.
ext-touch.css	A biblioteca CSS da Sencha, que é requerida pela biblioteca JavaScript.

Para começar a desenvolver seu aplicativo, você deve criar um arquivo *index.html* com o conteúdo mostrado na Listagem 13–1.

Listagem 13–1. *Um arquivo index.html típico de um aplicativo Sencha.*

```
<!DOCTYPE html>
<html>
<head>
    <meta http-equiv="Content-Type" content="text/html; charset=utf-8"/>
    <title>My Application</title>
        <link rel="stylesheet" href="css/ext-touch.css" type="text/css"/>
        <link rel="stylesheet" href="css/application.css" type="text/css"/>
        <script type="text/javascript" src="javascript/ext-touch-debug.js"></script>
        <script type="text/javascript" src="javascript/index.js"></script>
</head>
<body/>
</html>
```

Crie os subdiretórios "javascript" e "css". Coloque os arquivos da biblioteca Sencha Touch nos diretórios apropriados e crie dois arquivos vazios: *index.js* e *application.js*.

A seguir, precisará preencher o código JavaScript inicial no arquivo *index.js*, como mostrado na Listagem 13–2. O método Ext.setup determinará a página que deverá ser utilizada pelo dispositivo habilitado para toque. Isto permitirá a configuração de várias propriedades e comportamentos de inicialização do seu aplicativo. Todo o código de sua aplicação precisa estar envolto em uma função chamada pelo framework Sencha Touch. O código do seu aplicativo é declarado como uma função anônima e assinado à propriedade "onReady".

Listagem 13–2. *O JavaScript básico, no arquivo index.js, que você precisa para começar a desenvolver.*

```
Ext.setup({
    onReady: function()
        // your code goes here
    }
});
```

Opcionalmente o método setup permite o uso de propriedades para controlar como seu aplicativo inicializa e qual aparência ele terá no dispositivo. Um código básico mais comum para um aplicativo Sencha Touch está mostrado na Listagem 13–3.

Listagem 13–3. *As propriedades típicas usadas no método setup no arquivo index.js*

```
Ext.setup({

  tabletStartupScreen: 'tablet_startup.png',

    phoneStartupScreen: 'phone_startup.png',
    icon: 'icon.png',
    glossOnIcon: true,
    onReady: function() {
            // your code goes here
});
```

As propriedades principais do método setup estão listadas e descritas na Tabela 13–2.

Tabela 13–2. *As propriedades do método setup.*

Propriedade	Propósito
Icon (string)	Especifica o nome do ícone padrão do aplicativo (ex: "icon.png"). Esta propriedade se aplica tanto para tablets quanto para telefones (você pode especificar um tableticon e um phoneicon se desejar ícones diferentes para dispositivos diferentes). A imagem deve ter 72 X 72 e será usada como ícone do aplicativo quando este for salvo na tela home.
GlossOnIcon (Boolean)	Especifica se você deseja ou não que o efeito gloss (brilho) seja aplicado ao ícone padrão (somente para o iOS).
fullscreen (Boolean)	Determina os metatags apropriados para rodar em modo tela cheia em dispositivos iOS.
tabletStartupScreen (String)	Especifica o nome de uma imagem que será usada como tela de inicial pelo iPad. A imagem deve ter 768 X 1004 e orientação retrato.
phoneStartupScreen (String)	Especifica o nome de uma imagem que será usada pelo iPhone e iPod Touch. A imagem deve ter 320 X 460 e orientação retrato.
statusBarStyle (String)	Determina o estilo da barra de status para a tela cheia em aplicativo iOS web. As opções válidas são: • default • black • black-translucent
preloadImages (Array)	Especifica uma lista de URLs de imagens que serão carregadas. Isto é útil para aplicativos com várias telas, em que o carregamento prévio das imagens garante uma experiência melhor para os usuários no lugar do carregamento sob demanda, potencialmente mais lento.
onReady (Function)	Roda a função especificada assim que a página esteja carregada e seja seguro interagir com o HTML e com o DOM.
scope (Object)	Uma propriedade frequentemente usada no Sencha Touch que permite configurar o contexto de execução (o valor de "this") de uma função em particular. Neste caso, você determina o contexto de execução da função onReady. Se não for determinado, a função rodará no contexto do objeto "window".

Adicionando Texto HTML com um Painel

Os aplicativos Sencha Touch são criados dinamicamente usando código em tempo de execução para criar objetos de interface, em contraste direto com os frameworks declarativos que usam linguagens de markup (XML ou HTML) para criar os elementos da interface. A codificação no Sencha Touch tem certo grau de similaridade com os frameworks tradicionais como o Microsoft Foundation Class (MFC) e o Java Swing. Você irá adicionar componentes UI em um "painel" e especificar um layout para organizar visualmente a tela do seu aplicativo.

Você começará com um painel, que é um container genérico para layout de aplicativo. Neste exemplo, usaremos as opções de configuração de tela cheia para garantir que o painel preencha toda a tela.

Acrescente um painel e algum texto. Para isto, modifique o arquivo *index.js* e inclua o código da Listagem 13–4. Quando abrir o arquivo *index.html* no Safari, deverá ver o texto mostrado na Figura 13–2. Observe que ele não apresenta detalhes visuais.

Listagem 13–4. *Adicionando um painel com texto.*

```
Ext.setup({
        onReady: function() {
            new Ext.Panel({
                id: 'mainscreen',
                html: 'This is some text in a panel. <br /><small>This is↵
 smaller text.</small>',
                fullscreen: true
        });
    }
});
```

> **Nota:** Quando estiver testando no Safari, deve abrir o console de erro. Frequentemente, quando existem erros de JavaScript tudo o que consegue ver é uma página completamente em branco. Para abrir o console de erros, precisa habilitar o menu **Develop** e selecionar **Show Error Console**. (Para habilitar o menu Develop, abra Preferences, selecione a aba **Advanced** e depois, selecione **Show Develop menu in menu bar**.)

This is some text in a panel.

This is smaller text.

Figura 13–2. *Texto de um painel.*

Se usar o **View Source** do Safari, verá um código HTML, como mostrado anteriormente na Listagem 13–1. Contudo, se usar o **Show Web Inspector** no menu **Develop** e abrir todos os elementos do DOM, verá que o Sencha Touch acrescentou elementos ao DOM para poder exibir o texto (veja a Figura 13–3).

```
▼ <html>
  ▼ <head id="ext-gen1006">
      <meta http-equiv="Content-Type" content="text/html; charset=utf-8">
      <title>My Application</title>
      <link rel="stylesheet" href="css/ext-touch.css" type="text/css">
      <link rel="stylesheet" href="css/application.css" type="text/css">
      <script type="text/javascript" src="javascript/ext-touch-debug.js">
      <script type="text/javascript" src="javascript/index.js">
      <meta id="ext-gen1001" name="viewport" content="width=device-width, user-scalable=no, initial-scale=1.0, maximum-scale=1.0;">
      <meta id="ext-gen1002" name="apple-mobile-web-app-capable" content="yes">
    </head>
  ▼ <body>
    ▼ <div id="mainscreen" class="x-panel x-fullscreen x-landscape" style="width: 1303px; height: 516px; ">
      ▼ <div class="x-panel-body" id="ext-gen1008" style="left: 0px; top: 0px; width: 1303px; height: 516px; ">
          "This is some text in a panel. "
          <br>
          <small>This is smaller text.</small>
        </div>
      </div>
    </body>
  </html>
```

Figura 13–3. *O Sencha Touch modifica o DOM do HTML em tempo de execução para adicionar texto ao painel.*

Como no Sencha Touch tudo é desenvolvido em JavaScript procedural, os componentes são, em geral, criados usando configuração. O painel é um "container" e qualquer contêiner pode ser configurado para possuir uma lista de itens que, por sua vez, podem ser um componente único ou um conjunto de componentes. Os componentes são espacialmente arrumados de acordo com um layout específico. As Listagens 13–5 e 13–6 mostram duas variações para os valores de configuração do container.

Listagem 13–5. *Um container pode ser configurado com itens únicos e um layout.*

```
// specifying a single item
items: {...},
layout: 'fit',
...
```

Listagem 13–6. *Um container pode ser configurado com um conjunto de itens e um layout.*

```
// specifying multiple items
items: [{...}, {...}],
layout: 'hbox',
...
```

Cada item pode ser uma instância de um componente ou uma configuração de componente com um "xtype" específico. A Tabela 13–3 apresenta uma lista de xtypes de componentes visuais e não visuais.

Tabela 13–3. *Os xtypes.*

XTypes de Componentes Visuais	Funcionalidade
button	Componente: super class de todos os componentes.
slider	Container: um componente não visual que possui uma lista de itens e um layout que especifica como arrumar estes itens.
toolbar	Dataview, datapanel: podem ser ligados a um armazamento de dados para fazer a renderização de dados de forma dinâmica.
tabpanel	Panel: tipicamente usado para layout, um painel pode ter o seu próprio estilo CSS ("baseCls") e pode detectar a orientação quando em tela cheia.
checkbox	Spacer: Usado para layout.
select	Form: Permite o layout típico de um formulário.
field	Component: super classe de todos os componentes.
fieldset	Container: um componente não visual que possui uma lista de itens e um layout que especifica como arrumar estes itens.
numberfield	Dataview, datapanel: podem ser ligados a um armazém de dados para fazer o render de dados dinâmicos.

XTypes de Componentes Visuais	Funcionalidade
textarea	Panel: normalmente usado para layout, um panel pode ter seu próprio estilo CSS e pode detectar orientação quando em modo tela cheia.
radio	Spacer: usado para layout.
textfield	Form: permite o layout de um formulário típico.

Adicionando Componentes

A seguir, vamos acrescentar alguns componentes de interface visual ao nosso aplicativo. Neste caso, irá adicionar uma barra de ferramentas no topo da tela com três botões para navegação. Será mais simples de entender e efetuar debug se adicionar um componente de cada vez, testando o aplicativo a cada alteração. Você deve começar adicionando um "splitbutton", que possui, como filho, uma lista de botões. Modifique seu código para o código que está mostrado na Listagem 13–7, e o seu aplicativo deve ficar como apresentado na Figura 13–4.

Listagem 13–7. *Um container pode ser configurado com um array de itens e um layout.*

```
Ext.setup({
        onReady: function() {
             var buttonsGroup = {
              xtype: 'splitbutton',
              items: [{
                  text: 'One',
                  active: true
                },
                {
                  text: 'Two'
                },
                {
                  text: 'Three'
                }]
            };

            new Ext.Panel({
                id: 'mainscreen',
                html: 'This is some text in a panel. <br /><small>This is↵
 smaller text.</small>',
                fullscreen: true,
                items: buttonsGroup
            });


    }
});
```

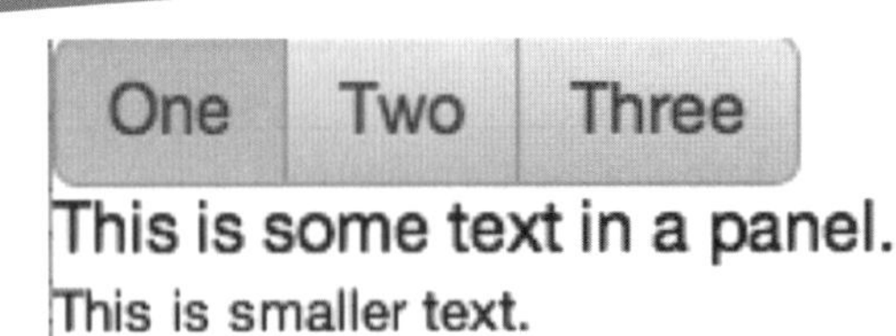

Figura 13–4. *Uma barra de botões simples adicionada ao painel.*

Criando Interatividade

Para ilustrar como fazer seu aplicativo ser interativo e responder rapidamente sempre que o usuário clicar em um botão, os exemplos dessa seção mostrarão como modificar o texto e como selecionar qual painel está visível. Estes exemplos são um guia para os conceitos fundamentais do Sencha Touch e devem fornecer as informações necessárias à criação de qualquer processo de interatividade. Observe que, neste exemplo específico, a ação de esconder/apresentar um painel é mais fácil de ser conseguida com um Ext.TabPanel, mas o uso de técnicas de codificação generalistas darão uma noção mais precisa de como desenvolver uma interface web com o Sencha Touch.

Como apresentado na Listagem 13–8, você pode definir um handler para qualquer botão. O handler é apenas uma função JavaScript passada como referência ao botão e ao evento que é disparado por este. O método Ext.getCmp ('mainscreen') lhe dará uma referência ao componente com o id 'mainscreen' (o componente *panel* com texto). A seguir, "update(text)" definirá o valor do componente HTML para conter o texto em "txt".

Listagem 13–8. *Um handler pode ser associado com um botão.*

```
Ext.setup({
        onReady: function() {
            var tapHandler = function(button, event) {
                var txt = "User tapped the '" + button.text + "' button.";
                Ext.getCmp('mainscreen').update(txt);
            };
             var buttonsGroup = {
              xtype: 'splitbutton',
              items: [{
                  text: 'One',
                  active: true,
                  handler: tapHandler
                },
                { text: 'Two',
                  handler: tapHandler
                 },
                 { text: 'Three',
                   handler: tapHandler
                 }]
            };

            new Ext.Panel({
                id: 'mainscreen',
                html: 'This is some text in a panel. <br /><small>This is↵
 smaller text.</small>',
                fullscreen: true,
```

```
                items: buttonsGroup
            });


        }
});
```

Uma operação mais significativa seria criar painéis múltiplos, de forma que, ao selecionar um dos botões, seja revelado o painel correspondente. Podemos também arrumar os botões em uma barra de ferramentas. É possível fazer isto aninhando um componente splitButton em um componente toolbar. O código que combina estas funcionalidades pode ser visto na Listagem 13–9. O resultado, tanto no modo retrato quanto no modo paisagem, está nas figuras 13–5 e 13–6, respectivamente.

Listagem 13–9. *Elementos de interface para apresentar telas múltiplas com um "splitButton".*

```
Ext.setup({
        onReady: function() {
            var tapHandler = function(button, event) {
                var txt = "User tapped the '" + button.id + "' button.";
                panel_id = 'panel' + button.id
                Ext.getCmp('panelone').hide();
                Ext.getCmp('paneltwo').hide();
                Ext.getCmp('panelthree').hide();

                Ext.getCmp(panel_id).show();
            };

             var buttonsGroup = {
              xtype: 'splitbutton',
              items: [{
                  id: 'one',
                  text: 'One',
                  handler: tapHandler,
                  active: true
                },
                {
                  id: 'two',
                  handler: tapHandler,
                  text: 'Two'
                },
                {
                  id: 'three',
                  handler: tapHandler,
                  text: 'Three'
                }]
            };

            var panelOne = {
                id: 'panelone',
                xtype: 'panel',
                html: 'This is some text in a panel. <br /><small>This is↩
 smaller text.</small>',

            };
            var panelTwo = {
                id: 'paneltwo',
                xtype: 'panel',
```

```
                html: 'Here is the second panel',
                hidden: true
            };
            var panelThree = {
                id: 'panelthree',
                xtype: 'panel',
                html: 'This is number 3',
                hidden: true
            };

            var mytoolbar = {
              xtype: 'toolbar',
              ui:    'dark',
              items: buttonsGroup,
              dock: 'top',
              layout: { pack: 'center' }
            }

            new Ext.Panel({
                id: 'mainscreen',
                items: [mytoolbar, panelOne, panelTwo, panelThree],
                fullscreen: true
            });


    }
});
```

Figura 13–5. *Um splitbutton e uma barra de ferramentas (modo retrato).*

Figura 13–6. *Um splitbutton e uma barra de ferramentas (modo paisagem).*

Capítulo 14

BlackBerry HTML UI

A plataforma BlackBerry foi uma das primeiras plataformas de smartphones a ser adotada em larga escala nas comunidades de negócios e pelos amantes da tecnologia. Desenvolvida pela Research in Motion (RIM), ela permanece entre as líderes na fatia do mercado para dispositivos móveis nos Estados Unidos. Contudo, em termos de crescimento, o BlackBerry foi suplantado pelas vendas do iPhone e do Android.

O suporte para BlackBerry está incluído tanto na plataforma Rhomobile quando na PhoneGap. Entretanto, as capacidades limitadas do controle de navegador do BlackBerry limitam o grau de criatividade e a flexibilidade que pode incluir no projeto visual do seu aplicativo. Sem dúvida, a maior limitação para o desenvolvimento de aplicativos nativos para o BlackBerry usando HTML como interface não é devido a problemas nestes ambientes de desenvolvimento, mas sim na plataforma BlackBerry em si.

Observe que, para aplicativos web móveis, o BlackBerry ainda possui uma limitação extra. Todo o tráfego de rede para um dispositivo BlackBerry deve ser roteado através de um gateway central. No caso de transferência de dados empresariais, o tráfego é roteado através do serviço BlackBerry MDS Connection. Já o tráfego web deve ser roteado através do serviço de Internet do BlackBerry. Os dois serviços anseiam minimizar o uso de banda, adequando o conteúdo às capacidades de renderização de cada dispositivo transcodificando conteúdo incompatível e somente transferindo dados para o cache local do dispositivo. Além das conhecidas limitações dos navegadores usados, em vez de permitir que os desenvolvedores aprimorem seu próprio conteúdo da forma que desejarem, a RIM aplica uma transformação padrão ao HTML. Ainda assim, se construirmos um aplicativo nativo usando um framework multiplataforma, a interface HTML será distribuída como parte integrante do aplicativo, contornando completamente as transformações automáticas do gateway.

A RIM recomenda que seu conteúdo seja desenhado para concordar com as necessidades dos usuários de um navegador de primeira geração (4.2). Se assim for, esteja projetando um aplicativo web ou um aplicativo nativo com controles de interface web, o número de usuários dos navegadores de primeira geração que poderá acessar seu aplicativo é muito maior que o número de usuários de navegadores de segunda geração.

Recentemente, a RIM demonstrou um novo navegador baseado no WebKit com suporte completo ao HTML5, JavaScript moderno e suporte CSS aperfeiçoado. Entretanto, no momento da redação deste livro, ainda não havia uma data para o lançamento deste navegador e nenhuma palavra sobre os dispositivos que irão suportá-lo.

As próximas seções deste capítulo irão detalhar as funcionalidades e limitações frequentemente encontradas quando criamos aplicativos que fazem uso de controles de interface de usuário para dispositivos BlackBerry.

Controles de Navegador do BlackBerry

O desenvolvimento para a interface web do BlackBerry requer uma abordagem disciplinada, indispensável para o trabalho com as limitações do navegador do dispositivo.

Existem dois mecanismos de renderização distintos incluídos na plataforma BlackBerry.

- **browser.field** (disponível desde a versão 3.8 com as atualizações mais recentes feitas na versão 4.5). O nível de suporte a conteúdo fornecido por este navegador é limitado a:
  - Document Object Model (DOM) L1 (somente acesso de leitura no DOM).
  - Suporte parcial a HTML, JavaScript e CSS. O conteúdo renderizado por este campo de navegador irá parecer com o conteúdo do navegador do BlackBerry em um dispositivo 4.5.
  - O modelo de interação suporta navegação rápida, transversal, em campos de formulários com trackpad, trackwheel ou trackball.
- **browser.field2.BrowserField**. O segundo mecanismo de renderização da RIM para o BlackBerry foi introduzido com o BlackBerry Bold (versão 4.6). Este campo de navegador mostrou grande aprimoramento nas capacidades do navegador. Contudo, o modelo de interação também foi significantemente modificado com o acréscimo de:
- Suporte aos padrões da indústria tais como: HTML 4.0.1, JavaScript 1.5 e CSS 2.1.
- Suporte L2 para o DOM (leitura/escrita) e suporte ao XmlHttpRequest (AJAX). Apesar disto, frameworks modernos como o jQuery e o XUI ainda não são suportados.
- Um modelo de interação para o ponteiro do mouse que requer movimento espacial, similar ao movimento de um mouse em um desktop ou a uma interface de toque. Esta modificação afetou negativamente a usabilidade quando usamos trackpad, trackwheel ou trackball.

As diferenças entre o browser.field (4.2) e o browser.field2 (4.6) serão revisadas em detalhes. Note que o PhoneGap inclui automaticamente o controle 4.6 e somente dá suporte a esta versão ou a dispositivos mais novos. Por padrão, os aplicativos Rhodes usam o controle de navegação 4.2, mas há uma opção de configuração que permite o uso do controle 4.6. O Rhodes suporta o sistema operacional BlackBerry nas versões 4.2 e superiores.

Controle de Navegador do BlackBerry 4.2

Ao visar o desenvolvimento para o controle de navegador 4.2, a ação permitirá que seu aplicativo atinja uma audiência maior. Permitirá também que a interface desenvolvida seja compatível com as convenções que os usuários esperam de um aplicativo BlackBerry.

CSS

Mesmo que a documentação do BlackBerry leve-o a acreditar que pode usar o CSS, oculta o fato que a implementação utilizada carece da habilidade de posicionar divs ou estilizar listas. Na verdade, não existe suporte para a propriedade float, ou qualquer outra tag moderna de posicionamento nos dispositivos 4.2. Por esta razão, se você planeja criar um único aplicativo multiplataforma que também rode no BlackBerry 4.2, os layouts baseados em tabelas são a sua melhor opção.

As tabelas seguintes foram adaptadas do BlackBerry Browser Version 4.2 Developer Guide.[1]

background styles
Background
background-color
background-image
background-repeat

font styles
Color
Font
font-family
font-size
font-style
font-weight

		border styles	
border	border-color	Border-style	border-width
border-bottom	border-bottom-color	Border-bottom-style	border-bottom-width
border-left	border-left-color	Border-left-style	border-left-width
border-right	border-right-color	Border-right-style	border-right-width
border-top	border-top-color	Border-top-style	border-top-width

1 http://docs.blackberry.com/en/developers/deliverables/1143/browser_devguide.pdf

	font styles	text-align	textdecoration	backgroundcolor	backgroundstyles
a	X	x	x	x	
body	X	x	x	x	x
div	X	x	x	x	
head	X	x	x	x	
img	X	x	x	x	
p	X	x	x	x	
span	X	x	x	x	
title	X	x	x	x	
frame	X	x	x	x	
frameset	X	x	x	x	
legend	X	x	x	x	
blink	X	x	x	x	
marqee	X	x	x	x	

	font styles	backgroundcolor
blockquot E	X	x
h1 – h6	X	x
pre	X	x
sub	X	x
sup	X	x
b	X	x
big	X	x
center	X	x
cite	X	x
code	X	x
dfn	X	x
i	X	x
em	X	x
font	X	x
kbd	X	x
s	X	x
samp	X	x
small	X	x
strike	X	x
strong	X	x
tt	X	x
u	X	x
var	X	X

	fontstyles	borderstyle	text-align	text-decoration	backgroundcolor	height	width
form	X		X	x	x		
fieldset	X		X	x	x		
textarea	X	X		x	x		
input	X	X		x	x		
select	X	X		x	x		
optgroup	X		X	x	x		
option	X		X	x	x		
button	X	X		x	x	x	x
input type=button	X	X		x	x	x	x
input type=submit	X	X		x	x	x	x
input type=reset	X	X		x	x	x	x
input type=text	X	X		x	x		
img	X	X				x	x

	background-color	font styles	text-align	text-decoration
ol	X	x	x	x
ul	X	x	x	x
li	X	x	x	x
dd	X	x	x	x
dt	X	x	x	x
*dir**	X	x	x	x
*menu**	X	x	x	x

Um guia completo das tags suportadas pode ser encontrado no BlackBerry Browser Version 4.2 Developer Guide.

Fontes

Existem três famílias tipográficas suportadas no navegador do BlackBerry: Arial, Courier e uma versão antiga da Helvetica (veja a Figura 14–1). O código para usá-las está na Listagem 14–1. Você pode usar tamanhos personalizados de fontes na folha de estilo, mas qualquer estilo não incluído na lista de estilos CSS suportados deve ser aplicado via tags inline, tais como <b>, <em> e assim por diante.

Arial **bold**
Arial 12pt **bold**

Courier **bold**

Courier 12pt **bold**

Helvetica **bold**

Helvetica 12pt **bold**

Figura 14–1. *As três fontes suportadas em seu tamanho padrão e em 12px.*

Listagem 14–1. *O código para as fontes do texto na Figura 14–1.*

```
.arial {
 font-family: "Arial";
}
.arial12 {
 font-family: "Arial";   font-size: 12px;
}
.c {
 font-family: "Courier";
}
.c12 {
 font-family: "Courier"; font-size: 12px;
}
.helv {
 font-family: "Helvetica";
}
.helv12 {
 font-family: "Helvetica"; font-size: 12px;
}


<p>no font</o>
<div class="arial">
        <p>Arial <b>bold</b></p>
</div>
<div class="arial12">
        <p>Arial 12pt <b>bold</b></p>
</div>
<div class="c">
        <p>Courier <b>bold</b></p>
</div>
```

```
<div class="c12">
        <p>Courier 12pt <b>bold</b></p>
</div>
<div class="helv">
        <p>Helvetica <b>bold</b></p>
</div>
<div class="helv12">
        <p>Helvetica 12pt <b>bold</b></p>
</div>
```

Frames

O navegador suporta os elementos `<frameset>` e `<frame>`, mas não suporta frames inline (o elemento `<iframe>`). Em vez disso, eles devem ser renderizados verticalmente em uma única coluna. Veja a página 42 do BlackBerry Browser Version 4.2 Developer Guide para mais informações, se desejar utilizá-los no seu aplicativo.

JavaScript

Mesmo sem considerar capacidades específicas do JavaScript, devemos notar que a limitação mais notável do navegador 4.2 do BlackBerry é a incapacidade de modificar o DOM. O navegador suporta o JavaScript nas versões 1.0, 1.1, 1.2, 1.3 e alguns subconjuntos pequenos do 1.4 e 1.5. Além disso, existe uma função de localização personalizada que é suportada por dispositivos rodando o sistema operacional BlackBerry4.1 ou mais recente, mas que provavelmente será integrado na solução multiplataforma que selecionar. Quando estiver trabalhando diretamente com o JavaScript no BlackBerry, existem alguns detalhes que precisa observar:

- No software do dispositivo BlackBerry, versão 4.5 ou anterior, se o navegador encontrar qualquer script que produza efeitos comuns de HTML dinâmicos, ele executará este script sem erros mas não apresentará efeitos visuais. O JavaScript que não for suportado simplesmente gerará um erro, e, a não ser que o erro seja tratado pelo próprio script, este será bloqueado e não rodará.
- No navegador do BlackBerry, os usuários podem ligar ou desligar o suporte ao JavaScript. Talvez, ainda mais importante, o JavaScript também possa ser desligado via políticas de uso centralizadas, criando confusão nos usuários sobre o que eles deveriam ver na tela.

Traduzindo: Certifique-se de que seu código JavaScript gerencie possíveis erros de compatibilidade ou permissão. Novamente, verifique o BlackBerry Browser Version 4.2 Developer Guide para saber se uma funcionalidade específica que seja do seu interesse está disponível no navegador embarcado.

Dica para Layout Dinâmico com o Rhodes

Se precisar de um layout dinâmico na tela do seu aplicativo, normalmente tudo o que precisa fazer é dividir a tela em células de tabela e fazer com que largura e altura tenham valores percentuais, então você pode usar os atributos height e width com valores percentuais. Se precisar calcular os valores destes percentuais dinamicamente, não será possível criar este layout no navegador do BlackBerry 4.2. Contudo, usando o Rhodes, você pode fazer todo o cálculo dos percentuais no arquivo HTML do tipo ERB (Embedded Ruby).

Esta técnica está demonstrada nas Listagens 14–2 e 14–3. O aplicativo de exemplo, ilustrado na Figura 14–2, possui um layout para duas imagens, que não pode ser definido baseado em percentuais da largura da tela. Para contornar esta limitação do navegador, este exemplo inclui um layout (Listagem 14–2) que determina dinamicamente o tamanho das margens interna e externa, calculando o tamanho baseado na largura da tela e na largura das duas imagens. Isto pode ser feito usando o Rhodes porque a página HTML é processada e o código Ruby entre <% e %> é executado antes que a página seja renderizada no controle de navegação.

Figura 14–2. *Neste layout, observe que, para criar espaços iguais em torno das imagens na tela, não é possível usar percentuais relativos à largura das tabelas.*

Listagem 14–2. *Este código, no arquivo layout.erb, gera dinamicamente a largura das células da tabela quando a página é renderizada. Desta forma, a tela ficará proporcional em dispositivos com tamanhos diferentes.*

```
<% if System::get_property('platform') == 'Blackberry' %>
  <link href="/public/css/blackberry.css" type="text/css" rel="stylesheet"/>

  <style type="text/css">
    #start td.space {
    width: <%= (System.get_screen_width - 333)/3 %>px;
```

```
  }

    #start td.blurb {
    width: <%= (System.get_screen_width - 333)/3 +333 %>px;
    }

    #start td.sf1 {
      text-align: center;
      width: 133px;
    }
    #start td.sf2 {
      text-align: center;
      width: 200px;
    }

  </style>

<% else %>
  <link href="/public/css/xhtml.css" type="text/css" rel="stylesheet"/>
<% end %>
```

Listagem 14–3. *Os elementos podem ser colocados em uma tabela na página com os seus tamanhos controlados pelo CSS especificado no arquivo layout.erb, mostrado na Listagem 14–2.*

```
<table id="start">
        <tr height="40"/>
        <tr>
    <td class="space"/>
    <td class="sf1"><img src="/public/images/sf1.png"></td>
    <td class="space"/>
    <td class="sf2"><img src="/public/images/sf2.png"></td>
    <td class="space"/>

  </tr>
  <tr>
    <td class="space"/>
    <td class="sf1">Day Trips</td>
    <td class="space"/>
    <td class="sf2">Night Life</td>
    <td class="space"/>

    </tr>

    <tr>
    <td class="space"/>
    <td class="blurb">Explore San Francisco.  Choose "day trips" or "night life" to find
fun things to do in and around San Francisco.</td>
    <td class="space"/>
    </tr>
</table>
```

Controle de Navegador no BlackBerry 4.6

Desenvolver para o controle de navegador do BlackBerry 4.6 é, significantemente, mais fácil que para o navegador 4.2, já que você pode modificar o DOM e também tem acesso a mais atributos CSS. Mesmo que o navegador do 4.6 suporte os últimos padrões (HTML 4.01, CSS 2.1 e DOM level 2), a grande verdade é que os navegadores dos desktops modernos já estão mais avançados. No momento da edição deste livro, os frameworks JavaScript mais populares (jQuery, XUi etc.) ainda não funcionavam no navegador do BlackBerry. O navegador 4.6 também é distribuído com um problema de usabilidade estranho. No navegador 4.2, o usuário pode, facilmente navegar entre os campos de um formulário e links, com um simples gesto no TrackBall enquanto pula de campo para campo. Entretanto, o novo navegador exige que navegue exatamente como faria com um mouse ou dispositivo de toque, rolando o ponteiro em torno da tela, o que acaba sendo lento e estranho quando usamos o trackpad ou o trackball.

Apresentação e Interação com o Usuário

A BlackBerry produz uma grande variedade de dispositivos. Com a variedade, inevitavelmente vem a complexidade. Os dispositivos BlackBerry são conhecidos por ter ao menos 11 resoluções de tela diferentes, com variações entre 132 X 65 até 360 X 480 (veja a Tabela 14–1).

Além disso, a faixa de precisão do ponteiro em dispositivos BlackBerry é vasta – indo da precisão do BlackBerry Bold ou Curve onde o trackball permite que você siga de elemento para elemento até a frustração tátil do Storm, onde precisa deixar espaços entre os elementos da interface, se quiser dar aos usuários alguma esperança de acessá-los. A usabilidade do nosso aplicativo não será percebida em um simulador, mesmo que tente a simulação de dispositivos diferentes. É fácil criar um layout que pareça efetivo e eficiente no simulador e que simplesmente seja inútil quando alguém tentar digitar um texto ou clicar num botão em um dispositivo específico. Por estas razões, é crucial que teste seu aplicativo o quanto antes e o mais frequentemente possível em dispositivos reais de todas as suas plataformas alvo.

Tabela 14–1. *Resoluções de tela dos dispositivos BlackBerry.*

Resolução indicada	Número do Modelo	Marca
132 X 65	950	
160 X 160	857, 957	
240 X 160	7520	
240 X240	7730, 7750,7780	
240 X 260	7100,7130,8100,8120,8130	Pearl
240 X 320	8130, 8220	Pearl Flip

Resolução indicada	Número do Modelo	Marca
320 X 240	8830, 8300, 8320, 8330, 8700, 8703e, 8707, 8800, 8820	Curve
324 X 352		Charm
480 X 320	9000	Bold
480 X 360	8900	Curve
360 X 480	9500, 9530	Storm

Ambiente de Desenvolvimento

Uma última complicação: O ambiente de desenvolvimento nativo do BlackBerry atualmente só está disponível em ambientes de desenvolvimento Windows. Se você estiver desenvolvendo seu aplicativo, precisará de um ambiente rodando Windows XP ou Vista. No momento da edição deste livro, o Windows 7 ainda não era suportado. Contudo, é possível desenvolver aplicativos para o BlackBerry em uma plataforma de hardware Macintosh usando máquinas virtuais com VMWare ou Parallels.

Apêndice

Cascading Style Sheets – CSS

As Folhas de Estilo em Cascata, CSS (Cascading Style Sheets), definem como os elementos HTML serão apresentados pelo navegador. A estilização pode acontecer em diversos lugares. O lugar mais comum para uma CSS é uma folha de estilos externa (que é um arquivo com a extensão .css). Para carregar esta folha, coloque um link entre as tags <head> como mostrado na Listagem A–1.

Listagem A–1. *Cabeçalho (header) HTML – Folha de Estilo Externa.*

```
<head>
    <link href="stylesheet.css" rel="stylesheet" type="text/css">
</head>
```

NOTA: Você pode usar caminhos absolutos ou relativos em suas folhas de estilo para o atributo href do <link>.

Você também pode colocar uma tag <style> na área de cabeçalho <head> do seu documento HTML e definir seu CSS nesta área (Listagem A–2); Isto é chamado de *folha de estilo interna.*

Listagem A–2. *Cabeçalho (header) HTML – Folha de Estilo Interna.*

```
<head>
   <style type="text/css">
         ...
   </style>
</head>
```

E, finalmente, pode adicionar o atributo de estilo (style) a qualquer elemento HTML e definir seus estilos neste atributo, isto é chamado de *Estilos em Linha* (Listagem A–3).

Listagem A–3. *Estilos em linha*

```
<div style="width:50px;height:50px;">...</div>
```

As Folhas de Estilo em Cascata - CSS

Quando um elemento HTML possui vários estilos definidos, aquele com maior prioridade será escolhido e sobrescreverá todo o resto. Um estilo definido inline (definido no próprio elemento

HTML) tem a maior prioridade e irá sobrescrever qualquer outro estilo CSS definido para este elemento. O próximo será o estilo definido em uma folha de estilos interna (definido no cabeçalho do seu documento HTML), depois estão as folhas de estilo externas (você inclui estes usando uma tag link no cabeçalho do seu documento HTML, geralmente declarada antes das folhas de estilo internas). Por fim, as opções padrão do navegador que estão no fim da lista terão menor prioridade.

- Estilos em linha
- Estilos internos/externos (o último especificado determina o estilo)
- Padrões do navegador

Note que, a sobreposição de estilos ocorre somente se a especificidade dos seletores for idêntica. Por exemplo, digamos que tenha um estilo que é aplicado aos elementos p em uma div e a seguir há outro aplicado a todos os elementos p.

Os elementos p dentro da div irão receber o primeiro estilo, porque o estilo mais específico vence, mesmo que exista outro mais generalista depois.

Declarações de estilo não são monolíticas. Quando algo acaba sobrescrito, o que realmente acontece é que uma declaração do mesmo nível de especificidade e da mesma propriedade foi sobrescrita, mas todas as outras continuam inalteradas.

Então, por exemplo, digamos que haja algo similar ao mostrado na Listagem A–4.

Listagem A–4. *Tag p (de parágrafo) com cor.*

```
div p { /* applies to p elements inside a div */
 color: blue;
}
```

E depois, há situação da Listagem A–5.

Listagem A–5. *Tag p (de parágrafo) com cor e texto decorado.*

```
p { /* applies to all p elements */
 color: black;
 text-decoration: underline;
}
```

Os elementos <p> em uma div serão azuis e sublinhados (underline), e todos os outros elementos <p> serão pretos e sublinhados. A declaração mais específica define uma cor (color) que sobrescreve a genérica, mesmo que ela tenha sido definida antes. Como a declaração específica não fala nada sobre decoração de texto (text-decoration), este estilo é determinado pelo conjunto de propriedades mais genérico.

Sintaxe CSS

Uma declaração CSS típica se parece com:

```
SELETOR {DECLARAÇÃO[PROPRIEDADE: VALOR];DECLARAÇÃO[PROPRIEDADE:VALOR]; }
```

Por exemplo, considere a listagem A–6.

Listagem A–6. *Tag header 1 (cabeçalho 1) com cor.*

```
h1 { color: #FFFFFF; }

Seletor-> h1
Declaração-> color: #FFFFFF;
Propriedade-> color
Valor-> #FFFFFF
```

As declarações CSS sempre terminam com um ponto-e-vírgula (;) e grupos de declarações devem ficar entre chaves.

NOTA: Não deixe espaços entre os valores das propriedades e suas unidades.

Incorreto top: 20 px;

Correto top: 20px;

Comentários

Um comentário CSS começa com "/*" e termina com "*/", como na Listagem A–7.

Listagem A–7. *Comentários.*

```
/* Isto é um comentário */

/*
Isto é
um comentário
multilinha
*/
```

Identificando Elementos com ID e Class

O ID define um caso único e especial de um elemento (isto significa que só pode ser usado uma vez em cada documento). O ID deve ser tratado como variável global e usado moderadamente. Em CSS, um ID é declarado com um # (símbolo escopo), seguido de um nome único, como #unique_box (Listagem A–8).

Listagem A–8. *Exemplo de CSS ID*

```
<html>
   <head>
      <style type="text/css">
         #unique_box {
            width: 50px;
            height: 50px;
            background-color: blue;
         }
       </style>
   </head>
   <body>
      <div id="unique_box"></div>

   </body>
</html>
```

Em CSS, caso siga uma declaração de classe com um seletor, poderá definir declarações específicas para aquele elemento.

A classe CSS define um elemento especial não único. Classes devem ser usadas quando vários elementos requerem o mesmo estilo. Classes CSS são declaradas com um . (ponto) seguido por um nome único, tal qual: .box na Listagem A–9.

Listagem A–9. *Exemplo de class CSS.*

```
<html>
   <head>
      <style type="text/css">
         .box {
            width: 50px;
            height: 50px;
         }
       </style>
   </head>
   <body>
      <div class="box"></div>
      <div class="box"></div>
      <div class="box"></div>
   </body>
</html>
```

Em CSS, caso siga uma declaração de classe com um seletor, poderá definir declarações específicas para aquele elemento. Na Listagem A–10 ".box" é uma classe, "p" é o seletor e "color: Green;" é a declaração.

Listagem A–10. *Aplicando uma class a tag <p>.*

```
.box p {
   color: green;
}
```

Padrões Comuns

Geralmente você não quer escrever a CSS que será aplicada a cada um dos elementos <p> ou a todos os elementos <a>. Você quer escrever apenas a CSS para certos elementos baseados em como eles estão localizados em relação a outros. Por exemplo, você pode querer especificar estilos para o elemento <p> dentro de qualquer <div> com a classe "bounding-box".

Na Listagem A–11 apresentamos exemplos de seletores aninhados, e na Listagem A–12, exemplos de agrupamento de seletores.

Listagem A–11. *Exemplos de seletores aninhados.*

```
div p { /* todos os elementos p dentro de uma div */
 color: green;
}

div p.box { /* todos elementos p da classe box que estão dentro de uma div */
 color: black;

}

div.main-text p.box { /* todos os elementos p da classe box
que estão dentro de uma div da classe main-text */
 color: blue;
}
```

Listagem A–12. *Exemplo de agrupamento de seletores.*

```
/* todos os elementos p e hi dentro da div cuja classe é class main-text  */
div.main-text p, div.main-text h1 {
  color: black;
}
```

Atributos Comuns de CSS (Display: block versus inline)

A propriedade display controla como um elemento é apresentado, e para isto dispomos de duas propriedades chamadas block e inline (bloco e em linha). A propriedade block informa que o elemento deve tomar toda largura disponível e força a quebra de linhas de texto. A propriedade inline informa que o elemento deve usar apenas a largura necessária e não força a quebra de linhas de texto.

NOTA: "display: none;" Irá ocultar o elemento, tornando-o invisível.

Os seguintes elementos têm a propriedade display: block por padrão:

```
<p>, <h1>…<h4>, <div>
```

Os seguintes elementos têm a propriedade display: inline por padrão:

```
<a>, <span>
```

A propriedade visibility (visibilidade) tem dois valores visible (visível) e hidden (oculto), que controlam se o elemento é visível ou não. [visibility:hidden;]

A propriedade margin (margem) limpa a área exterior a um container. Ela obtém seus quatro valores no sentido de rotação dos ponteiros dos relógios: MARGIN TOP RIGHT BOTTOM LEFT.

Cada valor deve ser definido em pixels, pt ou % (Listagem A–13).

NOTA: Valores negativos são permitidos, desta forma você pode sobrepor conteúdo.

Listagem A–13. *Exemplo da propriedade margin.*

```
margin-left: VALUE;
margin-right: VALUE;
margin-top: VALUE;
margin-bottom: VALUE;
```

A propriedade padding (entretela) limpa uma área dentro de um container (Listagem A–14). Ela obtém seus quatro valores no sentido de rotação dos ponteiros dos relógios PADDING TOP RIGHT BOTTOM LEFT. Cada valor deve ser definido em pixels, pt ou % [p {padding: 0px 10px 0px 10px}].

NOTA: Valores negativos não são permitidos.

Listagem A–14. *Exemplo da propriedade padding.*

```
padding-left: VALUE;
padding-right: VALUE;
padding-top: VALUE;
padding-bottom: VALUE;
```

A propriedade background controla a cor ou imagem do fundo de um elemento HTML (Listagem A–15). Ela possui as opções BACKGROUND:COLOR IMAGE REPEAT ATTACHMENT POSITION. [body {background: #00ff00 url('image.png') no-repeat fixed top;}]

Listagem A–15. *Exemplo da propriedade background.*

```
background-color: VALUE;
background-image: VALUE;
background-repeat: VALUE;
background-attachment: VALUE;
background-position: VALUE;
```

A propriedade color controla a cor do texto. As cores podem ser definidas por nome [color:red;], RGB [color: rgb(255,0,0);], ou representação hexadecimal [color: #ff0000;].

A propriedade text-align é usada para definir o alinhamento horizontal do texto. [p {text-align: center;}]

A propriedade text-decoration (decoração de texto) permite que passe uma linha por cima (overline), uma por baixo (under-line), outra através (line-through), ou pisque (blink) um texto. A opção blink irá acender o texto e escondê-lo em uma taxa fixa. Esta propriedade não é suportada pelo IE, Safari ou Chrome. Em geral, text-decoration é usada para remover a decoração de elementos link. [a { text-decoration:none; }]

A propriedade text-transform (transformação de texto) é usada para transformar todo o texto em maiúsculas, minúsculas ou para tornar maiúscula apenas a primeira letra de cada palavra (Listagem A–16). [h1 { text-transform: uppercase; }]

A propriedade float (flutuar) especifica como os elementos são arranjados entre si. Podemos dizer que um elemento se mova para o mais longe possível, à direita ou à esquerda, permitindo que outro elemento o contorne. É muito comum que elementos <div> e <img> usem a propriedade float.

Listagem A–16. *Exemplo da propriedade float.*

```
<head>
   <style type="text/css">
      img {
         float: right;
      }
   </style>
</head>
<body>
```

<p> Este texto está aqui apenas para mostrar como ele envolverá a imagem. Você verá que o texto irá fluir em torno da imagem pelo lado esquerdo com a imagem à direita. Você notará também que a imagem flutuou o mais para direita possível (Listagem A–17).

Listagem A–17. *Quebra automática de texto e imagens.*

```
<img src="image.jpg" width="50" height="50" alt="some image" /></p>
   </body>
</html>
```

DICA: Elementos depois de elementos flutuantes irão continuar a flutuar e a envolver. Para evitar isto, use a propriedade clear para os elementos que você não quer flutuando (Listagem A-18). Os valores de clear são left, right, both, none, inherit.

Listagem A–18. *Exemplo da propriedade clear.*

```
.foo {
   clear: both;
}
```

Índice

B

C

D

E

F

G

H

P

Q

R

S

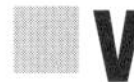

V

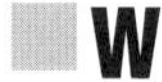

W

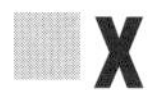

X

Impresso na Rotaplan Gráfica e Editora LTDA
www.rotaplangrafica.com.br
Tel.: 21-2201-1444